职业教育信息技术类系列教材

计算机技术基础

主　编　徐春良　赵军辉
副主编　安延珍　段德军　尤　毅
参　编　张　斌　陈金凤　金　帅
周忠云　韩广存　李应懂
主　审　郝风伦

机械工业出版社

本书力求体现工学一体化的教学思想，内容上分为计算机基础知识、Word 2016的应用、Excel 2016的应用、PowerPoint 2016的应用四个项目。每个项目包含若干实用性强的工作任务，每个任务分为明确任务、知识准备、任务实施、检查评价等部分。本书条理清晰，知识准备提供了完成本任务所需要的知识；任务实施中每个步骤均配图进行讲解，文中穿插有提示、拓展练习等补充介绍相关操作技巧；竞技擂台对本任务的知识重新梳理，尤其是思考题，引导学生探究学习。

本书可用作职业院校、技工院校的教材，也可作为计算机入门的参考书。教材配套资源有任务实施所需素材及效果图。

图书在版编目（CIP）数据

计算机技术基础 / 徐春良，赵军辉主编. —北京：机械工业出版社，2021.5 (2022.6重印)

职业教育信息技术类系列教材

ISBN 978-7-111-67809-0

Ⅰ. ①计… Ⅱ. ①徐… ②赵… Ⅲ. ①电子计算机—职业教育—教材 Ⅳ. ①TP3

中国版本图书馆CIP数据核字（2021）第051350号

机械工业出版社（北京市百万庄大街22号 邮政编码100037）

策划编辑：梁　伟　　责任编辑：梁　伟　刘益汛

责任校对：朱继文　　封面设计：马精明

责任印制：李　昂

北京中科印刷有限公司印刷

2022年6月第1版第2次印刷

184mm×260mm · 12.5印张 · 300千字

标准书号：ISBN 978-7-111-67809-0

定价：39.80元

电话服务　　网络服务

客服电话：010-88361066　　机 工 官 网：www.cmpbook.com

010-88379833　　机 工 官 博：weibo.com/cmp1952

010-68326294　　金 书 网：www.golden-book.com

机工教育服务网：www.cmpedu.com

前　言

本书可用作职业院校、技工院校的教材，也可作为计算机入门的参考书。

通过学习本书，学生能在完成各项任务的过程中学会操作方法。在信息技术飞速发展的大背景下，如何提高学生的计算机应用能力，增强学生利用计算机提升自身技能水平的自觉性，已成为高素质技能型人才培养过程中的重要命题。为了适应当前职业教育教学改革的形势，满足职业院校、技工院校计算机基础课程教学的要求，我们组织编写了本教材。

本书编者长期在教学一线从事计算机基础课程教学和教育研究工作。在编写过程中，编者结合工学一体化的教学思想，将长期积累的教学经验和体会融入教材的各个部分，采用实用的工作任务组织全书内容。在编写过程中，本书力求语言精练、内容实用、操作步骤详略得当，并配有大量操作图片，以方便学生更好地完成任务。全书包括计算机基础知识、Word 2016的应用、Excel 2016的应用、PowerPoint 2016的应用四个项目。项目中的任务都经过精心选取，具有很强的针对性、实用性。通过完成相应的任务，学生可以快速地学会计算机的基础操作方法，并能拓展应用到日常学习、工作及生活中。每个任务均以“明确任务——知识准备——任务实施——检查评价”的结构进行组织，尽力将计算机的相关知识点融合到实用的工作任务中。这样，学生不仅能通过任务实施完成书中所介绍的任务，还能通过竞技擂台建立探究学习、终身学习的意识，进一步熟悉所学的知识与技能。检查评价环节，包括本人及教师对学习成果的评价，能够更好地检查学习成果。

本书由徐春良、赵军辉主编，郝风伦主审。具体分工如下：安延珍、张斌和李应懂编写项目一，陈金凤和段德军编写项目二，金帅和周忠云编写项目三，尤毅和韩广存编写项目四，全书由徐春良、赵军辉统稿。

在本书的编写过程中编者参考了网络上的一些资源及相关文献。在此对提供帮助的老师表示衷心感谢！尽管编者力求精益求精，但由于水平有限，书中存在的不足之处，敬请读者批评指正，以使教材日渐完善。

教学建议

项目	操作学时	理论学时
项目一　计算机基础知识	4	6
项目二　Word 2016的应用	16	4
项目三　Excel 2016的应用	26	4
项目四　PowerPoint 2016的应用	16	4

编　者

目　录

前言

项目一　计算机基础知识……1

任务一　认识计算机……1

任务二　计算机硬件选配……8

任务三　计算机硬件组装……26

任务四　安装操作系统……31

任务五　中文操作系统Windows 10的基础操作……38

项目二　Word 2016的应用……53

任务一　录入和编辑文稿……54

任务二　文档的版面设置……65

任务三　制作应聘人员登记表——表格的创建和编辑……83

任务四　制作节日贺卡——图文混排……93

任务五　制作产品说明书——格式设置与项目编号……104

项目三　Excel 2016的应用……117

任务一　创建班级学生信息表——Excel 2016的基本操作……118

任务二　美化学生信息表——表格的基本设置……121

任务三　编辑与修改学生信息表——工作表行、列的添加和删除……127

任务四　设置学生信息表数据验证——数据验证设置……129

任务五　制作学生期末成绩表并排名次——公式、函数、自动填充、排序功能的运用……131

任务六　筛选学生期末成绩表——自动筛选、高级筛选的运用……139

任务七　汇总分析学生月考成绩表——分类汇总的运用……145

任务八　汇总分析学生月考成绩表——合并计算的运用……149

任务九　创建图表分析学生期末成绩表——图表的创建、编辑……154

项目四　PowerPoint 2016的应用……160

任务一　PPT初识——农产品推介演示文稿的创建……161

任务二　美化PPT——农产品推介演示文稿的效果添加……173

参考文献……195

项目一　计算机基础知识

学习目标

1）掌握计算机系统组成及工作原理。

2）熟知计算机各种硬件的参数。

3）可按照要求选配兼容且性能匹配的计算机硬件。

4）可将选配的计算机硬件进行组装。

5）学会制作U盘安装盘并安装操作系统。

6）掌握Windows 10操作系统的基础操作。

任务一　认识计算机

◆ 明确任务

请按照计算机软硬件分类列出计算机系统的组成部分，并描述计算机工作的原理。

◆ 知识准备

一、计算机系统组成

计算机系统是由硬件系统和软件系统两大部分组成。

计算机硬件系统主要由中央处理器、存储器、输入输出控制系统和各种外部设备组成。中央处理器是对信息进行高速运算处理的主要部件，其处理速度可达每秒几亿次以上操作。存储器用于存储程序、数据和文件，常由快速的内存储器和慢速海量外存储器组成。各种输入输出外部设备是人机间的信息转换器，由输入输出控制系统管理外部设备与主存储器（中央处理器）之间的信息交换。

计算机软件系统分为系统软件、支撑软件和应用软件。系统软件由操作系统、实用程序、编译程序等组成。操作系统实施对各种软硬件资源的管理控制；实用程序是为方便用户使用所设，如进行文本编辑等；编译程序是把汇编语言或某种高级语言所编写的程序，翻译成机器可执行的机器语言程序。支撑软件有接口软件、工具软件、数据库管理系统等，它能支持用机的环境，提供软件研制工具。支撑软件也可认为是系统软件的一部分。应用软件是用户按其需要自行编写的专用程序，是软件系统的最外层。

二、计算机硬件系统

1. 运算器（ALU）

运算器也称算术逻辑单元（Arithmetic Logic Unit，简称ALU）。它的功能是完成算术运算和逻辑运算。算术运算是指加、减、乘、除及它们的复合运算。逻辑运算是指"与""或""非"等逻辑比较和逻辑判断。在计算机中，任何复杂运算都转化为基本的算术运算与逻辑运算，然后在运算器中完成。

2. 控制器（CU）

控制器（Controller Unit，简称CU）是计算机的指挥系统，一般由指令寄存器、指令译码器、时序电路和控制电路组成。它的基本功能是从内存中取出指令和执行指令。指令是指示计算机执行某种操作的命令，由操作码（操作方法）及地址码（操作对象）两部分组成。控制器通过地址访问存储器、逐条取出选中单元指令，分析指令，并根据指令产生的控制信号作用于其他各部件来完成指令要求的工作。上述工作的周而复始，保证了计算机能自动连续地工作。通常将运算器和控制器统称为中央处理器，即CPU（Central Processing Unit），它是整个计算机的核心部件，控制了计算机的运算、处理、输入和输出等工作。集成电路技术是制造微型机、小型机、大型机和巨型机CPU的基本技术。

3. 存储器（Memory）

存储器是计算机的记忆装置，主要功能是存放程序和数据。程序是计算机操作的依据，数据是计算机操作的对象。

位（bit）是计算机存储数据的最小单位。机器字中一个单独的符号"0"或"1"被称为一个二进制位，它可存放一位二进制数。

字节（Byte，简称B）是计算机存储容量的度量单位，也是数据处理的基本单位，8个二进制位构成一个字节，存储容量的大小以字节为单位来度量，经常使用KB、MB、GB和TB来表示。它们之间的关系是：1KB=1024B，1MB=1024KB，1GB=1024MB，1TB=1024G。

字（Word）是计算机处理数据时，一次存取、加工和传递的数据长度。一个字通常由若干个字节组成。字长（Word Long）是中央处理器可以同时处理的数据的长度。字长决定中央处理器的寄存器和总线的数据宽度，现代计算机的字长有8位、16位、32位和64位。

存储器的分类根据存储器与中央处理器联系的密切程度可分为内存储器（主存储器）和外存储器（辅助存储器）两大类。内存储器在计算机主机内，它直接与运算器、控制器交换信息，容量虽小，但存取速度快，一般只存放那些正在运行的程序和待处理的数据。外存储器作为内存储器的延伸和后援，间接和中央处理器联系，用来存放一些系统必须使用，但又不急于使用的程序和数据，程序必须调入内存储器方可使用。外存储器存取速度慢，但存储容量大，可以长时间地保存大量信息。

现代计算机系统广泛应用半导体存储器，从使用功能角度看，半导体存储器可以分成两大类：断电后数据会丢失的易失性（Volatile）存储器和断电后数据不会丢失的非易失性（Non-volatile）存储器。微型计算机中的RAM属于可随机读写的易失性存储器，而ROM属于非易失性存储器。

为了更好地存放程序和数据，存储器通常被分为许多等长的存储单元，每个单元可以存放一个适当单位的信息。全部存储单元按一定顺序编号，这个编号被称为存储单元的地址，简称地址。存储单元与地址的关系是一一对应的。应注意存储单元的地址和存储单元里面存放的内容完全是两回事。用户对存储器的操作通常称为访问存储器，访问存储器的方法有两种，一种是选定地址后向存储单元存入数据，被称为“写”；另一种是从选定的存储单元中取出数据，被称为“读”。可见，不论是读还是写，都必须先给出存储单元的地址。来自地址总线的存储器地址由地址译码器译码（转换）后，找到相应的存储单元，由读/写控制电路根据相应的读/写命令来确定对存储器的访问方式，完成读/写操作。数据总线则用于传送写入内存或从内存取出的信息。

4. 输入设备

输入设备是从计算机外部向计算机内部传送信息的装置。其功能是将数据、程序及其他信息，从人们熟悉的形式转换为计算机能够识别和处理的形式输入到计算机内部。常用的输入设备有键盘、鼠标、光笔、扫描仪、数字化仪、条形码阅读器等。

5. 输出设备

输出设备是将计算机的处理结果传送到计算机外部供计算机用户使用的装置。其功能是将计算机内部二进制形式的数据信息转换成人们所需要的或其他设备能接受和识别的信息形式。常用的输出设备有显示器、打印机、绘图仪等。

通常输入设备和输出设备统称为I/O设备（Input/Output）。它们都属于计算机的外部设备。

三、计算机软件系统

一个完整的计算机系统由硬件和软件两部分组成。硬件是组成计算机的物理实体，但仅有硬件计算机还不能工作。要使计算机能解决各种问题，必须有软件的支持，软件是介于用户和硬件之间的界面。

国际标准化组织（ISO）将软件定义为：电子计算机程序及运用数据处理系统所必需的手续、规则和文件的总称。软件由程序和文档两部分组成。程序由计算机最基本的指令组成，是计算机可以识别和执行的操作步骤；文档是指用自然语言或者形式化语言所编写的用来描述程序的内容、组成、功能规格、开发情况、测试结构和使用方法的文字资料和图表。

程序是具有目的性和可执行性的，文档则是对程序的解释和说明。程序是软件的主体。软件按其功能划分，可分为系统软件和应用软件两大类型。

1. 系统软件

系统软件一般是指控制和协调计算机及外部设备，支持应用软件开发和运行的系统，是无须用户干预的各种程序的集合，主要功能是调度、监控和维护计算机系统；负责管理计算机系统中各种独立的硬件，使得它们可以协调工作。系统软件使得计算机使用者将计算机当作一个整体而不需要顾及到底层每个硬件是如何工作的。常见的系统软件主要指操作系统，当然也包括语言处理程序（汇编和编译程序等）、服务性程序（支撑软件）和数据库管理系统等。

（1）操作系统　操作系统是系统软件的核心。为了使计算机系统的所有资源（包括硬件和软件）协调一致、有条不紊地工作，就必须用一个软件来进行统一管理和统一调度，这种软件称为操作系统。它的功能就是管理计算机系统的全部硬件资源、软件资源及数据资源。操作系统是最基本的系统软件，其他的所有软件都是建立在操作系统的基础之上的。操作系统是用户与计算机硬件之间的接口，没有操作系统作为中介，用户对计算机的操作和使用将变得非常难且低效。操作系统能够合理地组织计算机整个工作流程，最大限度地提高资源利用率。操作系统在为用户提供一个方便、友好、使用灵活的服务界面的同时，也提供了其他软件开发、运行的平台。它具备五个方面的功能，即CPU管理、作业管理、存储器管理、设备管理及文件管理。

操作系统是每一台计算机必不可少的软件，现在具有一定规模的现代计算机甚至具备几个不同的操作系统。操作系统的性能在很大程度上决定了计算机系统工作的优劣。微型计算机常用的操作系统有DOS（Disk Operating System）、Unix、Xenix、Linux、NetWare、WindowsNT、Windows 10等。

（2）语言处理程序　计算机语言是人与计算机交流的一种工具，这种交流被称为计算机程序设计。程序设计语言按其发展演变过程可分为三种：机器语言、汇编语言和高级语言，机器语言和汇编语言统称为低级语言。

机器语言（Machine Language）是直接由机器指令（二进制）构成的，因此由它编写的计算机程序不需要翻译就可直接被计算机系统识别并运行。这种由二进制代码指令编写的程序最大的优点是执行速度快、效率高，同时也存在着严重的缺点：机器语言很难掌握，编程烦琐、可读性差、易出错，并且依赖于具体的机器，通用性差。

汇编语言（Assemble Language）采用一定的助记符号表示机器语言中的指令和数据，是符号化的机器语言，也称作“符号语言”。汇编语言程序指令的操作码和操作数全都用符号表示，方便了记忆，但用助记符号表示的汇编语言，它与机器语言是相对应的关系，都依赖于具体的计算机，因此是低级语言。同样具备机器语言的缺点，如缺乏通用性、烦琐、易出错等。用这种语言编写的程序（汇编程序）不能在计算机上直接运行，必须首先被汇编程序的系统程序“翻译”成机器语言程序，才能由计算机执行。任何一种计算机都配有只适用于自己的汇编程序（Assembler）。

高级语言又称为算法语言，它与机器无关，是近似于人类自然语言或数学公式的计算机语言。高级语言克服了低级语言的诸多缺点，它易学易用、可读性好、表达能力强（语句用较为接近自然语言的英文字来表示）、通用性好（用高级语言编写的程序能使用在不同的计算机系统上）。但是，高级语言编写的程序仍不能被计算机直接识别和执行，它也必须经过某种转换才能执行。高级语言种类多，功能强。常用的高级语言有：面向过程的Basic、用于科学计算的Fortran、支持结构化程序设计的Pascal、用于商务处理的COBOL和支持现代软件开发的C语言。现在出现的面向对象的VB（Visual Basic）、VC++（Visual C++）、Delphi、Java等语言使得计算机语言解决实际问题的能力得到了很大的提高。

语言处理程序的功能是将除机器语言以外，利用其他计算机语言编写的程序，转换成机器所能直接识别并执行的机器语言程序的程序。语言处理程序可以分为三种类型，即汇编程序、编译程序和解释程序。通常将汇编语言及高级语言编写的计算机程序称为源程序（Source Program），而把由源程序经过翻译（汇编或者编译）而生成的机器指令程序称为目标程序（Object Program）。语言处理程序中，汇编程序与编译程序具有一个共同的特点，即必须生成目标程序，然后通过执行目标程序得到最终结果。而解释程序是对源程序进行解释（逐句翻译），翻译一句执行一句，边解释边执行，从而得到最终结果。解释程序不产生目标程序，而是借助解释程序直接执行源程序本身。除机器语言外，每一种计算机语言都应具备一种与之对应的语言处理程序。

（3）服务性程序 服务性程序是指为了帮助用户使用与维护计算机，提供服务性手段，支持其他软件开发而编制的一类程序。此类程序内容广泛，主要有以下几种。

1）工具软件。工具软件主要是帮助用户使用计算机和开发软件的软件工具，如美国Central Point Software公司推出的PC Tools。

2）编辑程序。编辑程序能够为用户提供一个良好的编写环境，如Edlin、Edit、写字板等。

3）调试程序。调试程序用来检查计算机程序有哪些错误，以及错误位置，以便于修正，如Debug。

4）诊断程序。诊断程序主要用于对计算机系统硬件的检测和维护。能对CPU、内存、软硬驱动器、显示器、键盘及I/O接口的性能和故障进行检测。

（4）数据库管理系统 数据库管理系统是对计算机中所存放的大量数据进行组织、管理、查询并提供一定处理功能的大型系统软件。主要分为两类，一类是基于微型计算机的小型数据库管理系统，如Access；另一类是大型数据库管理系统，如Oracle。

2. 应用软件

应用软件是指在计算机各个应用领域中，为解决各类实际问题而编制的程序，用来帮助人们完成特定领域的各种工作。应用软件主要包括：

（1）文字处理软件 文字处理软件用来进行文字录入、编辑、排版、打印输出等，如Microsoft Word、WPS等。

（2）表格处理软件 表格处理软件用来对电子表格进行计算、加工、打印输出等，如Lotus、Excel等。

（3）辅助设计软件 常用的有AutoCAD、Photoshop、3D Studio MAX等。另外，上述的各种语言及语言处理程序为用户提供了应用程序设计的工具，可视为软件开发程序。

（4）实时控制软件 在现代化工厂里，计算机普遍用于生产过程的自动控制，这个过程被称为“实时控制”。例如，在化工厂中用计算机控制配料、温度、阀门的开闭；在炼钢车间用计算机控制加料、炉温、冶炼时间等；在发电厂用计算机控制发电机组等。这类控制对计算机的可靠性要求很高，否则会生产出不合格产品，或造成重大事故。目前，较流行的软件有FIX、InTouch、Lookout等。

（5）用户应用软件 用户应用软件是指用户根据某一具体任务，使用各种语言、软件开发程序而设计的软件。如人事档案管理软件、计算机辅助教学软件、各种游戏软件等。

四、计算机工作原理

1946年，冯·诺依曼（Von Neumann）与莫尔小组合作研制的EDVAC计算机，采用了存储程序方案，其后采用这种方式开发的计算机，被称为冯·诺依曼计算机。

冯·诺依曼计算机具有以下特点：

1）计算机由运算器、控制器、存储器、输入设备和输出设备五部分组成。

2）采用存储程序的方式，程序和数据放在同一个存储器中，指令和数据都可以送到运算器运算，由指令组成的程序可以进行修改。

3）数据以二进制代码表示。

4）指令由操作码和地址码组成。

5）指令在存储器中按执行顺序存放，由指令计数器指明要执行的指令所在的单元地址，一般按顺序递增，但可按运算结果或外界条件而改变。

6）以运算器为中心，输入输出设备与存储器间的数据传送都通过运算器。

现代计算机系统结构有了很大发展，但原则上变化不大，习惯上仍称之为冯·诺依曼计算机。五大部件在控制器的控制下协调统一地工作。

首先，计算机把表示计算步骤的程序和计算中需要的原始数据，在控制器输入命令的控制下，通过输入设备送入计算机的存储器存储。其次，当计算开始时，取出指令把程序指令逐条送入控制器。控制器对指令进行译码，并根据指令的操作要求向存储器和运算器发出存储、取数命令和运算命令，经过运算器计算并把结果存放在存储器内。在控制器的取数和输出命令作用下，通过输出设备输出计算结果。

◆ 任务实施

1. 填写计算机系统的组成图

填写计算机系统的组成图，如图1-1所示。

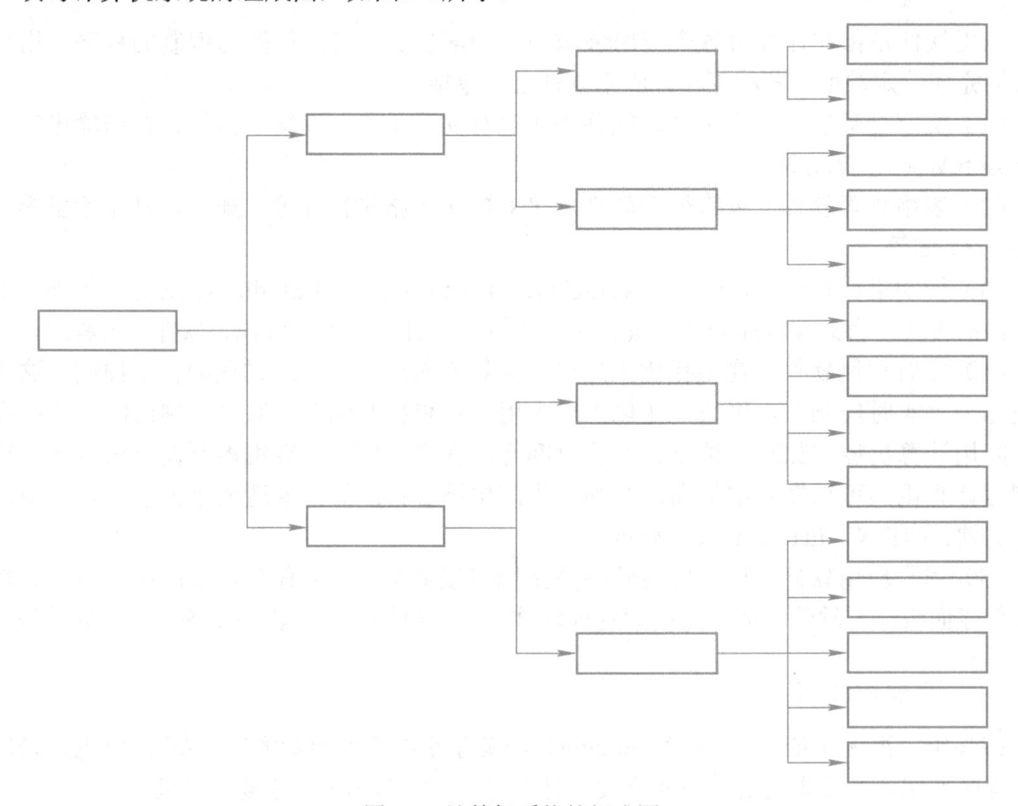

图1-1　计算机系统的组成图

2. 填写计算机硬件组成部分

请按照计算机工作原理在图1-2中填入正确的计算机硬件组成部分。

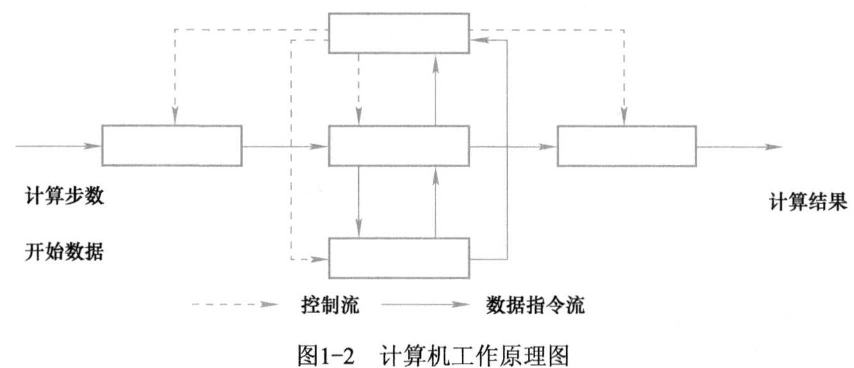

图1-2　计算机工作原理图

◆ 检查评价

评价项目	教师评价	自我评价
计算机系统的组成图是否填写正确		
计算机工作原理图是否填写正确		
是否能表述计算机工作原理		

◆ 竞技擂台

一、填空题

1．运算器也称为算术逻辑单元（Arithmetic Logic Unit）。它的功能是完成算术运算和________。

2．指令是指示计算机执行某种操作的命令，由________（操作方法）及________（操作对象）两部分组成。

3．________是中央处理器可以同时处理的数据的长度。

4．________负责存储地址的传送，________负责传送写入内存或从内存取出的信息。

5．常见的系统软件主要指操作系统，当然也包括_________（汇编和编译程序等）、服务性程序（支撑软件）和________等。

6．操作系统具备五个方面的功能，即_________、作业管理、_________、设备管理及________。

7．程序设计语言按其发展演变过程可分为三种：________、________和高级语言。

8．计算机由运算器、________、存储器、________和输出设备五部分组成。

9．计算机把表示计算步骤的程序和计算中需要的原始数据，在________输入命令的控制下，通过________设备送入计算机的________存储。

10．指令由________和________组成。

二、选择题

1．（　　）用于对各种软硬件资源的管理控制。

A．操作系统　　B．编译程序

C．应用系统　　D．数据库

2．（　　）通过地址访问存储器、逐条取出选中单元指令，分析指令，并根据指令产生的控制信号作用于其他各部件来完成指令要求的工作。

A．运算器　　B．控制器　　C．存储器　　D．输入设备

3．（　　）是计算机存储数据的最小单位。

A．位　　B．字节　　C．字　　D．字长

4．（　　）不属于系统软件。

A．操作系统　　B．语言处理程序

C．数据库管理系统　　D．Microsoft Word

5．（　　）属于图形辅助设计软件。

A．Microsoft Word　　B．Excel

C．Photoshop　　D．人事档案管理系统

6．（　　）的功能是将除机器语言以外，利用其他计算机语言编写的程序，转换成机器所能直接识别并执行的机器语言程序的程序。

A．汇编语言　　B．机器语言　　C．语言处理程序　　D．调试程序

7．输入输出设备与存储器间的数据传送都通过（　　）进行。

A．控制器　　B．存储器　　C．运算器　　D．操作系统

8．（　　）不是操作系统。

A．DOS　　B．Windows 10　　C．Linux　　D．Oracle

9．（　　）不属于编译型语言。

A．Python　　B．C/C++　　C．Delphi　　D．JAVA

10．（　　）不属于解释型语言。

A．Python　　B．JavaScript　　C．JAVA　　D．C++

三、思考题

1．操作系统有32位、64位之分，两者之间有什么区别？

2．高级语言分为编译型语言和解释型语言两种，两者之间的区别是什么？你能列举出各自都有哪些编程语言吗？

任务二　计算机硬件选配

◆ 明确任务

请分别为办公类计算机、图形设计类计算机、家庭娱乐游戏类计算机三个应用场景选配恰当的计算机硬件，并列出硬件的价位、型号、参数以及选购事项。

◆ 知识准备

一、中央处理器

图1-3　中央处理器

中央处理器（CPU），是电子计算机的核心配件，如图1-3所示。其功能主要是解释计算机指令以及处理计算机软件中的数据。CPU是计算机中负责读取指令，执行指令的核心部件。中央处理器主要包括两个部分，即控制器、运算器，其中还包括高速缓冲存储器及实现它们之间联系的数据、控制的总线。

1. CPU架构

CPU架构是CPU厂商给属于同一系列的CPU产品定的一个规范，是区分不同类型CPU的重要标识。目前市面上的CPU主要分为两大阵营，一个是Intel、AMD为首的复杂指令集CPU，另一个是以IBM、ARM为首的精简指令集CPU。不同品牌的CPU，其产品的架构也不相同。例如，Intel、AMD的CPU是X86架构的，而IBM公司的CPU是PowerPC架构，ARM公司的CPU是ARM架构。

2. CPU主频

CPU主频，就是CPU的时钟频率，单位是Hz，它决定计算机的运行速度。在同系列微处理器中，CPU主频越高就代表计算机的速度也越快，但对于不同类型的处理器，它就只能作为一个参数来做参考。

说到CPU主频，就要提到与之密切相关的两个概念：倍频与外频。外频是CPU的基准频率，单位是MHz。外频是CPU与主板之间同步运行的速度，而且绝大部分计算机系统中外频也是内存与主板之间同步运行的速度，可以理解为CPU的外频直接与内存相连通，实现两者间的同步运行状态。

主频、外频、倍频，其关系式：主频=外频×倍频。早期的CPU并没有“倍频”这个概念，那时主频和系统总线的速度是一样的，随着技术的发展，CPU速度越来越快，内存、硬盘等配件逐渐跟不上CPU的速度了，而倍频的出现解决了这个问题，它可使内存等部件仍然工作在相对较低的系统总线频率下，而CPU主频可以通过倍频来无限提升（理论上）。厂商基本上都已经把倍频锁死，要超频只有从外频下手，通过倍频与外频的搭配来对主板的跳线或在BIOS中设置软超频，从而达到计算机总体性能的部分提升。

3. 核心/线程

多核技术能够使服务器并行处理任务，此前，这可能需要使用多个处理器。多核系统更易于扩充，并且能够在更纤巧的外形中融入更强大的处理性能，这种外形所用的功耗更低、计算功耗产生的热量更少。

CPU多线程可通过复制处理器上的结构状态，让同一个处理器上的多个线程同步执行并共享处理器的执行资源，可最大限度地实现宽发射、乱序的超标量处理，提高处理器运算部件的利用率，缓和由于数据相关或缓存未命中带来的访问内存延时。

4. 制作工艺

制作工艺是指制造CPU时的集成电路精细度。例如，28nm、14nm，一般来说这个数字越小代表制造精度越高，集成电路元件体积也就越小，能在同样的面积下集成更多的元件，具有减少功耗和增加性能的双重优势。

5. CPU封装

CPU封装是采用特定的材料将CPU芯片或CPU模块固化在其中以防损坏的保护措施。现在主流的封装有PGA（针脚在CPU上，需要插入主板上的插槽），LGA（针脚在主板上，CPU上只有触点），BGA（主要使用在笔记本和移动端CPU，芯片直接焊接在主板上）。相同封装的芯片又有不同的针脚数来对应不同的主板。例如，Intel第七代的LGA1151只能插到针脚数相同的H110、B150、Z170、B250、Z270等主板上。

6. TDP（散热设计功耗）

TDP是处理器的基本物理指标。但与处理器的功耗又有所区别，处理器的功耗确切地说是消耗的功率，是处理器最基本的电气指标，与处理器功耗直接相关的是主板，主板的处理器供电模块必须具备足够的电流输出能力才能保证处理器稳定工作。

TDP是反映处理器热量释放的指标。TDP的含义是当处理器在满负荷的情况下，将会释放出的热量，也就是说是处理器的电流热效应以及其他形式产生的热能，并以W作为单位。例如，英特尔奔腾E 2140处理器标注的TDP为65W，也就是说当其在满负荷运行的情况下，所产生的热量为65W。

处理器的TDP并不代表处理器的真正功耗。TDP最主要的作用是提供给散热片和风扇等散热器制造厂商，以便其设计散热器时所使用的。

7. CPU缓存

CPU缓存（Cache Memory）是位于CPU与内存之间的临时存储器，它的容量比内存小但交换速度快。缓存中的数据是内存中的一小部分，但这一小部分数据是短时间内CPU即将访问的，当CPU调用大量数据时，就可避开内存直接从缓存中调用，从而加快读取速度。

一级缓存内置在CPU内部并与CPU同速运行，可以有效地提高CPU的运行效率。一级缓存越大，CPU的运行效率越高，但受到CPU内部结构的限制，一级缓存的容量都很小。

二级缓存是为了协调一级缓存和内存之间的速度。CPU调用缓存首先是一级缓存，当处理器的速度逐渐提升，会导致一级缓存供不应求，这样就得提升到二级缓存。二级缓存比一级缓存的速度相对来说会慢，但是比一级缓存的空间容量要大。

三级缓存是为读取二级缓存后未命中的数据设计的一种缓存。在拥有三级缓存的CPU中，只有约5%的数据需要从内存中调用，这进一步提高了CPU的效率。其运作原理在于使用较快速的存储装置保留一份从慢速存储装置中所读取数据并进行复制，当需要从较慢的存储装置中读写数据时，缓存（Cache）能够使得读写的动作先在快速的存储装置上完成，如此会使系统的响应较为快速。

8. CPU系列型号

CPU系列型号是指CPU厂商会根据CPU产品的市场定位来给属于同一系列的CPU产品确定一个系列型号以便于分类和管理。因此，CPU系列型号是用于区分CPU性能的重要标识。

（1）Intel处理器命名　酷睿系列是目前主流性能的CPU，常见的有i3、i5、i7等。志强是专门为服务器和工作站开发的处理器，目前主流是志强E系列。

酷睿i系列分为i3、i5、i7、i7至尊、i9这五个系列，性能由低到高排列。以i7-7700K为例，“i7”表示酷睿i7系列，属于高端CPU，“7”表示版本迭代，数字越大型号越新，一般性能也会越强，“700”表示性能等级，数字越大性能越强，“K”为CPU的后缀，表示不锁倍频，可以超频。

台式CPU标准款一般没有后缀字母，若有后缀“K”，则是可以超频的版本，若有后缀“X”，则是顶级的至尊版（台式机至尊版CPU为6核心12线程）。

笔记本CPU后缀较多，常见的有以下几种。

M：一般为双核，M前面一位数字是0，意味着是标准电压处理器，如果是7，则是低电压处理器。

U：一般为双核，U前面一位数字为8，则是28W功耗的低压处理器（标准电压双核处理器功耗为35W），若前一位数字为7，则是17W功耗的低压处理器，若为0，则是15W功耗的低压处理器。

QM：“Q”是“Quad”的缩写，即四核CPU。若QM前一位数字是0，则表示此产品为功耗45W的标准电压四核处理器，若为2，则表示此产品为35W功耗的低电压四核处理器，若为5，与对应为0的CPU主要规格相同，但集成的核芯显卡频率更高（如3630QM和3635QM，后者核显最大频率是1.2GHz，前者则是1.15GHz）。

HQ：第四代CPU新出现的系列，主要参数和标准的四核CPU一致，但集成了性能空前强大的核芯显卡Iris Pro5200系列，这种核显的性能可以直接媲美中端独立显卡。

XM：强大的笔记本CPU，功耗一般为55W。“X”为“Extreme”，此类型CPU完全不锁倍频，在散热和供电允许的情况下可以无限制超频。

Intel处理器命名图如图1-4所示。

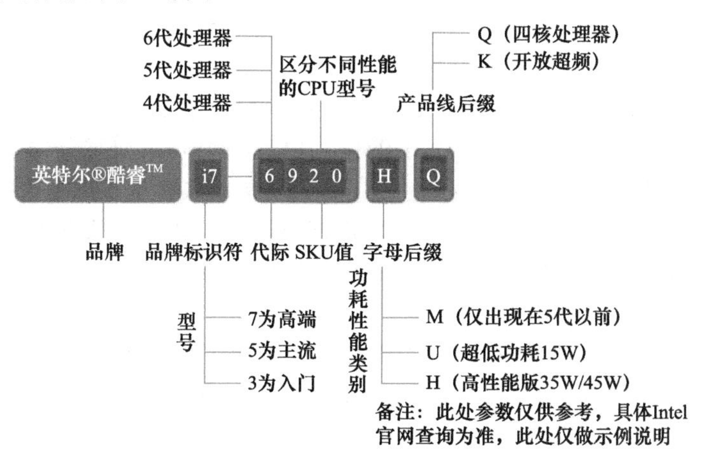

图1-4 Intel处理器命名图

（2）AMD处理器命名　目前Ryzen系列是AMD主流的CPU，Ryzen系列有R3、R5、R7、Threadripper四个系列。以R5-1600X为例，“R5”表示CPU的系列，“1”表示版本迭代，表示该系列的第几代产品，“600”表示性能等级，数字越大性能越强，400以下属于R3，400～600属于R5，700～800属于R7，800以上属于Threadripper，“X”表示这是一块默认主频更高的CPU，并且支持完整的XFR扩频技术。

Ryzen系列全线解锁倍频，支持超频。台式CPU除了“X”，一般不带后缀，笔记本CPU，“H”表示35W标准电压芯片，“U”表示15W低电压芯片。

不同品牌不同型号的CPU，可以通过查询CPU天梯图进行性能对比。

二、主板

主板是在PCB板上安装或焊接了各种电子元器件制作而成的，其中包括了内存插槽、CPU插座、IO芯片、BIOS芯片、硬盘接口、电源接口以及更多的外部扩展。主板图如图1-5所示。

图1-5　主板图

1．芯片组等级

芯片组（Chipset）是主板的核心组成部分，决定了这块主板的功能，进而影响到整个计算机系统性能的发挥。按照在主板上的排列位置的不同，通常分为北桥芯片和南桥芯片。北桥芯片提供对CPU的类型和主频、内存的类型和最大容量、ISA/PCI/AGP插槽、ECC纠错等的支持。南桥芯片则提供对KBC（键盘控制器）、RTC（实时时钟控制器）、USB（通用串行总线）、Ultra DMA/33（66）EIDE数据传输方式和ACPI（高级能源管理）等的支持。

1）Intel主板芯片组有四个等级，分别以X、Z、B和H字母开头。

X字母开头：最高级，用来搭配高端CPU，一般CPU型号后缀有“X”字母，如X299主板，可以搭配i9-7960X或者i7-7800X。

Z字母开头：次高端，Z字母开头的主板都支持超频，搭配的CPU一般带有“K”字母后缀，如Z370主板，能搭配i5-8600K或者i7-8700K。

B字母开头：中端主流，这种主板不支持超频，B字母开头的主板性价比较高，主要搭配不带K字母后缀的CPU，如B360，能搭配i3-8100、i5-8500或者i7-8700。

H字母开头：入门级，不支持超频，价格非常便宜，当然，H字母开头不代表都是低端产品，如H310和H370，第二位数字越高，规格就越高，H370主板就相当于不能超频的Z370主板。

2）AMD主板芯片组有三个等级，分别以X、B、A字母开头。

X字母开头：最高级，支持自适应动态扩频超频，和Intel一样，也是搭配AMD中带有“X”字母后缀的处理器。

B字母开头：中端主流，可以超频，不支持完整的自适应动态扩频超频，性价比较高。

A字母开头：入门级，不支持超频，普通办公用户使用，价格非常便宜。

AMD主板相同字母开头的再看第二位数字，和Intel一样，第二位数字越大越高端。

2. 板型

目前主流主板的板型分为四种：E-ATX型、ATX型、M-ATX型和Mini-ITX型。

E-ATX型：高性能主板，芯片组都是X字母开头，适合使用带X后缀的处理器。

ATX型：大板，扩展性好，接口全，一般内存都是四插槽起，2个或3个PCI-E接口和M.2接口。

M-ATX型：小板，内存插槽一般是2个或者4个，会有一个M.2接口，扩展性不如ATX型。

Mini-ITX型：迷你主板，接口数量最少，适合ITX迷你机箱。

三、内存

内存是计算机中重要的部件之一，它是外存与CPU进行沟通的桥梁。计算机中所有程序的运行都是在内存中进行的，因此内存的性能对计算机的影响非常大。内存（Memory）也被称为内存储器和主存储器，其作用是用于暂时存放CPU中的运算数据，以及与硬盘等外部存储器交换的数据。只要计算机在运行中，操作系统就会把需要运算的数据从内存调到CPU中进行运算，当运算完成后CPU再将结果传送出来，内存的稳定运行也决定了计算机的稳定运行。

内存条是由内存芯片、电路板、金手指等部分组成。金手指中间的地方有个缺口，这个就是防呆口，是为了防止不同代的内存误插在内存槽上，以免烧毁的一个设计。内存条如图1-6所示。

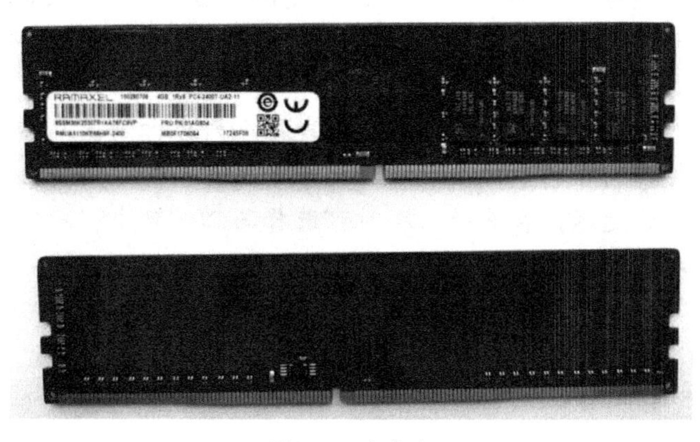

图1-6　内存条

1. 类型

内存自诞生之日起，经历了SDRAM、DDR、DDR2、DDR3、DDR3L、DDR4等数代更新。DDR4内存的金手指两边是带有一定弧度的，并不是平直的金手指，由于接口的改变，DDR4内存和DDR3内存不再兼容。在升级计算机内存时，一定要注意主板是DDR3插槽还是DDR4插槽。

2. 容量

容量，即内存条的存储空间大小。容量越大，可预读或临时存储的数据量就越多。容量的基本单位是字节（B），4GB、8GB、16GB是主流的配置。

32位的操作系统能够支持的寻址空间最大，是419430400个字节，即4GB。所以32位的操作系统最大只能够读取大约4GB的内存容量。如果选购8G以上的内存，需要安装64位操作系统。

3．频率

内存主频和CPU主频一样，用来表示内存的速度，代表着该内存所能达到的最高工作频率。内存主频是以MHz（兆赫）为单位来计量的。内存主频越高在一定程度上代表着内存所能达到的速度越快。内存主频决定着该内存最高能在什么样的频率正常工作。常见的内存频率有以下这些。

SDRAM：100、133、166、200。

DDR：200、266、333、400。

DDR2：400、533、667、800、1066。

DDR3：800、1066、1333、1600、1866。

DDR4：2133、2400、2666、3200、3600。

扩展知识点

内存控制器

内存控制器是计算机系统内部控制内存并且使内存与CPU之间交换数据的重要组成部分。

传统计算机系统其内存控制器位于主板芯片组北桥芯片内部，CPU要与内存进行数据交换，需要经过“CPU—北桥—内存—北桥—CPU”5个步骤，在该模式下数据经由多级传输，数据延迟比较大从而影响计算机系统整体性能，在选择内存时需要考虑CPU、内存数据带宽。

集成内存控制器，就是在CPU的基板上内置一个内存控制器，可以有效控制内存控制器工作在与CPU核心同样的频率上，而且由于内存与CPU之间的数据交换无须经过北桥，可以有效降低传输延迟，在选择内存时可选择与CPU频率相同的型号即可。如果加装多条内存条，会按照频率较低的来统一频率。

扩展知识点

内存超频

内存超频一直都是充分发挥硬件性能的重要方式。XMP技术是Intel用在内存上的一种优化技术，可以自动超频，在主板的BIOS里面开启XMP这个功能即可。简单地说，XMP就是Intel官方准备好的超频配置文件，开启之后内存频率会更高，读写速度就会更快。

第二种方法是通过手动调整内存参数来超频。一般遵循的规律是在主板BIOS里面手动提高内存的频率、适度增加内存的电压，重要的一点是相应地提升内存的时序。

4．工作电压

工作电压是内存正常工作所需要的电压值。不同类型的内存电压也不同，但各自均有自己的规格，超出其规格，容易造成内存损坏。DDR4的工作电压有1.2V、1.35V、1.5V等，部分带有超频功能的内存当提升其频率时所需要的电压也需要相应的提高。

5. 延时

CL是CAS Latency的缩写，指的是内存存取数据所需的延迟时间，简单地说，就是内存接到CPU的指令后的反应速度。一般的参数值是2和3两种。数字越小，代表反应所需的时间越短。

通常情况下，用4个阿拉伯数字表示一个内存延迟，如2-2-2-5。其中，第一个数字最为重要，它表示的是CAS Latency，也就是内存存取数据所需的延迟时间，第二个数字表示的是RAS-CAS延迟，接下来的两个数字分别表示RAS预充电时间和Act-to-Precharge延迟。

四、硬盘

硬盘是计算机主要的存储媒介之一，硬盘有机械硬盘（HDD传统硬盘）、固态硬盘（SSD盘、新式硬盘）、混合硬盘（HHD基于传统机械硬盘诞生出来的新硬盘）三种类型。绝大多数硬盘都是固定硬盘，被永久性地密封固定在硬盘驱动器中。

1. 类型

机械硬盘是计算机最主要的存储设备，由一个或者多个铝制或者玻璃制的碟片组成。这些碟片外覆盖有铁磁性材料。与固态硬盘相比，它具有价格低、容量大、使用寿命长等优点。硬盘如图1-7所示。

图1-7　硬盘

固态驱动器（Solid State Disk或Solid State Drive，简称SSD），俗称固态硬盘。固态硬盘是用固态电子存储芯片阵列而制成的硬盘。SSD由控制单元和存储单元（FLASH芯片、DRAM芯片）组成。与机械硬盘相比，它具有防震抗摔、数据存储速度快、低功耗、质量轻、噪音低等优势。

混合硬盘是一种基于传统机械硬盘诞生出来的新硬盘，除了机械硬盘必备的碟片、马达、磁头等，还内置了NAND闪存颗粒，这种颗粒将用户经常访问的数据进行存储，可以达到如固态硬盘的读取性能。

2. 选购机械硬盘

外形规格：分为2.5英寸（笔记本使用）和3.5英寸（台式机使用）两种。

容量：按个人需求可选择500GB至16TB不等，此参数是机械硬盘的最大优势。

接口类型：传统的IDE接口已逐渐被SATA接口所取代，数据传输率最高可达6Gbit/s。

高速缓存：缓存可以减小传输文件对系统的负荷，提高传输速度。常见的有32MB、64MB、128MB、256MB等。

转速：硬盘碟片每分钟的转动速度，转速越快，硬盘寻址的速度越快，当然性能就越好，常见的硬盘转速有7200转和5400转。

3. 选购固态硬盘

外形规格：固态硬盘的外形因接口类型而异，以SATA接口为主。

容量：按个人需求可选择120GB、240GB、480GB和1TB等。

接口类型：常用的接口有SATA、M.2、mSATA、PCI-E等，购买时先确认主板接口，通常主板支持SATA接口。

高速缓存：由于SSD的反应速度一般都在0.2ms以内，所以缓存对于读取速度的提升有限，而对于一些高速产品由于数据交换量大，就可以设计有缓存以提高产品的读写效率。

读取写入速率：单位为MB/s，该数值越大表示数据的存取速度越快。

品牌：固态硬盘的核心是芯片与主控部分，通常大品牌固态硬盘厂商都采用自家的主控与芯片技术，其中常见的品牌有三星、浦科特、金士顿、影驰、闪迪、Intel、威刚、东芝等。

硬盘颗粒：在固态硬盘参数中，还有颗粒一项，固态硬盘颗粒有三种类型，分别为SLC、MLC和TLC。其中SLC颗粒最好，具备10万次写入次数，具备使用寿命长等特点，广泛用于高端固态硬盘当中；MLC颗粒次之，写入次数在1万次左右，是目前主流固态硬盘颗粒类型，使用寿命适中；最差的为TLC颗粒，写入次数仅1000～5000次，广泛用于低端入门固态硬盘当中。

扩展知识点

AHCI协议和NVMe协议

SSD两大传输协议分别是传统的AHCI协议和新兴的NVMe协议。NVMe协议相比AHCI协议，给SSD带来的是革命性的提升，极大地提升了固态硬盘的读写性能，降低了由于AHCI接口带来的高延时，彻底解放了SATA时代固态硬盘的极致性能。

支持AHCI协议的接口有SATA接口、mSATA接口和M.2接口。

SATA接口固态硬盘，大多用于代替机械硬盘，台式机和笔记本升级主要用到这类接口。SATA接口固态硬盘具有价格便宜、散热好的特点，缺点是所占空间比较大，特别是对于笔记本用户，需要替换掉原有的机械硬盘，或者选择拆除光驱，购买光驱位硬盘支架安装。

mSATA接口的固态硬盘一般是指超小型的SSD模块，不同于传统2.5寸的SSD产品。架构设计上类似嵌入式系统的DOM型态。mSATA接口的SSD的尺寸为50m×30mm，单面厚度为4～5mm。体积是传统2.5寸SSD的1/12，重量为1/7。目前mSATA接口已经全面被M.2接口所取代，目前只有老的笔记本用户才会存留这种升级接口。

M.2接口又称为NGFF接口，是目前笔记本中使用最多的接口类型，其宽度尺寸仅为

22mm，单面布置NAND颗粒厚度为2.75mm，双面布置NAND颗粒厚度为3.85mm。M.2接口相对mSATA接口来说体积进一步减小，更加节省空间。M.2接口可以使用PCI-E3.0来传输数据，速度有所提高。M.2接口主要有三种标准长度，分别为42mm、60mm、80mm。目前常见的以42mm和80mm为主。

支持NVMe协议的接口有M.2接口和PCI-E接口。

M.2接口定制了两种接口类型：Socket 2和Socket 3，Socket 2支持SATA、PCI-Ex2接口的SSD，Socket 3专为高性能存储设计，可支持PCI-Ex4接口，体积更小的同时带宽高达32Gbps。支持AHCI协议的M.2接口为Socket 2，而支持NVMe协议的M.2接口为Socket 3接口。这个类型的固态硬盘优点是集聚了M.2接口高速、占据空间小和NVMe协议低延迟等优势，但价格比较高，发热量也相对较大。

PCI-E实际上是通道协议，在物理表现上就是主板上那些PCI-E接口。这些通道协议，属于总线协议，能够直接连接CPU，因而几乎没有延时，成为NVMe协议的绝配。性能毋庸置疑，散热好，属于高端玩家标配产品，但缺点是占据空间大，价格昂贵。

五、显卡

显卡是计算机最基本组成部分之一，用途是将计算机系统所需要的显示信息进行转换，驱动显示器，并向显示器提供逐行或隔行扫描信号，控制显示器的正确显示，是连接显示器和计算机主板的重要组件。显卡被称为GPU（Graphics Processing Unit），市场上主要有NVIDIA和AMD两个厂商。

集成显卡是将显示芯片、显存及其相关电路都集成在主板上，与其融为一体的元件；集成显卡的显示芯片有单独的，但大部分都集成在主板的北桥芯片中；一些主板集成的显卡也在主板上单独安装显存，但其容量较小。集成显卡的优点是功耗低、发热量小，部分集成显卡的性能已经可以媲美入门级的独立显卡。缺点是显示效果与处理性能相对较弱，不能对显卡进行硬件升级。

独立显卡是指将显示芯片、显存及其相关电路单独做在一块电路板上，自成一体而作为一块独立的板卡存在，需占用主板的扩展插槽（ISA、PCI、AGP或PCI-E）。独立显卡的优点是单独安装有显存，一般不占用系统内存，在技术上也较集成显卡先进得多，独立显卡性能强于集成显卡，容易进行显卡的硬件升级。缺点是系统功耗有所加大，发热量也较大，需额外购买显卡的资金，同时占用更多空间。独立显卡如图1-8所示。

图1-8　独立显卡

核芯显卡是新一代图形处理核心，和以往的显卡设计不同，它将图形核心与处理核心整合在同一块基板上，构成一个完整的处理器。智能处理器架构这种设计上的整合大大缩减了处理核心、图形核心、内存及内存控制器间的数据周转时间，有效提升处理效能并大幅降低芯片组整体功耗，有助于缩小核心组件的尺寸。虽然性能无法与独立显卡相比，但它将集成显卡中的“处理器+南桥+北桥（图形核心+内存控制+显示输出）”三芯片解决方案精简为“处理器（处理核心+图形核心+内存控制）+主板芯片（显示输出）”的双芯片模式，有效降低了核心组件的整体功耗。

多样的接口可以满足不同的使用环境，常见的接口有VGA、DVI、HDMI、DP等，每一种接口都有其自身的传输标准、带宽规格、针脚定义等，其中有些接口还有高低版本规格上的差别。

决定显卡性能的三要素首先是显示核心，其次是显存带宽（取决于显存位宽和显存频率），最后才是显存容量。

1. 显示核心

显示核心有三种参数，核心类型、核心频率和流处理单元数量，显卡的性能也基本取决于这三者。

核心类型就是显卡的定位，核心类型就是我们常说的GTX1050、GTX1060、RTX2080、RX580这种型号，通过核心类型可以判断显卡的代数以及定位情况，同时也能判断出大致的性能差距。

核心频率是指显示核心的工作频率，其工作频率在一定程度上可以反映出显示核心的性能。在同样级别的芯片中，核心频率高的则性能要强一些，显卡超频就是提高显卡的核心频率。

流处理单元是全能渲染单元，流处理单元数量越多则处理能力越强，一般成正比关系，但这仅限于NVIDIA的核心或者AMD的核心比较范畴。NVIDIA和AMD的流处理单元比较可采取近似比较，即NVIDIA的1个流处理单元相当于AMD的5个流处理单元（随着技术发展可能会有所不同）。

2. 显存带宽

显存带宽就是显示芯片与显存之间的桥梁，带宽越大，则显示芯片与显存之间的通信就越快捷。显存带宽的单位为：字节/秒。显存的带宽与显存位宽及显存频率有关。显存带宽=显存频率×显存位宽/8。

显存位宽是显存在一个时钟周期内所能传送数据的位数，位数越大则瞬间所能传输的数据量越大，这是显存的重要参数之一。目前市场上的显存位宽有64位、128位和256位三种，人们习惯上叫的64位显卡、128位显卡和256位显卡就是指其相应的显存位宽。显存位宽越高，性能越好，价格也就越高，因此256位显存更多应用于高端显卡，而主流显卡基本都采用128位显存。

显存的速度一般以ns为单位，常见的有6ns、5.5ns、5ns、4ns、3.8ns，直至1.8ns。其对应的工作频率分别是143MHz、166MHz、183MHz、200MHz、250MHz，直至550MHz。以往GDDR1/2/3/4和DDR1/2/3的数据总线都是DDR技术（即数据在系统时钟频率的上升沿和下降沿各传输一次），所以官方标称的数据传输率要乘以2，也就是通常我们所说的等效频率。但相对于GDDR1/2/3/4和DDR1/2/3的一条数据传输总线，GDDR5有两条数据总线，所以总的数据传输率要乘以4。例如，GeForce GTX 1660 Ultra 6G的显存频率为8Gbps，显存位宽为192bit，那么显存带宽为192GB/s。

3. 显存容量

显存，也叫作帧缓存，它的作用是用来存储显卡芯片处理过或者即将提取的渲染数据。如同计算机的内存一样，显存是用来存储要处理的图形信息的部件。显存是显卡非常重要的组成部分，显示芯片处理完数据后会将数据保存到显存中，然后由RAMDAC（数模转换器）从显存中读取出数据并将数字信号转换为模拟信号，最后由屏幕显示出来。

从早期的EDORAM、MDRAM、SDRAM、SGRAM、VRAM、WRAM等到今天广泛采用的DDR SDRAM，显存经历了很多代的进步。GDDR5（Graphics Double Data Rate，version 5）SDRAM是为计算机应用程序要求的高频宽而设计的高性能显存的一个类型。

显存容量是显卡上本地显存的容量数，这是选择显卡的关键参数之一。显存容量的大小决定着显存临时存储数据的能力，在一定程度上也会影响显卡的性能。目前主流的显存有4GB、6GB，高档显卡的显存为8GB，某些专业显卡甚至已经具有16GB的显存了。

六、键盘

键盘是计算机的输入设备，用于进行文字和快捷操作。键盘的基本性能参数包括产品定位、连接方式、接口类型、按键数量、结构类型。

产品定位：针对不同类型用户，除了标准类型键盘外，还有很多类型键盘，如多媒体、笔记本、超薄、游戏竞技、机械、工业、多功能等类型的键盘。

连接方式：现在键盘基本有三种连接方式，有线、无线和蓝牙。

接口类型：主要有PS/2、USB和USB+PS/2接口三种，连接方式都为有线。

按键数量：键盘标准键为104键，也有87键、107键、108键等类型的键盘。

结构类型：主要分为机械键盘和薄膜键盘两种。

1. 机械键盘

机械键盘采用类似金属接触式开关，工作原理是使触点导通或断开，具有工艺简单、噪声大、易维护的特点。机械键盘和薄膜键盘在构架上是有本质区别的，机械键盘的每一个键下面都是一个开关，也被叫作轴，每一次敲击都是按动了一个轴，其中以德国Cherry生产的最负盛名，其他品牌有日产ALPS轴等。

2. 薄膜键盘

薄膜键盘内部共分三层，实现了无机械磨损。其特点是低价格、低噪声和低成本。薄膜键盘架构简单，除了上下盖、键帽之外，拆开键盘之后，还会看到橡胶帽（但事实上现在大都是用硅胶制成）以及三片薄膜，还会看到小小的电路板，以及电路板上的IC。薄膜键盘的原理是三片薄膜中最上方为正极电路，最下方为负极电路，而中间为不导电的塑料片，当手指从键帽压下时，上方与下方薄膜就会接触通电，即完成导通。

七、鼠标

鼠标，计算机的一种外接输入设备，也是计算机显示系统纵横坐标定位的指示器，因形似老鼠而得名。其标准称呼应该是“鼠标器”，英文名“Mouse”，鼠标的使用是为了使计算机的操作更加简便快捷，来代替键盘那烦琐的指令。

1. 工作方式

鼠标按其工作原理的不同可以分为机械鼠标和光电鼠标。机械鼠标主要由滚球、辊柱和光栅信号传感器组成。光电鼠标是通过检测鼠标的位移，将位移信号转换为电脉冲信号，再通过程序的处理和转换来控制屏幕上光标箭头的移动。激光鼠标也属于光电鼠标，只不过是用激光代替了普通的LED光，它可以适用于各种不同的物体表面之上。

2. 连接方式

鼠标按连接方式分为有线、无线两种。有线鼠标的接口有PS/2接口和USB接口之分。无线鼠标是指无线缆的、直接连接到主机的鼠标，采用无线技术与计算机通信，从而摆脱电线的束缚，其中蓝牙鼠标不需接收器但要求主机有蓝牙模块。

3. DPI

DPI是指鼠标的定位精度，单位是dpi或cpi。DPI是每英寸点数，也就是鼠标每移动一英寸指针在屏幕上移动的点数。DPI数则是鼠标移动每英寸汇报给Windows的点数，2000dpi鼠标移动12μm就给Windows汇报一个点，而400dpi鼠标需要移动60μm才给Windows汇报一个点，所以从鼠标识别的角度来说，高DPI意味着高精确度。DPI理论上是越高越好，在鼠标移动相同距离的情况下，高DPI的鼠标在屏幕上可以移动更多距离。

八、显示器

显示器（Display）通常也被称为监视器。显示器属于计算机的I/O设备，即输入输出设备。它是一种将一定的电子文件通过特定的传输设备显示到屏幕上，再反射到人眼的显示工具。根据制造材料的不同，可分为阴极射线管显示器（CRT）、等离子显示器（PDP）、液晶显示器（LCD）等。

显示器的技术参数主要有可视面积、分辨率、亮度、对比度、刷新率、响应时间等。

1. 可视面积

目前显示器的尺寸实际上就是其显示部分的对角线长度，单位是英寸（1英寸=2.54cm）。例如，已知笔记本是14英寸的，经测量笔记本显示器的斜对角线的长度为35cm，将厘米转换为英寸，35cm=14英寸。

2. 分辨率

显示器上的各种图形、文字都是通过一个个的像素点组合而成的，而分辨率就是显示器上纵横像素数的一种表示方式。例如，1920×1080分辨率，就是说这台显示器横向有1920个像素点，纵向有1080个像素点。

显示器的像素越多，就能在同样的细腻程度下显示越多的目标，或者让同样的显示目标表现得更加细腻，且同一尺寸下，分辨率越高，显示目标就越细腻，但也有显示目标尺寸过小的问题。

3. 亮度

显示器的亮度单位是cd/m^2。一般来说，亮度达到250cd/m^{2}就足够日常使用了，高亮度的显示器在显示一些阴暗场景时可能更清晰，但显示正常和明亮场景时会过亮，对眼睛的刺激也更大，长时间使用眼睛更容易疲劳。

4. 对比度

对比度是显示器最高亮度与最低亮度的比值，高对比度可以提供更好的显示层次。一般来讲，对比度达到200就能提供不错的显示效果，但盲目提高亮度以追求高对比度，对实际使用没有什么帮助，反而降低了使用寿命。

5．刷新率

刷新率是指显示器每秒能更新多少幅画面。例如，一款刷新率为60Hz的显示器就说明显示器一秒钟能刷新60幅画面，也写作60FPS。由于目前主流的液晶显示器每一幅画面都是稳定的，所以60FPS基本可以保证舒适的观看。

瞬息万变的电竞对抗需要快速更新场景画面，因此出现了144Hz甚至更高刷新率的显示器，这些显示器不仅价格较高，很多还需要高端显卡的配合。

6．响应时间

显示器的响应时间是像素点色彩转换的时间，早期响应时间一般是指显示画面在“黑白”之间转换的时间，现在则是更贴近实际使用情况的灰阶切换的响应时间（GTG：Grey To Grey）。

响应时间反映着显示器画面转换能力的实际表现，响应时间越短，画面转换得越是干净利落，否则即使刷新率很高，由于转换速度不够快，也会造成新一帧画面中带有上一帧画面的残留色彩，即所谓的拖影现象。

7．画面稳定技术

在很多情况下，显示器的画面刷新速度与显卡输出的画面并不一定同步，当出现这一情况时，除了造成画面延迟与场景跳跃外，还有可能造成两帧画面冲突，出现类似响应时间不足的问题，不过表现为局部画面和整体不同步，并非“拖影”，而是画面的“撕裂”。

针对这种情况，GPU厂商和显示器厂商联手推出了一些解决方式，如AMD的FreeSync和NVIDIA的G-SYNC，尽量协调显示器刷新速度和显卡输出速度，让每一帧画面都完整而即时。

8．HDR

HDR是指根据场景情况，动态呈现对比度和色彩精度的方式，比如电影游戏玩家在黑色场景里，普通显示器几乎是一团黑，但是在具备HDR的显示器上可以看到黑暗内的一些场景。要实现HDR技术，显示器就必须具备相关的硬件设计，因此会影响到显示器的价格表现。

9．色域

显示器的色域就是可以显示多少种色彩，这主要与控制芯片和显示单元的精确度有关。“广色域”显示器具备显示精确度高，表现色彩更多，对整个色彩区间的覆盖更广的特点。

目前常见的显示器色域标准主要是sRGB和Adobe RGB，另外还有苹果制定的Apple RGB。sRGB对一般用户而言已经完全够用，也获得了大部分显示器和软件的支持，Adobe RGB和Apple RGB则更多出现在专业显示器和专业软件上，面向设计、美工等专业人员。

10．色彩（色深）

显示器的每个像素由分别负责RGB（红、绿、蓝）三原色的显示单元组成，三原色的明暗不同组合形成了单个像素呈现出的色彩。而显示器使用的色彩数量标注方式是多少bit，其实就是每个显示单元能呈现出的明暗变化数量，而bit这一单位是表示2的多少次方，比如8bit色彩就是2的8次方，每个显示单元的变化有256种，单个像素呈现出的色彩组合就是256×256×256=16777216种，基本达到了人的视觉极限。

当然作为计算机的输出设备，外形、操控设计、调节能力、接口设置等，同样是关系到显示器使用体验的重要组成部分。

九、机箱

机箱作为计算机配件中的一部分，它的主要作用是放置和固定各计算机配件，起到承托和保护作用。此外，机箱具有屏蔽电磁辐射的重要作用。

机箱一般包括外壳、支架、面板上的各种开关、指示灯等。外壳用钢板和塑料结合制成，硬度高，主要起保护机箱内部元件的作用。支架主要用于固定主板、电源和各种驱动器。

在选购机箱时需要考虑以下几个因素。

1. 尺寸

机箱按照尺寸分为全塔、中塔、MINI、ITX机箱，分别对应E-ATX超大主板（305mm×265mm）、ATX主板（305mm×244mm）、M-ATX主板（244mm×244mm）和ITX主板（170mm×170mm）。

2. 散热性

散热性主要表现在三个方面，一是风扇的数量和位置，二是散热通道的合理性，三是机箱材料的选择。一般来说，大口径的风扇直接针对CPU、内存及磁盘进行散热，形成从前方吸风到后方排风（塔式为下进上出，前进后出）的良好散热通道，这种良好的热循环系统，能及时带走机箱内的大量热量。

3. 冗余性

一是散热系统的冗余性，此类机箱一般必须配备专门的冗余风扇，当个别风扇因为故障停转的时候，冗余风扇会立刻接替工作；二是电源的冗余性，当主电源因为故障失效或者电压不稳时，冗余电源可以接替工作继续为系统供电；三是存储介质的冗余性，要求机箱有较多的热插拔硬盘位，可以方便地对服务器进行热维护。

4. 材质

机箱的材质主要有镀锌钢板和铝合金两种。铝合金制作的机箱比钢制机箱重量轻、强度高，但它的弹性不如钢板，如果严重受压，就会发生不可恢复的变形。

十、电源

计算机电源是一种安装在主机箱内的封闭式独立部件，它的作用是将交流电通过一个开关电源变压器转换为5V、−5V、12V、−12V、3.3V等稳定的直流电，以供应主机箱内系统部件的使用。

在选购电源时主要考虑电源的额定功率。一般来说，高端的计算机所需要的电源应在450W以上，而入门级的计算机也应该提升到350W以上，如果外设增多或者还要加装风扇，那么应该多留出空余功率，以防计算机出故障。下面是几种硬件的常见功耗范围，具体数值大小还需视具体型号确定。

CPU：80～150W

显卡：10～250W（核显一般10W左右）

硬盘：8～10W

主板：25～35W

内存：1～3W

光驱：20W

键盘+鼠标+风扇等：15～30W

用户可以根据所选购的硬件计算出电源的额定功率，作为选购电源的主要依据，除此之外还要考虑电源的连接器类型，如主板供电接口（20+4pin）、CPU供电接口（4+4pin）、硬盘供电接口（4pin）、显卡供电接口（6+2pin）等，支持的接口类型越多兼容性也就越好。

◆ 任务实施

1. 选配计算机的步骤

计算机用途不同，选配的配件也不同。选配计算机可以参考如下步骤。

1）选配CPU型号。目前CPU的品牌有英特尔和AMD，定位自己的需求和预算，依据需求预算来进行选择。

2）选配主板。根据CPU的品牌、封装方式，选择主板。

3）选配硬盘。根据对容量大小及读取速度的要求选择硬盘。

4）选配内存。根据CPU、主板参数选择恰当频率的内存。

5）选配显卡。根据场景选择是否增加显卡，并确定选配的显卡型号。

6）选配键盘鼠标。根据实际需求选配适合的键盘鼠标。

7）选配显示器。选择参数合理、尺寸合适的显示器。

8）选配机箱。根据主板类型，选择合适的机箱。

9）选配电源。核算全部配件功率，选择功率匹配的电源。

2. 填写计算机配置表

请以办公类计算机配置表中的CPU项为例完成办公类计算机配置表（见表1-1）、图形设计类计算机配置表（见表1-2）和家庭娱乐游戏类计算机配置表（见表1-3）。

表1-1 办公类计算机配置表

硬件	价位	型号	参数	选购事项
CPU	1000元	AMD R5 2600	（1）主频3.4GHZ；（2）6C/12T；（3）12nm工艺；（4）AM4接口类型；（5）L2 3M L3 16M；（6）TPD 65W；（7）不带核显	1. 需要购买AM4接口的主板。 2. 需要购买显卡或集成显卡主板

表1-2　图形设计类计算机配置表

硬件	价位	型号	参数	选购事项

表1-3　家庭娱乐游戏类计算机配置表

硬件	价位	型号	参数	选购事项

◆　检查评价

评价项目	教师评价	自我评价
办公类计算机配置是否合理		
图形设计类计算机配置是否合理		
家庭娱乐游戏类计算机配置是否合理		

◆ 竞技擂台

一、填空题

1. 主频、外频、倍频，其关系式：________=________×________。

2. CPU主流的封装有________、________、________。

3. 目前主流主板板型分为四种：E-ATX型、__________、__________和Mini-ITX型。

4. ____________（Memory）也被称为内存储器和主存储器，其作用是用于暂时存放________，以及与硬盘等外部存储器________。

5. 固态硬盘是用固态电子存储芯片阵列而制成的硬盘，它由______和______（FLASH芯片、DRAM芯片）组成。

6. 核芯显卡是新一代图形处理核心，和以往的显卡设计不同，它将________与________整合在同一块基板上，构成一个完整的处理器。

7. 显存带宽就是显示芯片与显存之间的桥梁，带宽越大，则显示芯片与显存之间的通信就越快捷，显存带宽=________×________/________。

8. 键盘是计算机的输入设备，用于进行文字和快捷操作，键盘的基本性能参数包括产品定位、________、________、按键数量、结构类型。

9. 鼠标按其工作原理的不同可以分为________鼠标和________鼠标。

10. 经测量笔记本的斜对角线的长度为35cm，该笔记本显示器的尺寸为________英寸。

二、选择题

1. （　　）封装方式针脚在CPU上。

A. PGA　　B. BGA　　C. LGA

2. （　　）技术让CPU通过复制处理器上的结构状态，在同一个处理器上同步执行并共享处理器的执行资源。

A. 多核　　B. 多线程　　C. 7nm制作工艺　　D. 超频

3. （　　）参数不属于内存的性能参数指标。

A. 容量　　B. 频率　　C. 延时　　D. 缓存

4. 现在主流的硬盘接口类型是（　　）。

A. SATA　　B. M.2　　C. mSATA　　D. PCI-E

5. GeForce GTX 1660 Ultra 6G 的显存频率为8Gbps，显存位宽为192bit，那么显存带宽为（　　）。

A. 256GB/s　　B. 192GB/s　　C. 128GB/s　　D. 64GB/s

6. （　　）硬盘颗粒的寿命最长。

A. SLC　　B. MLC　　C. TLC

7. （　　）显卡将图形核心与处理核心整合在同一块基板上。

A. 核芯显卡　　B. 集成显卡　　C. 独立显卡

8. （　　）不属于4K分辨率的范畴。

A. 4096×3112　　B. 3656×2664　　C. 3840×2160　　D. 1920×1080

9. 刷新率是指显示器每秒能更新多少幅画面，液晶显示器的刷新频率一般为（　　）。

A. 75～85Hz　　B. 60～75Hz　　C. 90～105Hz　　D. 120～144Hz

10．在选购电源时主要考虑电源的额定功率。一般来说高端的计算机所需要的电源应在（　　）以上。

A．250W　　B．350W　　C．450W　　D．800W

三、思考题

1．小明在为客户选配CPU时，选择了AMD的R5-2600X，请问在选配其他部件时需要注意什么？（提示：核心显卡）

2．一台产于2010年的联想笔记本需要升级，请问可以通过升级哪些硬件设备提高运行速度？

3．在选购组装计算机时，会按照优先级顺序选购各个硬件，请描述选购各硬件的先后顺序。

任务三　计算机硬件组装

◆ 明确任务

将选购的计算机各硬件组装起来。

◆ 知识准备

计算机组装是指用户在使用前将计算机硬件组装成可工作的计算机的过程。不同的用户在计算机组装中对硬件要求不同，但是处理器、主板、内存、硬盘、光驱、显卡、声卡、显示器、音箱、电源、键盘、鼠标等是必不可少的。

1．组装前需要做的准备工作

1）清点计算机各部件是否齐全。

2）准备组装计算机所需工具，如磁性十字螺丝刀、扎带、硅脂、尖嘴钳、镊子等。

2．组装时应注意操作规范性

1）安装前释放人身上的静电，如果有条件，可佩戴防静电环。

2）对各种部件要轻拿轻放，不要碰撞，尤其是硬盘。

3）安装板卡、连接各种数据线时，防止用力过猛造成主板变形，并注意插槽的方向。

◆ 任务实施

组装计算机

1）打开机箱，将电源安装在机箱的电源固定架上，如图1-9所示。

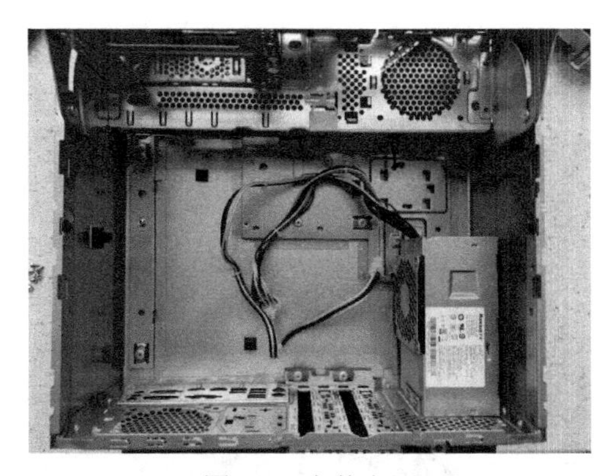

图1-9　安装电源

2）检查CPU或主板上的针脚是否完好（PGA封装，针脚在CPU上，LGA封装，针脚在主板上），在主板的CPU插槽上插入CPU，注意安装方向，并涂抹导热硅脂，注意硅脂不宜涂抹过多，安装散热片和散热风扇，并将风扇的电源线插入主板上对应的插口，如图1-10所示。

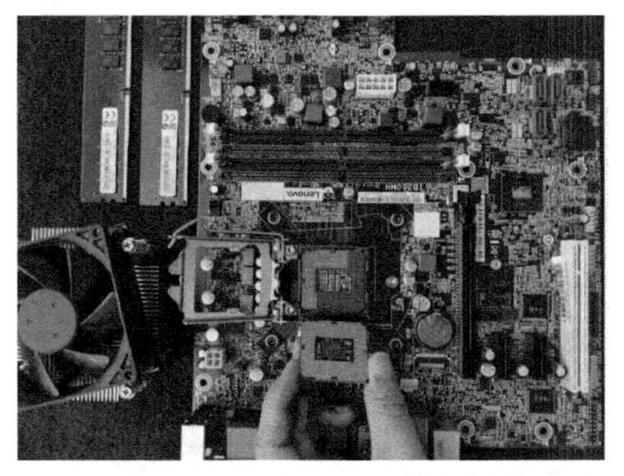

图1-10　安装CPU

3）安装内存时，首先将内存插槽两侧的塑胶夹脚往外侧扳动，然后将内存条引脚上的缺口对准内存插槽内的凸起，垂直地将内存条插到内存插槽，双手拇指按住内存条两端，食指抠住塑胶夹脚，拇指用力将内存插入插槽，如图1-11所示。

图1-11　安装内存

4）将主板安装在机箱中相应的位置上，注意主板与机箱的螺丝孔位置一一对齐，并拧紧螺丝。将电源上供主板电源的电源线插接在主板相应的插槽上，如图1-12所示。

图1-12 主板安入机箱

5）将硬盘固定在机箱的硬盘舱内。由于机箱类型不同，有些需要使用螺丝固定，有些仅采用弹片卡槽固定。使用数据线连接硬盘和主板（SATA接口有L型防呆盲插接头设计），并将电源线插在硬盘电源接口上，如图1-13所示。如加装光驱设备，步骤与安装硬盘相似。

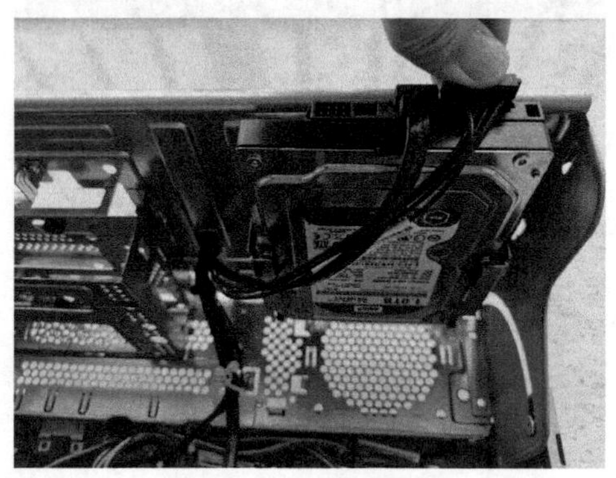

图1-13 安装硬盘

6）取下机箱内部与插槽对应的金属挡片，将显卡、网卡、声卡等插卡式设备安装在主板对应的PCI或PCI-E接口上，如图1-14所示。

图1-14 主板卡槽

7）连接主板信号线和控制线，包括Power SW（开机信号线）、Power LED（电源指示灯线）、HDD LED（硬盘指示灯线）、Reset SW（复位信号线）、Speaker（机箱喇叭线）等。把信号线插头分别插到主板对应的插针上（一般在主板边沿处，有相应标示），其中，电源开关线和复位按钮线没有正负极之分，前置报警喇叭线为四针结构，红线为+5V供电线，与主板上的+5V接口对应，硬盘指示灯和电源指示灯区分正负极，一般情况下，红色代表正极，如图1-15所示。

注意：不同类型的主板可能会有所不同。

图1-15　连接主板信号线和控制线

8）连接外部设备。将显示器的信号线连接到显卡上；将键盘鼠标（USB或PS/2）连接到主板USB或PS/2接口上；将音箱等外设接在声卡或主板上的绿色3.5mm音频输出接口上。

9）将显示器电源连接线和主机电源连接线插到电源插座上，按下主机开机按钮，系统将进行自检并在屏幕上显示硬件的自检信息。长按开机按钮关闭计算机，并断掉主机供电电源。

10）使用扎带将电源线、数据线、信号线分别进行捆扎处理，做到机箱内部线路整洁、美观、牢靠，有利于主机箱内散热。盖上机箱侧面板，使用螺丝固定。

◆ 检查评价

评价项目	教师评价	自我评价
组装过程是否规范		
组装步骤是否合理		
组装计算机所用时间		
系统是否进入自检		

◆ 竞技擂台

一、填空题

1．某主板说明书上写明计算机配有“Realtek 8201CL 10/100 Mbps”芯片，它指的是________芯片。

2．给CPU加上散热片和风扇的主要目的是为了散去________在工作过程中产生的热量。

3．机箱前面板信号线的连接，________是指硬盘灯，________指的是复位开关。

4．按下主机电源按键后，查看面板上的电源灯和机箱前面板上的硬盘指示灯是否亮可以判断主机________是否接通和________是否在工作。

5. 安装CPU时，涂抹硅胶的目的是更好地对________进行散热。

6. ATX架构的主板背面有__________、串口、__________、PS/2键盘接口和PS/2鼠标接口。

7. 主板上的一个IDE接口可以接2个IDE硬盘，一个称为________，另一个称为从硬盘。

8. BIOS是Basic I/O System的简称，BIOS控制着主板的一些最基本的________和输出，另外BIOS还要完成计算机开机时自检，通常称为________（Power On System Test）。

9. 主板在安装到机箱之前，一般要先把________和________安装上去，并且检查跳线的设置。

10. 在拆装计算机的器件前，应该释放掉手上的________。

二、选择题

1. 拆卸主板上的垫脚螺母需要使用（　　）。

A. 十字螺丝刀　　B. 橡皮　　C. 斜口钳　　D. 虎钳

2. 从机箱外部往内部平行推入安装的设备是（　　）。

A. 硬盘　　B. 光驱　　C. 显卡　　D. 内存

3. 一根SATA数据线上最多可以接（　　）块硬盘或光驱。

A. 3　　B. 2　　C. 1　　D. 4

4. 机箱面板上的硬盘工作指示灯跳线应连接到主板上标有（　　）字样的排针上。

A. PWR SW　　B. RST SW　　C. HDD LED　　D. Speaker

5. 机箱面板上的电源开关跳线应连接到主板上标有（　　）字样的排针上。

A. PWR SW　　B. Speaker　　C. HDD LED　　D. RST SW

6. 通常用来除去金手指氧化膜的工具是（　　）。

A. 软毛刷　　B. 吹吸尘器　　C. 橡皮　　D. 清洁纸

7. （　　）接口是用来接显卡的。

A. Socket 370　　B. DIMN　　C. AGP　　D. USB

8. （　　）不可以作为硬盘的接口。

A. IDE　　B. SCSI　　C. AGP　　D. USB

9. 开机后，计算机首先进行设备检测，称为（　　）。

A. 启动系统　　B. 设备检测　　C. 开机　　D. 系统自检

10. ATX主板电源接口插座为双排（　　）。

A. 20针　　B. 12针　　C. 18针　　D. 25针

三、思考题

1. 请写出组装计算机的基本步骤。

2. 列出计算机主板上所有的接口以及接口上可安装的设备。

3．组装完计算机后，开机出现“嘀……嘀……”的连续有间隔的长音，请分析原因并给出解决方法。

任务四　安装操作系统

◆ 明确任务

计算机组装完成后，需要在裸机上安装Windows 操作系统。

◆ 知识准备

组装完计算机后，下一步需要安装操作系统，安装操作系统的方法有光盘安装、硬盘安装、网络克隆、U盘安装、借用其他计算机安装等多种方式。

通常我们需要制作一个启动盘，启动盘（Startup Disk）又称紧急启动盘（Emergency Startup Disk）或安装启动盘。它是写入了操作系统镜像文件的具有特殊功能的移动存储介质（U盘、光盘、移动硬盘以及早期的软盘），起到引导启动的作用，主要用来在操作系统崩溃时进行修复或者重装系统。

U盘启动盘制作工具是指可将U盘制作为一个可引导启动的可在内存中运行的PE系统。常见的有大白菜、老毛桃等。

Windows PE（Windows 预安装环境）是在Windows内核上构建的具有有限服务的最小Win32子系统，它用于准备安装Windows操作系统的计算机，可方便地复制磁盘映像并启动Windows安装程序。

◆ 任务实施

下面我们将使用大白菜超级U盘启动制作工具软件制作U盘启动盘，并使用它对新组装的计算机安装操作系统。

1．制作U盘启动盘

（1）制作前的软件、硬件准备

1）U盘（由于需要将系统文件拷贝至U盘，建议使用8G以上U盘）。

2）下载大白菜超级U盘启动制作工具软件。

3）下载需要安装的Ghost系统或映像文件。

（2）制作U盘启动盘

1）运行软件之前请尽量关闭杀毒软件和安全类软件，下载完成之后右键单击“以管理员身份运行”。

2）插入U盘之后单击“一键制作启动U盘”按钮，软件会提示是否继续，确认所选U盘无重要数据后开始制作，如图1-16所示。

图1-16　大白菜超级U盘启动制作工具界面

制作之前备份U盘里的文件，制作时会格式化U盘，文件会丢失。制作过程中不要进行其他操作以免造成制作失败，制作过程中可能会出现短时间的停顿，要耐心等待几秒钟，当提示制作完成时安全删除U盘并重新插拔U盘即可完成启动U盘的制作。

（3）下载Ghost系统文件并复制到U盘中

将下载的GHO文件或Ghost的ISO系统文件复制到U盘的“GHO”文件夹中，如果只是重装系统盘不需要格式化计算机上的其他分区，也可以把GHO或者ISO放在硬盘系统盘之外的分区中。

2. 使用U盘启动盘安装操作系统

（1）设置启动设置

重启计算机，在系统刚刚进入自检界面的时候按<Delete>键进入BIOS设置，找到有关设置计算机启动的地方，比如“Advanced BIOS Features”或“Boot Device Priority”等，通过<+ /−>或其他键将“First Boot Device”项选择为“USB”“USB-HDD”或“USB-ZIP”，然后按<F10>键保存，按<Y>键确认，按<Enter>键，退出BIOS设置，重新启动计算机。因主板不同，选择USB启动的方法也会有所不同。

现在的计算机设置已经越来越人性化，很多主板都支持不修改BIOS，就可以实现从U盘启动的方法，开机可以尝试按<F8>或者<Esc>等键，然后选择制作成为启动盘的U盘。

进入BIOS界面的启动按键见表1-4。

表1-4　进入BIOS界面的启动按键

组装机主板		品牌笔记本		品牌台式机	
主板品牌	启动按键	笔记本品牌	启动按键	台式机品牌	启动按键
华硕主板	F8	联想	F12	联想	F12
技嘉主板	F12	宏基	F12	惠普	F12
微星主板	F11	华硕	Esc	宏基	F12
映泰主板	F9	惠普	F9	戴尔	Esc
梅捷主板	Esc或F12	微星	F11	神舟	F12
七彩虹主板	Esc或F11	戴尔	F12	华硕	F8
华擎主板	F11	神舟	F12	方正	F12
昂达主板	F11	东芝	F12	清华同方	F12

（2）进入Win8PE系统

将制作好的U盘启动盘插入USB接口，然后重启计算机，出现开机画面时，通过启动快捷键引导U盘启动进入到大白菜主菜单界面，选择【02】，按<Enter>键确认。大白菜主菜单界面如图1-17所示。

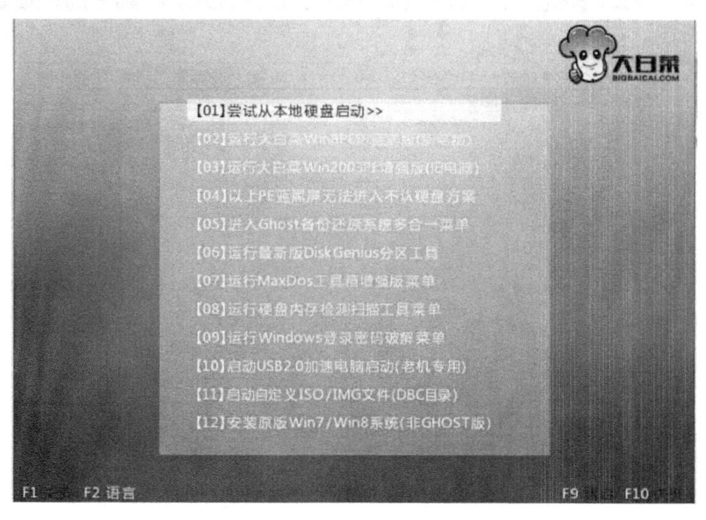

图1-17　大白菜主菜单界面

（3）对硬盘进行分区（选做）

新的硬盘必须经过低级格式化、分区、高级格式化等过程才能用于存放信息。硬盘销售商都已对硬盘进行了低级格式化，一般情况下用户必须对硬盘进行分区和高级格式化。

1）打开DiskGenius分区工具，如图1-18所示。

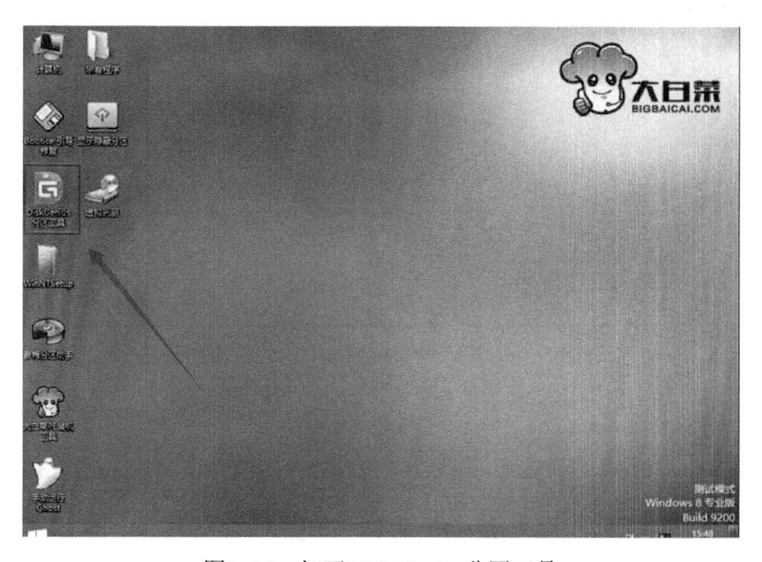

图1-18　打开Disk Genius分区工具

2）在打开的分区工具窗口中，选中想要进行分区的硬盘，然后单击“快速分区”进入下一步操作，如图1-19所示。

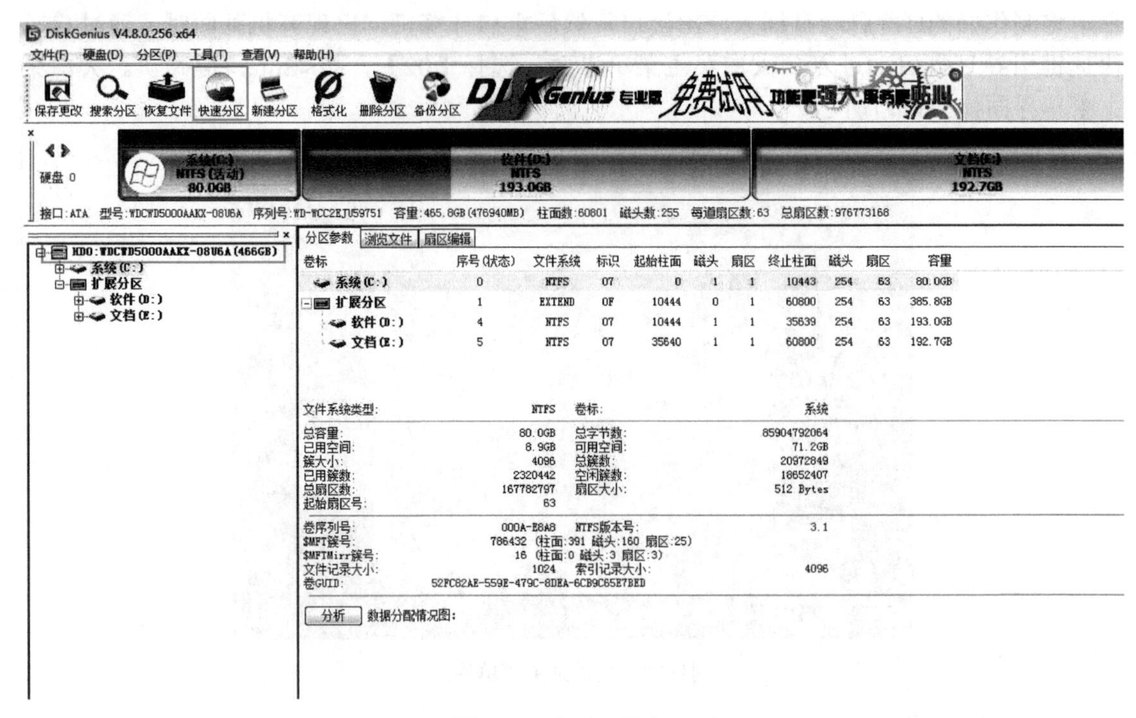

图1-19　分区工具窗口

3）选择分区数目，然后单击“确定”完成操作，如图1-20所示。

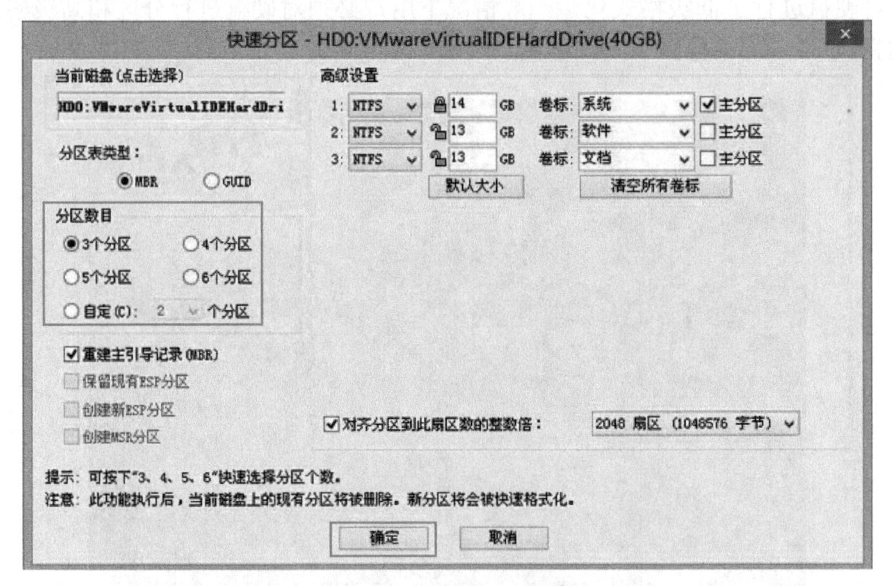

图1-20　快速分区窗口

（4）使用大白菜PE装机工具窗口安装系统。

1）登录大白菜系统桌面，系统会自动弹出大白菜PE装机工具窗口，单击“浏览”进入下一步操作，如图1-21所示。

图1-21　大白菜PE装机工具窗口

2）选择存放在U盘中的系统镜像包，单击“打开”后进入下一步操作，如图1-22所示。

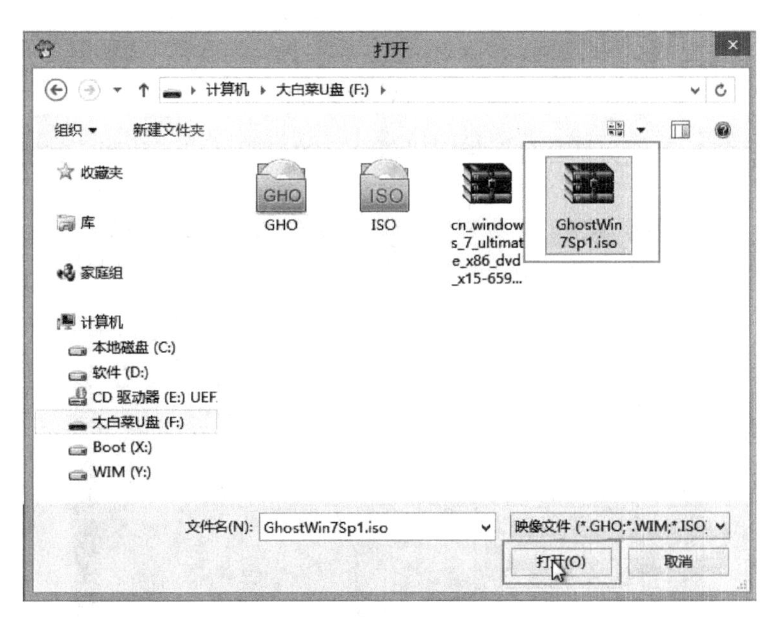

图1-22　选择系统镜像包

3）等待大白菜PE装机工具提取所需的系统文件后，选择磁盘分区安装系统，然后单击“确定”进入下一步操作，如图1-23所示。

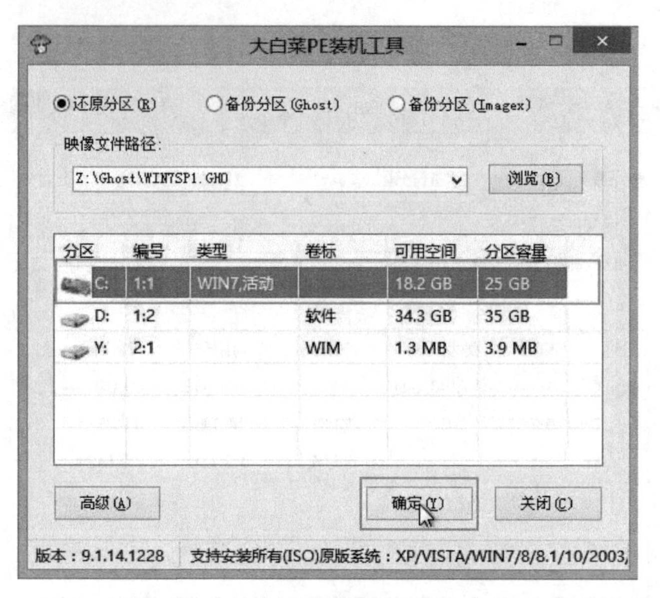

图1-23　选择磁盘分区

4）单击“确定”进入系统安装窗口，执行还原操作，如图1-24所示。

图1-24　执行还原操作

5）随后耐心等待系统文件释放至指定磁盘分区的过程结束，如图1-25所示。

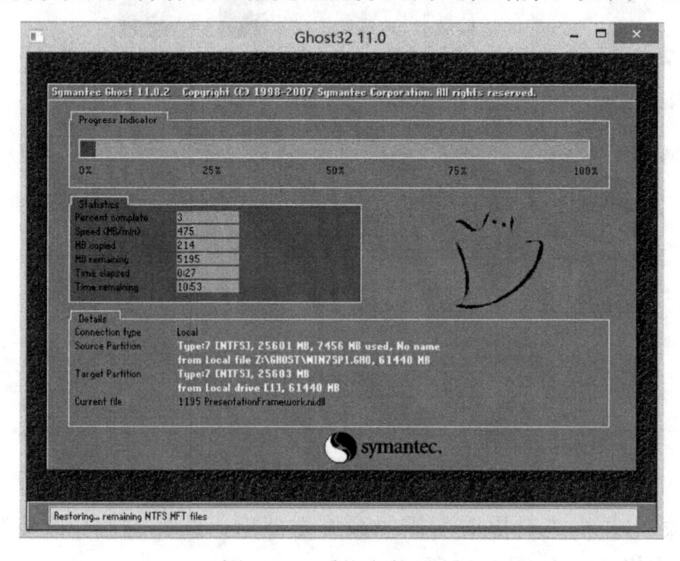

图1-25　系统安装界面

除了使用大白菜PE装机工具窗口安装系统外，还可以采用手动运行Ghost安装系统的方法。

◆ 检查评价

评价项目	所用时间	教师评价	自我评价
制作U盘启动盘			
安装操作系统			

◆ 竞技擂台

一、填空题

1．Ghost能够完整而快速地复制________、还原整个硬盘或单一分区。

2．使用Ghost进行系统备份，有整个硬盘（Disk）和________（Partition）两种方式。

3．硬盘的克隆就是对整个硬盘的备份和还原，选择菜单Local→________→________，在弹出的窗口中选择源硬盘（第一个硬盘），然后选择要复制到的目标硬盘（第二个硬盘）。

4．________是在Windows内核上构建的具有有限服务的最小Win32子系统。

5．________是指将硬盘的整体存储空间划分成多个独立的区域，分别用来安装操作系统、安装应用程序以及存储数据文件等。

6．DiskGenius是一款__________软件，具备硬盘分区和坏道修复、硬盘文件恢复、分区镜像备份与还原、分区复制、硬盘复制等强大功能。

7．一个硬盘最多可以划分为4个________或者3个主分区和1个________，但通常都是将硬盘划分为1个主分区和1个扩展分区。

8．扩展分区创建好后，还需要进一步划分________分区。

9．ISO文件其实就是光盘的________，刻录软件可以直接把ISO文件刻录成可安装的系统光盘，ISO文件一般以iso为扩展名。

10．安装操作系统的方法有________、________、网络克隆、________、借用其他计算机安装等多种方式。

二、选择题

1．使用Ghost软件恢复分区，先选择菜单（　　）。

A．Local→Partition→To Image　　B．Local→Partition→From Image

C．Local→Disk→To Image　　D．Local→Disk→From Image

2．操作系统安装在C盘上，如果我们需要备份操作系统，那么备份文件不能保存在（　　）。

A．F盘　　B．D盘　　C．C盘　　D．E盘

3．能用来进行硬盘分区管理的软件有（　　）。

A．其他选项都能　　B．HDD Regenerator

C．Pqmagic　　D．DiskGenius

4．（　　）不是现在常用的文件系统。

A．FAT　　B．DOS　　C．FAT32　　D．NTFS

5．描述进入BIOS系统的方法是（　　）。

A．Press DEL to Enter Setup　　B．Press F1 to Continue

C．Load Optimized Defaults　　D．Bootup NumLock State

6．以下能实现载入优化设置的菜单是（　　）。

A．Load Optimized Defaults　　B．Save Changes & Reset

C．Discard Changes & Exit　　D．Bootup NumLock State

7．以下能实现“保存参数后重启”的菜单是（　　）。

A．Load from Profile　　B．Save Changes & Reset

C．Discard Changes & Exit　　D．Load Optimized Defaults

8．在Legacy BIOS里，设置日期时间的菜单一般为（　　）。

A．Standard CMOS Features　　B．Advanced BIOS Features

C．Integrated Peripherals　　D．Power Management Setup

9．以下为非Windows系统中标准文件系统格式的是（　　）。

A．FAT16　　B．FAT32　　C．Ext3　　D．NTFS

10．某用户需经常下载文件大小超过4GB的高清电影文件到硬盘中保存，计算机的分区类型最好选（　　）文件系统。

A．FAT16　　B．FAT32　　C．其他选项均可以　D．NTFS

三、思考题

1．请使用其他U盘启动盘软件工具（如老毛桃、U深度等）完成U盘启动盘的制作以及操作系统的安装。

2．安装系统时可以不登录WinPE系统进行安装，请列出安装步骤。

3．请制作Linux系统的U盘启动盘，并安装某一版本的Linux操作系统。

任务五　中文操作系统Windows 10的基础操作

◆ 明确任务

Windows 10默认的设置不一定适合每个人的使用习惯。我们可以通过系统设置，制作个性化的界面。进入操作系统后，用户可以进行文件的复制、粘贴、删除、重命名等操作，能创建、移动、复制、删除、查找、隐藏文件夹等，也可以使用控制面板进行简单的系统设置。

知识准备

一、文件和文件夹

文件是指由创建者所定义的、具有文件名的一组相关元素的集合，可分为有结构文件和无结构文件两种。文件可以是用户创建的文档，也可以是可执行的应用程序、一张图片或一段视频等。文件名的格式为“主文件名.扩展名”。主文件名是用户为了方便文件查找使用而创建的文件名字，扩展名代表文件类型。例如，扩展名为doc的文件，代表用Word或WPS等软件编辑的文档，扩展名为xls的文件，代表用Excel或WPS等软件编辑的文档。

文件夹是组织文件的一种方式，在Windows系统中，文件一般存储在文件夹中，文件夹也可以存储在其他文件夹中。同一个文件夹中，文件与文件，文件夹与文件夹，以及文件与文件夹间都不能同名。

二、常用的输入法

Windows系统的中文输入法软件有搜狗拼音输入法、搜狗五笔输入法、百度输入法、QQ拼音输入法、QQ五笔输入法、谷歌拼音输入法、极点中文汉字输入法等。在默认情况下，使用<Ctrl+Space>快捷键可以启动或关闭中文输入法，使用<Ctrl+Shift>快捷键可以在英文及各种中文输入法之间进行切换。另外，也可以用鼠标单击任务栏上的“输入法指示器”，进行输入法的切换操作。

输入法一般指计算机普通键盘或手机上键盘的输入方式，广义上的输入法还包括手写、语音、OCR扫描阅读器、速录机等输入方式。

任务实施

1. Windows的启动、登录选项设置、重启、关闭和注销

（1）启动Windows并设置登录选项

1）直接打开计算机的电源开关，计算机进行硬件自检后将呈现开机欢迎界面，如图1-26所示。

2）单击“开始”→“设置”，打开Windows设置界面，如图1-27所示。

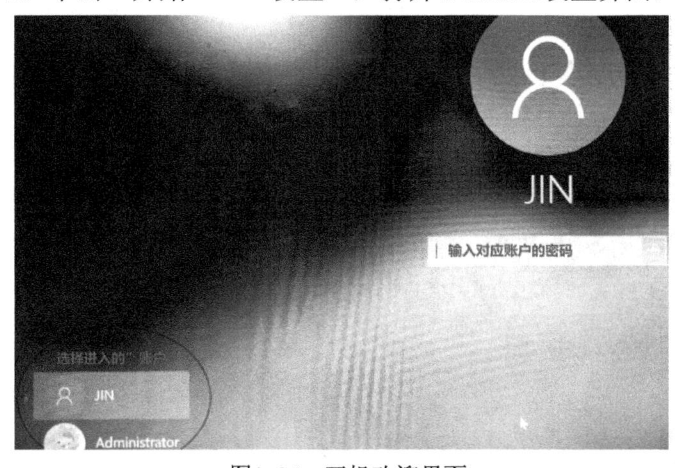

图1-26 开机欢迎界面

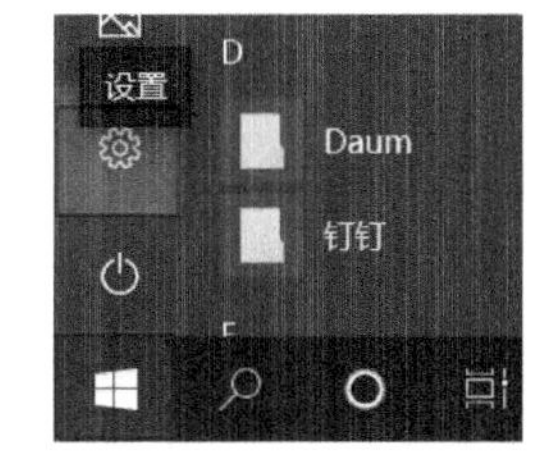

图1-27 打开Windows设置界面

3）单击Windows设置界面中的“账户”图标，在打开窗口中单击“登录选项”，打开

登录选项界面，进行相关设置，如图1-28、图1-29所示。

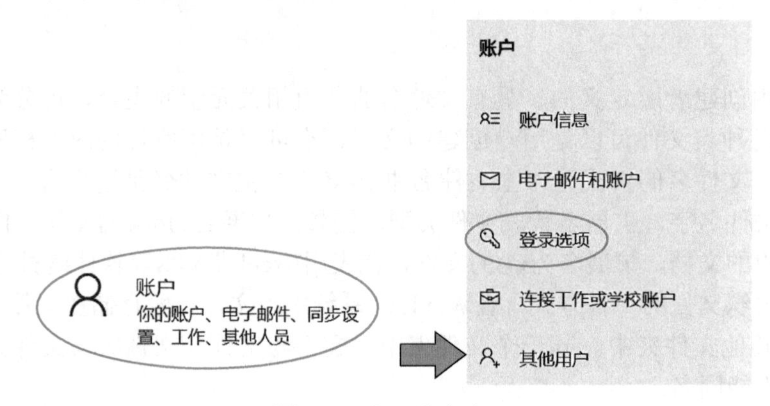

图1-28　打开账户窗口

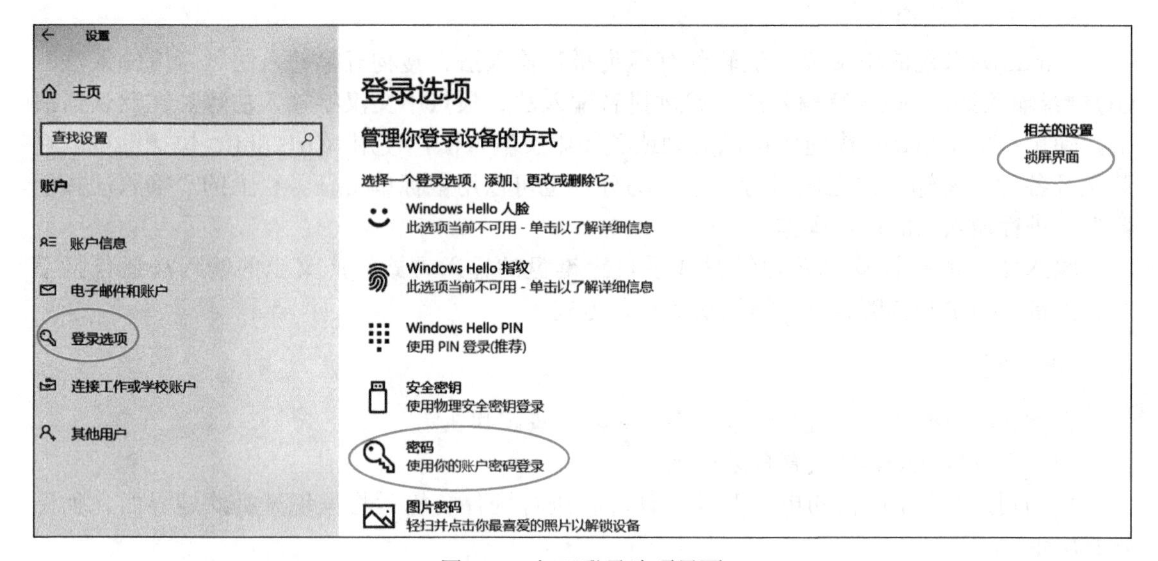

图1-29　打开登录选项界面

（2）重启Windows操作系统

方法一：单击“开始”→“关闭计算机”→“重启”。若按住<Shift>键同时单击“重启”按钮可以跳过开机时的自检过程。计算机重启步骤如图1-30所示。

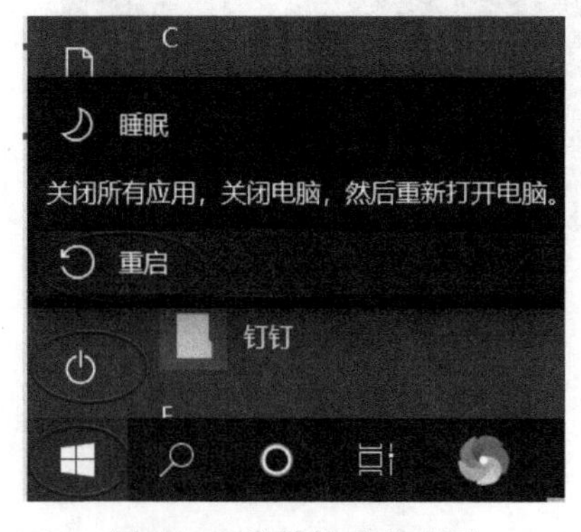

图1-30　计算机重启步骤

方法二：按<Ctrl+Alt+Delete>快捷键，选择“关机”→“重启”。

方法三：若为台式机，直接按下主机箱上的<Reset（复位）>键。

（3）Windows的关闭和注销

方法一：关闭所有应用程序，单击“开始”→“电源”→“关机”或“睡眠”。

方法二：按<Ctrl+Alt+Delete>快捷键，选择“关机”→“关机”或“睡眠”。

方法三：通过调用shutdown.exe命令定时关闭或注销Windows系统。

单击“开始”按钮右侧的“搜索”，在打开的“搜索”对话框中输入命令“shutdown–s–t 300”。

该命令中参数“–s”表示关闭本计算机，“–t 300”表示关闭的倒计时间为300秒，如果去掉参数“–t 300”，系统将倒数30秒后自动关机。shutdown命令使用界面如图1–31所示。

说明：可以更改“–t”后的时间，控制关机倒计时。

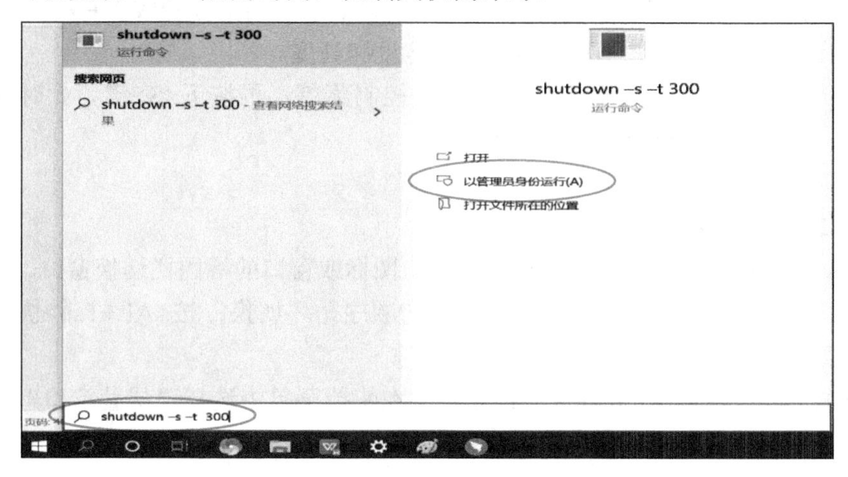

图1–31　shutdown命令使用界面

2．窗口的操作

（1）窗口的移动、最小化、最大化和关闭

1）窗口的移动。

方法一：打开计算机桌面“此电脑”窗口，用鼠标拖动窗口标题栏，移动窗口。

方法二：单击窗口左上角（标题栏左端）的控制按钮，打开控制菜单，选择“移动”命令，再使用键盘上的上、下、左、右键移动窗口，如图1–32所示。

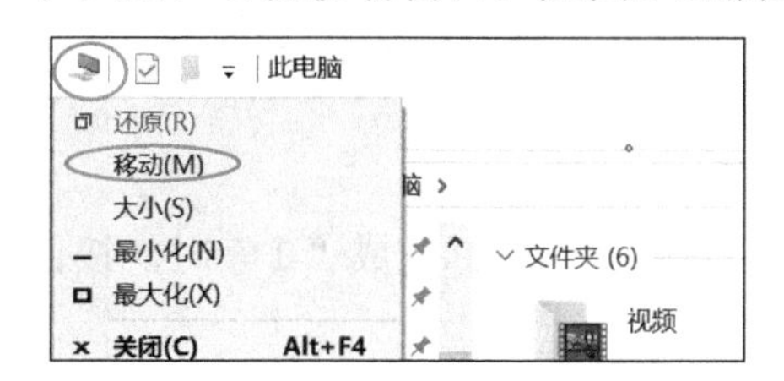

图1–32　移动窗口

2）窗口的最小化、最大化和关闭。

方法一：使用窗口右上角的“最小化”“最大化”和“关闭”按钮，最小化、还原（最大化）和关闭窗口。

方法二：使用<Windows+M>快捷键最小化所有窗口；使用<Windows+D>快捷键（快速显示桌面），最小化和最大化窗口；在任务栏的窗口图标上右击，使用快捷菜单中的相应命令关闭窗口，或使用窗口“文件”菜单中的“关闭”命令关闭窗口，如图1-33所示。

方法三：使用<Alt+空格>快捷键打开窗口控制菜单，再按下命令后括号中带下划线的字母所对应的按键，可以实现相应操作，如按下<Alt+空格>快捷键后，再按下<C>键，可关闭当前窗口。

图1-33　关闭窗口

（2）改变窗口的大小

方法一：将鼠标移动到窗口的边界上或四角的顶点上，当鼠标变成“↔”“↕”“⤢”或“⤡”时，按下鼠标左键并拖动，改变窗口宽度和高度。

方法二：使用<Alt+空格>快捷键打开窗口控制菜单，再按下<S>键，此时使用键盘的上、下、左、右方向键可以改变窗口大小。

（3）窗口之间的切换和排列

1）窗口之间的切换。

方法一：直接使用鼠标单击任务栏上的窗口图标或窗口的标题栏切换窗口。

方法二：按<Alt+Esc>快捷键以窗口打开的顺序循环切换；按<Alt+Tab>快捷键在打开的窗口之间切换。

2）窗口之间的排列。任务栏上右击鼠标，在快捷菜单中选择“层叠窗口”“堆叠显示窗口”和“并排显示窗口”命令来排列窗口。

3. 任务栏的设置

（1）任务栏的属性设置

在任务栏上右击鼠标，在快捷菜单中选择“任务栏设置”，在打开的任务栏对话框中进行设置，勾选相应的选项，观察设置后的效果。

（2）移动任务栏

1）在任务栏的空白处右击鼠标，在快捷菜单中将“锁定任务栏”前的选定标记“√”去掉。

2）使用鼠标拖动任务栏空白处，到屏幕的右边位置时释放鼠标。使用同样方法将任务栏移动到屏幕左侧、顶部，再移回原处。

（3）将任务栏变宽或变窄

移动鼠标到任务栏的上边缘处，当光标变成“↕”时，按住鼠标左键，拖动鼠标可改变任务栏的宽窄。

（4）向“任务栏”中添加或删除快捷方式

1）添加：用鼠标左键拖动桌面上的图标到任务栏中，释放鼠标。

2）删除：在快捷方式上右击鼠标，选择“从任务栏取消固定”命令，如图1-34所示。或将快捷方式直接拖动到桌面或回收站中。

图1-34　删除任务栏图标

4. Windows桌面的基本操作

（1）排列桌面图标

1）移动图标。在桌面空白处右击鼠标，选择“查看”，取消“自动排列图标”的勾选，此时可以拖动桌面任意图标摆放到其他位置，如图1-35所示。

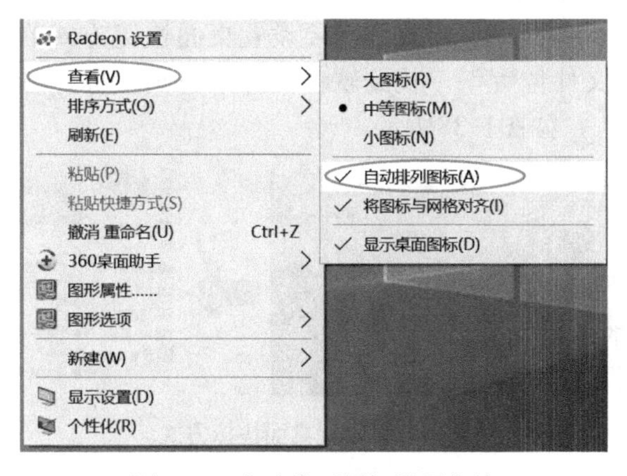

图1-35　自动排列图标设置方法

2）排列图标。使用“排序方式”中的图标排列方式：“名称”“大小”“项目类型”和“修改日期”，观察排列效果。排列图标的方式如图1-36所示。

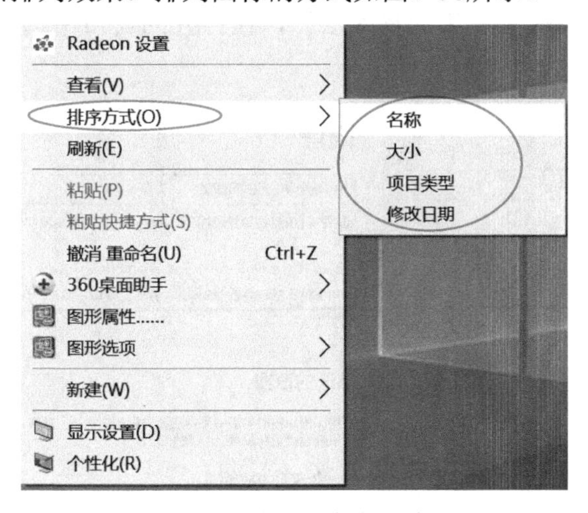

图1-36　排列图标的方式

（2）桌面图标的显示

在桌面上的空白处右击鼠标，选择“查看”命令，勾选“显示桌面图标”，如图1-37所示。

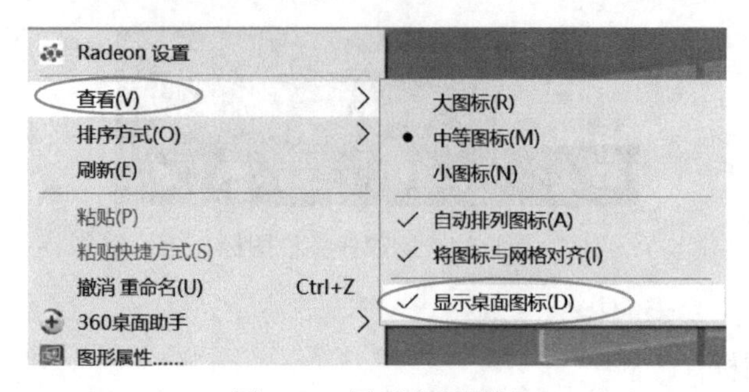

图1-37　显示桌面图标

（3）为软件建立桌面快捷方式

选择“开始”→“所有程序”，找到需要设置桌面快捷方式的软件图标，右击鼠标，单击“更多”→“打开文件位置”，找到软件图标，右击鼠标，在快捷菜单中选择“发送到”→“桌面快捷方式”，如图1-38所示。

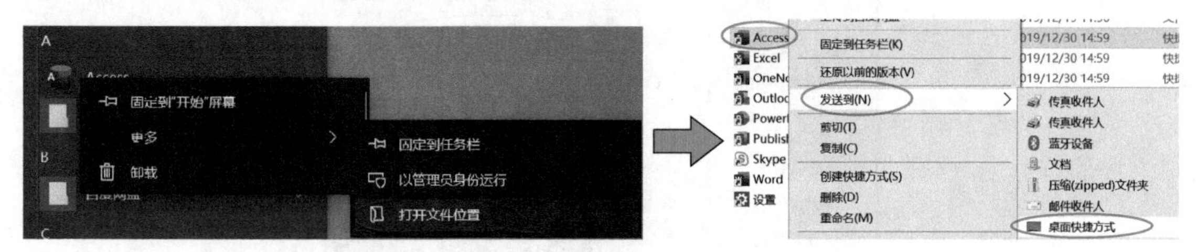

图1-38　设置桌面快捷方式

5. 默认输入法的设置

设置默认输入法。

1）单击“开始”→“设置”→“时间和语言”，打开语言对话框。

2）单击“选择始终默认使用的输入法”，在打开的窗口中选择合适的输入法，如图1-39所示。

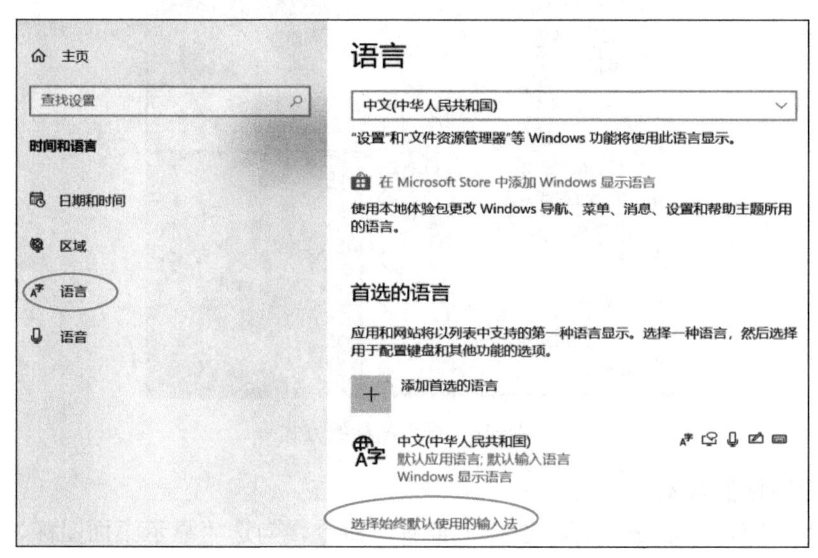

图1-39　设置输入法

6. 账户设置

1）单击“开始”→“设置”→“账户”，在打开的账户窗口左侧选择“用户设置”，可以为当前用户创建密码，在账户信息窗口可更改账户头像图片；

2）单击“其他用户”→“将其他人添加到这台电脑”，可以添加一个新用户，添加成功后可以设置该新用户的密码和显示图片、设置用户类型（管理员或者受限用户）等，如图1-40所示。

说明：为用户设置密码或修改密码时，可以输入“密码提示”，以便于用户忘记密码时给予提示。

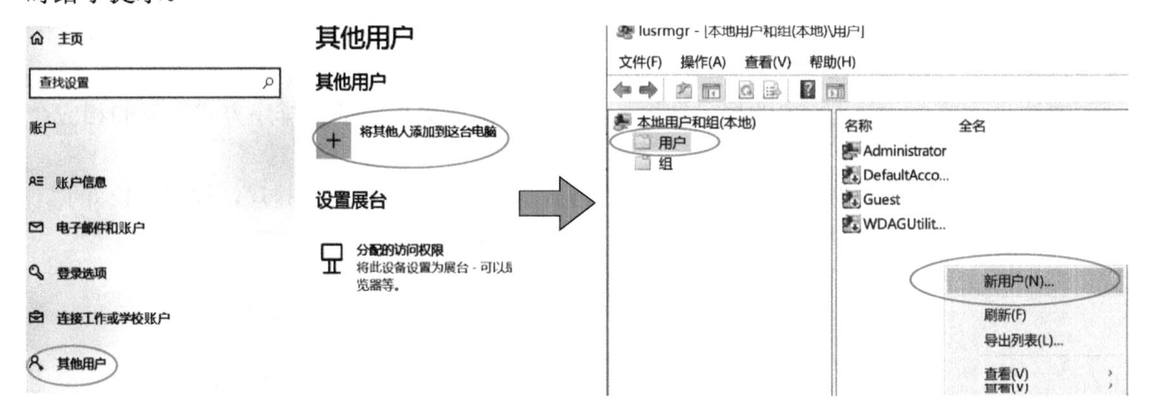

图1-40　添加新用户图

3）添加新用户后，单击“开始”→“重启”，快速打开开机欢迎界面，选择新用户并登录系统。

7. 打开任务管理器

方法一：单击“开始”→“所有程序”→“Windows系统”→“任务管理器”，如图1-41a所示。

方法二：在“开始”按钮上右击鼠标，选择“任务管理器”，如图1-41b所示。

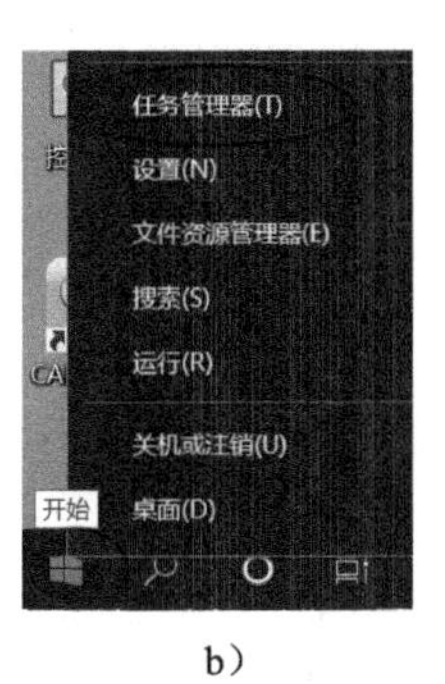

a）　b）

图1-41　打开任务管理器

8．设置根目录的显示方式与排序方式

（1）设置根目录显示方式

分别选用列表、详细信息等方式浏览C盘的根目录，观察各种显示方式之间的区别。

1）双击鼠标打开桌面的“此电脑”，在窗口中单击左侧列表中的“本地磁盘(C:)”，窗口右侧区域显示C盘根目录下的所有文件和文件夹。

2）在窗口右侧区域的空白处右击鼠标，使用快捷菜单中“查看”下的八种方式浏览该目录，或使用窗口“查看”菜单下“布局”中相应的命令浏览根目录，如“详细信息”。

（2）设置根目录排序方式

分别按名称、大小、类型和修改时间对C盘的根目录进行排序，观察四种排序方式的区别。

方法一：在本地磁盘(C:)的根目录下，使用右键快捷菜单中的“排序方式”下的相应命令，进行排序。

方法二：使用窗口“查看”菜单中“排序方式”下的相应命令进行排序，如图1-42所示。

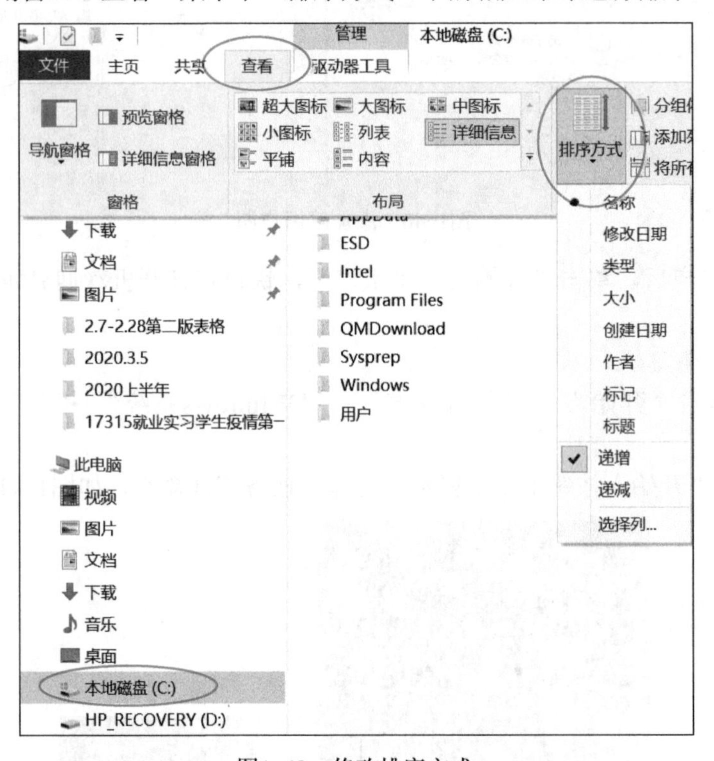

图1-42　修改排序方式

9．文件夹的操作

（1）创建文件夹

在E盘根目录下创建2个文件夹：“作业”和“练习”，在“作业”文件夹中再创建2个文件夹：“课内”和“课外”。

1）在文件资源管理器左侧的列表中单击“本地磁盘(E:)”。

2）当文件资源管理器的右侧区域显示了E盘的根目录后，在文件资源管理器的右侧区域空白处，单击鼠标右键，打开快捷菜单。单击“新建”→“文件夹”，创建“作业”文件夹。

3）在文件资源管理器窗口中，选择“文件”菜单→“新建”→“文件夹”命令，创建“练习”文件夹。

4）进入“作业”文件夹，创建“课内”和“课外”文件夹。

（2）重命名文件夹

方法一：在文件夹上右击鼠标，选择“重命名”命令。

方法二：在新建文件夹图标的名称上双击鼠标左键，此时文件名被选定，反白显示后，键入新文件名即可。

方法三：选定文件夹并按<F2>功能键，键入新文件名。

（3）设置文件夹的属性

1）选中文件夹，单击右键，在快捷菜单中选择“属性”命令，打开文件夹属性对话框。

2）在“常规”选项卡中可以设置文件夹的“只读”“隐藏”属性，如图1-43a所示。

3）在“共享”选项卡中可以设置文件夹共享，如图1-43b所示。

4）在“自定义”选项卡中可以设置文件夹图标、文件夹图片等，如图1-43c所示。

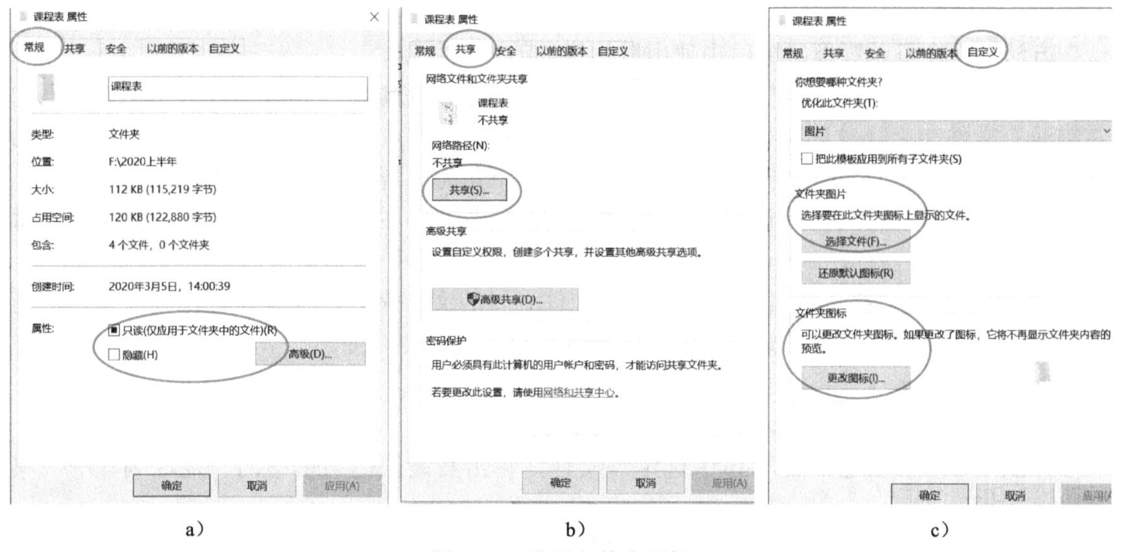

a）　　b）　　c）

图1-43　设置文件夹属性

（4）压缩文件夹。

在文件夹上右击鼠标，选择“添加到压缩文件”命令，在弹出的压缩文件名和参数对话框中，单击“浏览”按钮，设置保存位置为桌面，单击“确定”按钮。压缩后的文件图标为▇。

10．文件的操作

（1）文件的选择操作

方法一：进入文件夹的根目录下，按<Ctrl+A>快捷键将文件夹中的文件全部选定。

方法二：选定某一文件，按住<Ctrl>键，单击其他文件，可以选定多个不连续文件。

方法三：选定某一文件，按住<Shift>键，单击另一文件，可以选定两文件之间的所有文件，若要取消某一选定文件，可按住<Ctrl>键单击该文件即可。

方法四：按住鼠标左键，直接在空白处拖动鼠标，将准备选定的文件括在虚线框内，即可选定文件。

（2）新建文件。

在“练习”文件夹内新建test1.txt和test2.txt。

在资源管理器窗口中，打开“练习”文件夹；在“练习”文件夹下新建两个文本文件test1.txt和test2.txt，其创建方法与创建文件夹方法类似。

（3）复制文件。

将test1.txt复制到目的磁盘或文件夹中。

方法一：使用“编辑”菜单复制。

1）在资源管理器窗口中，选定testl.txt，单击“编辑”→“复制”。

2）单击左侧列表中的“本地磁盘(D:)”，打开“本地磁盘(D:)”后，单击“编辑”→“粘贴”。

方法二：使用快捷键复制。

选定文件test1.txt，按下<Ctrl+C>快捷键将其复制，再到D盘的根目录下，按<Ctrl+V>快捷键粘贴；若要移动该文件，则使用<Ctrl+X>快捷键将其剪切，再粘贴到D盘的根目录下即可。

方法三：在资源管理器窗口中使用鼠标拖动的方法复制。

1）在资源管理器窗口中，选定test1.txt，按住鼠标左键将其拖动到左侧列表E盘下的“作业”文件夹上，此时文件夹反白显示，片刻后，“作业”文件夹自动展开，继续拖动到“课外”文件夹上，同时按下<Ctrl>键，文件右下角将出现“+”标记，释放鼠标即可。

2）同样使用鼠标左键拖动的方法将“练习”文件夹下的test1.txt移动到C盘，值得注意的是，释放鼠标之前按下<Shift>键，此时文件右下角的“+”标记消失，表示移动状态。

3）在资源管理器中使用鼠标右键拖动文件到目的文件夹时，释放鼠标，则会弹出快捷菜单，用户直接选择相应的操作即可，这种方法也十分快捷方便。

（4）创建快捷方式。

为test1.txt创建快捷方式，如图1-44所示。

方法一：在资源管理器窗口中选定该文件，单击右键快捷菜单中的“发送到”→“桌面快捷方式”。

方法二：选定该文件，使用右键快捷菜单中的“创建快捷方式”命令，可在同一目录下创建快捷方式。

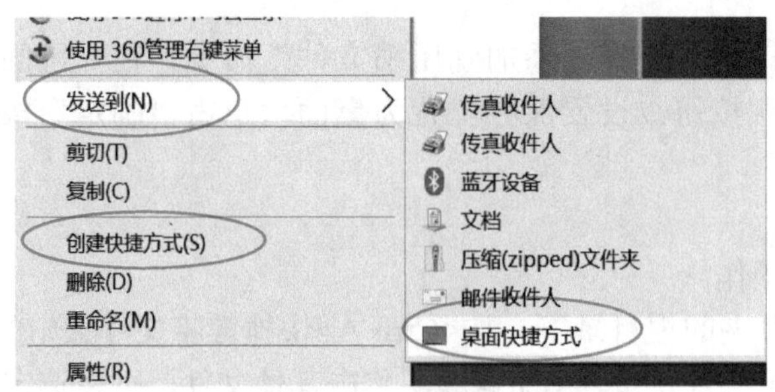

图1-44　创建快捷方式

11．文件夹选项的设置

将test2.txt设置为“只读”和“隐藏”，观察在资源管理器中是否还能看到这个文件，使用文件夹选项显示隐藏的项目，同时隐藏文件扩展名。

1）设置文件test2.txt的属性为“只读”和“隐藏”。

2）在资源管理器窗口中选择“查看”，在“显示/隐藏”中，勾选“隐藏的项目”，查看设置后的效果，如图1-45所示。

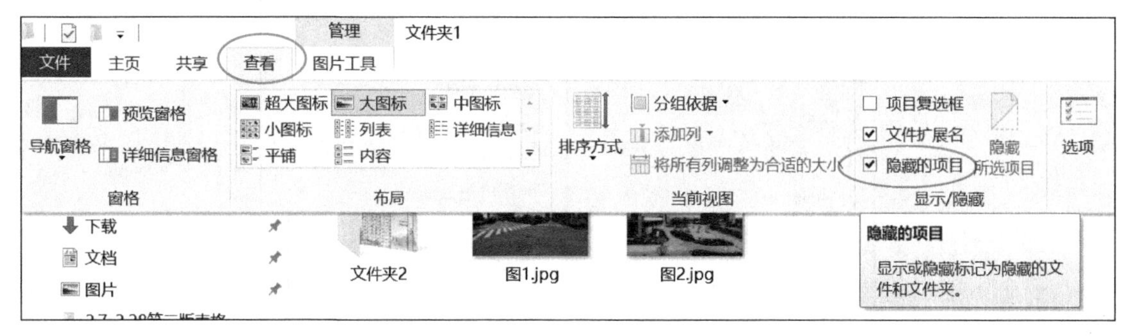

图1-45　查看属性

12．文件或文件夹的搜索

查找C盘上所有扩展名为.txt的文件；查找C盘上文件名中的第二个字符为w、扩展名为.jpg的文件。

1）单击“搜索”按钮，打开搜索框。

2）在搜索框中输入“*.txt”，并选择搜索范围为本地磁盘(C:)，单击“搜索”按钮，右侧将显示搜索结果，如图1-46a所示

3）在搜索框中输入限定搜索的文件名“?w.jpg”，单击“搜索”按钮，如图1-46b所示。

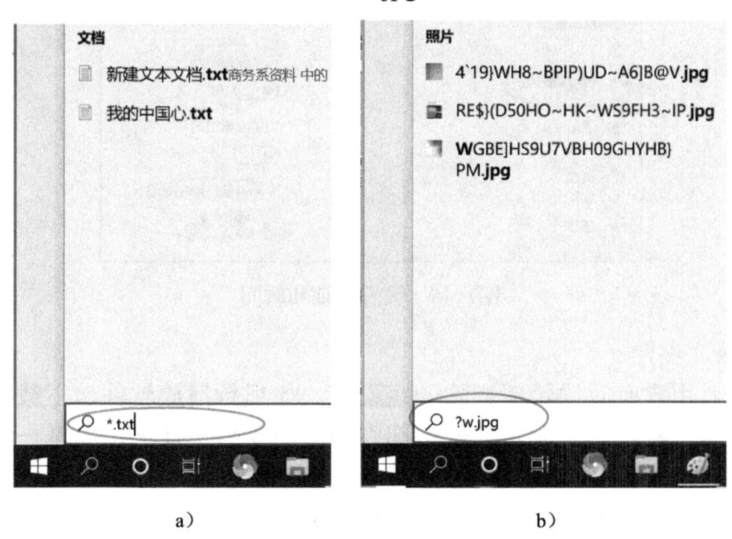

a）　　b）

图1-46　搜索文件的方法

13．分辨率、日期和时间的设置

（1）调整分辨率

1）在Windows设置窗口中，单击“系统”，选择“显示”，打开显示对话框，如图1-47所示。

2）在“显示分辨率”下方，可以调整分辨率。

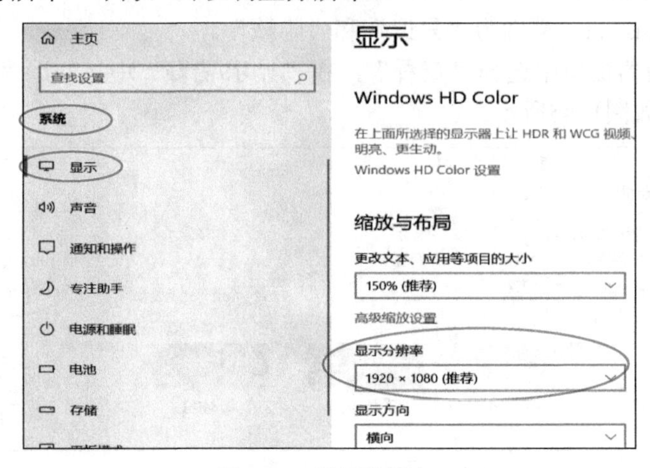

图1-47　设置分辨率

（2）日期和时间的设置

1）在Windows设置窗口中，单击“时间和语言”。

2）在左侧显示栏中选中“日期和时间”，在日期和时间对话框上可选择“自动设置时间”或“手动设置日期和时间”，如图1-48所示。

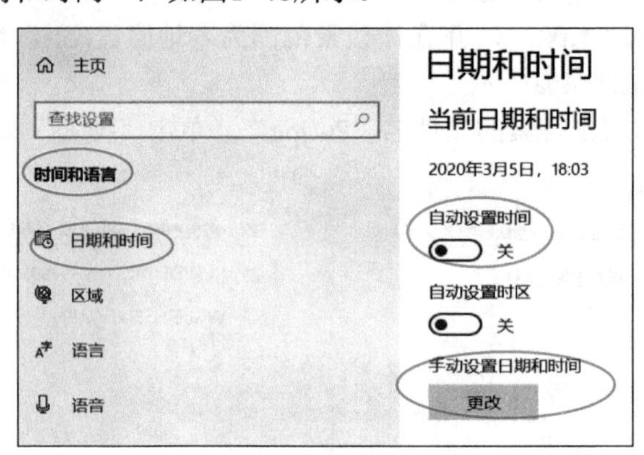

图1-48　设置日期和时间

14. 卸载/修改程序

在计算机中，用户有时候希望删除一些程序，如视频播放软件、下载软件或者即时通信软件等，虽然这些程序在资源管理器中都有相应的安装文件夹，但是一些相关控件可能被安装在系统的其他位置，一些配置信息可能还存放在注册表中，如果采用常规的删除文件夹的方法，不可能删除彻底，会留下许多垃圾文件。此时就要使用“卸载”命令来删除程序。对于安装的某些程序需要添加某个功能的时候（如Office中添加公式编辑器等），需要使用“修改”命令进行。

1）在Windows设置窗口中单击“应用”图标，在左侧窗口选择“应用和功能”。

2）在右侧对话框选择需要卸载的应用程序，并单击“卸载”按钮，就可以把相应的程序从系统中卸载。

3）如果想对安装程序的某些组件进行修改，则单击“修改”按钮，此时会弹出对话框来提示可以更改的内容，如图1-49所示。

图1-49　卸载或修改程序

◆ 检查评价

评价项目	教师评价	自我评价
Windows个性化设置		
文件及文件夹的操作		

◆ 竞技擂台

一、填空题

1．Windows 10是________公司开发的________。

2．在 Windows 10中，<Ctrl+C>是__________快捷键，<Ctrl+V>是__________快捷键，<Ctrl+X>是________快捷键。

3．在Windows 10中，________快捷键可以完成窗口切换。

4．在Windows 10中，一般窗口的最上方是________栏，最下方是________栏。

5．在Windows 10中，若要取消全部已选定的文件，只需单击________即可。

6．在Windows 10中，单击鼠标右键一般意味着打开________菜单。

7．在Windows 10中，间隔选择多个文件时，按住_________键不放，然后单击每个要选择的文件。

8．在Windows 10中，按________快捷键可启动或关闭汉字输入法。

9．在Windows 10中，关闭某一窗口的快捷键是________。

10．要将整个桌面的内容作为图片存入剪贴板，应按________键。

二、选择题

1．同时选择某一位置下全部文件或文件夹的快捷键是（　　）。

A．Ctrl+C　　B．Ctrl+V　　C．Ctrl+A　　D．Ctrl+S

2．直接永久删除文件而不是先将其移至回收站的快捷键是（　　）。

A．Esc+Delete　　B．Alt+Delete　　C．Ctrl+Delete　　D．Shift+Delete

3．文本文件的扩展名是（　　）。

A．.txt　　B．.exe　　C．.jpg　　D．.avi

4．下面（　　）图标代表的是网页文件。

A．　　B．　　C．　　D．

5．在Windows 10操作系统中，将打开窗口拖动到屏幕顶端，窗口会（　　）。

A．关闭　　B．消失　　C．最大化　　D．最小化

6．文件的类型可以根据（　　）来识别。

A．文件的大小　　B．文件的用途　　C．文件的扩展名　　D．文件的存放位置

7．在下列软件中，属于计算机操作系统的是（　　）。

A．Windows 10　　B．Word 2010　　C．Excel 2010　　D．PowerPoint 2010

8．在Windows 10中不可以完成窗口切换的方法是（　　）。

A．Alt+Tab　　B．Win+Tab

C．单击要切换窗口的任何可见部位　　D．单击任务栏上要切换的应用程序按钮

9．以下四个选项中（　　）是大写字母锁定键。

A．Shift　　B．Caps Lock　　C．Delete　　D．Enter

10．Windows 10中，“开始”按钮所在位置是（　　）里。

A．C盘根目录　　B．任务栏　　C．对话框　　D．窗口

三、思考题

1．Windows 10和Windows 7操作系统的界面有哪些区别？

2．如何彻底删除已安装程序？

3．如何为操作系统创建一个新用户，并设置密码？

项目二　Word 2016的应用

Office 2016是微软的一个办公软件集合，其中包括Word、Excel、PowerPoint、OneNote、Outlook、Skype、Project、Visio以及Publisher等。Word是Office办公软件中最重要的组成部分。用户可以用它来撰写项目报告、合同、会议纪要、公文，制作简历、宣传手册、海报等。

学习目标

1）学会新建、保存、打开Word 文档。
2）学会设置字体、段落格式。
3）学会插入图片，并且设置图片的环绕文字。
4）能够在文档中插入页眉、页脚和页码。
5）学会设置纸张大小、页边距等。
6）学会设置文档边框。
7）学会给文档添加脚注与尾注。
8）学会创建和编辑表格。
9）学会图文混排，对文档进行排版。
10）学会设置文档格式和项目编号。

Word 2016工作界面

Word 2016的工作界面主要由标题栏、选项卡、选项组、快速访问工具栏、视图方式等组成，如图2-1所示。

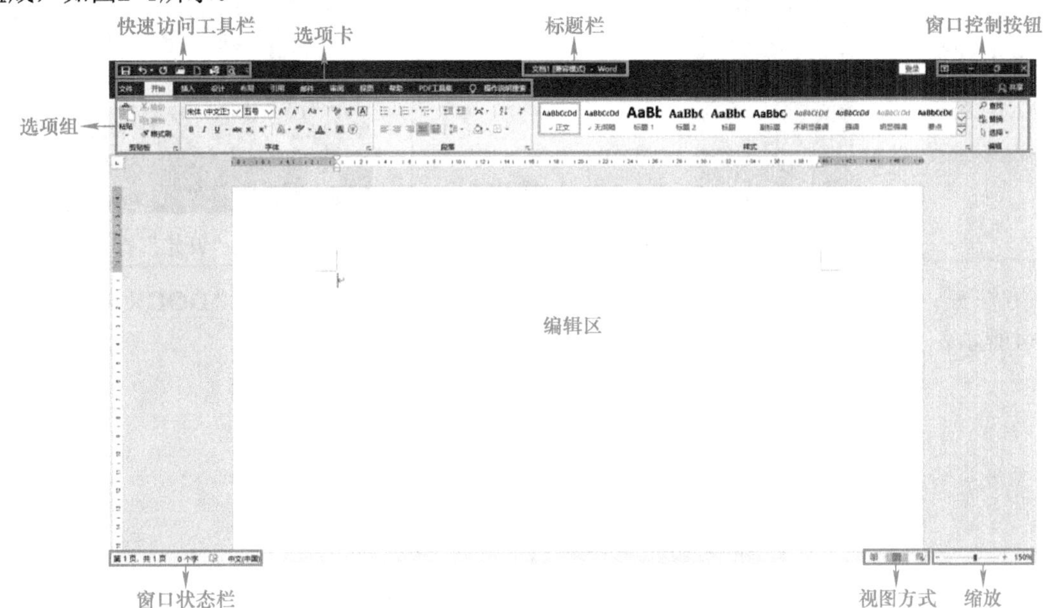

图2-1　Word 2016工作界面

➢ 标题栏　显示文档名称。
➢ 选项卡　显示Word 2016主要功能选项。
➢ 选项组　显示各选项卡的细化功能组件。
➢ 编辑区　进行文档的制作与排版。

任务一　录入和编辑文稿

◆ 明确任务

平时学习和生活中很多地方会用到Word文档，有的是学习任务，有的是参考资料，这些文档都需要经过文字录入和编辑（如设置字体、段落格式等）后才能保存使用。请按照要求对文档“时光流逝　这些老科学家的精神永不消逝”进行编辑。

◆ 知识准备

一、新建、保存、打开Word文档

1. 新建Word文档

方法一：双击桌面上的Word图标，选择“空白文档”，如图2-2所示。

方法二：单击“开始”→“Word”，选择“空白文档”，如图2-3所示。

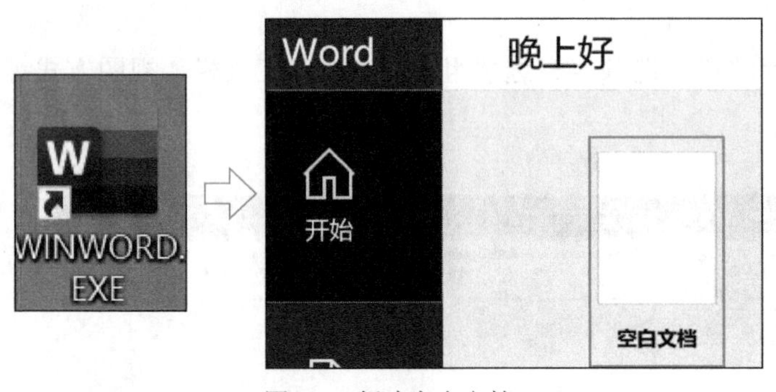

图2-2　新建空白文档

图2-3　从“开始”打开Word

方法三：在桌面，右击鼠标，单击“新建”→“DOC文档”或“DOCX文档”，如图2-4所示。

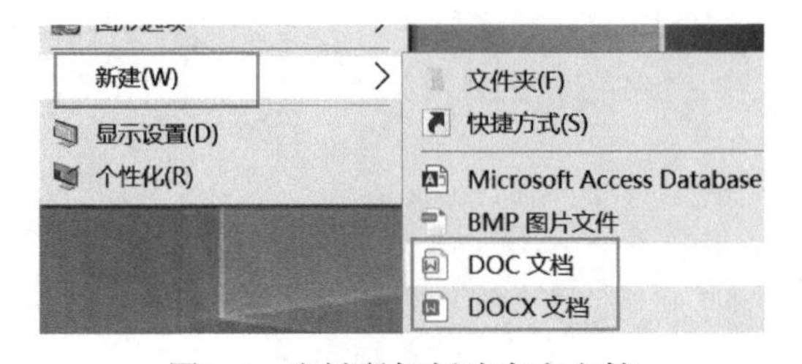

图2-4　右键鼠标新建空白文档

2. 保存Word文档

方法一：单击“保存”按钮，选择文档保存位置，设置文档名称，单击“保存”按钮，如图2-5所示。

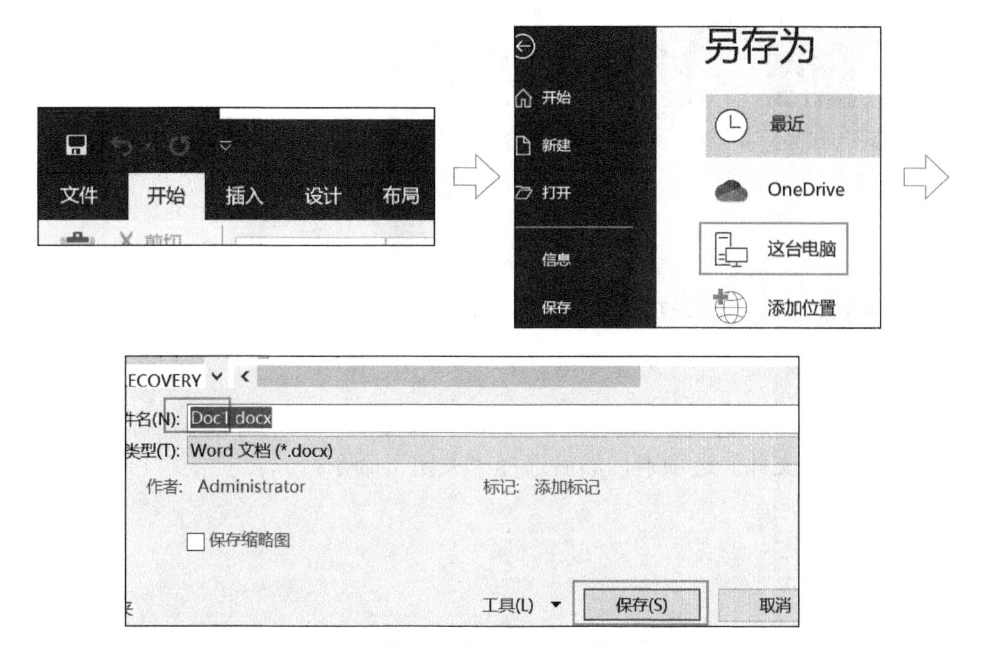

图2-5 保存Word文档

方法二：单击“文件”，选择“保存”或“另存为”，选择文档保存位置，设置文档名称，单击“保存”按钮，如图2-6所示。

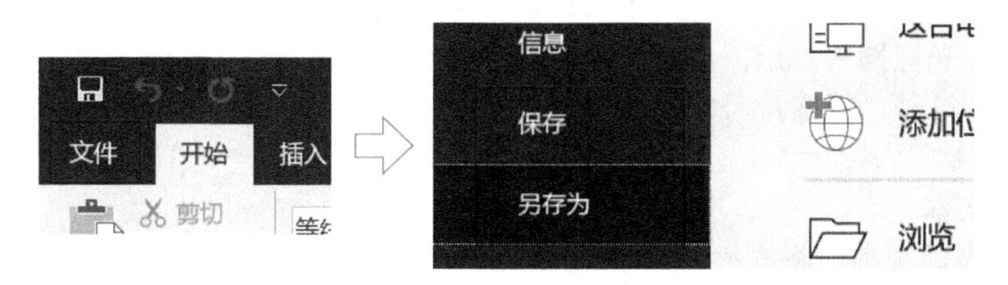

图2-6 通过“文件”选项卡保存Word文档

提示

对于已有的文档，在编辑过程中要及时保存，以防因断电、死机或系统自动关闭等情况造成信息丢失。

3. 打开Word文档

方法一：进入该文档的存放路径，双击文档图标即可将其打开。

方法二：在Word窗口中单击“文件”→“打开”→“浏览”，在弹出的打开对话框中找到需要打开的文档并将其选中，然后单击“打开”，如图2-7所示。

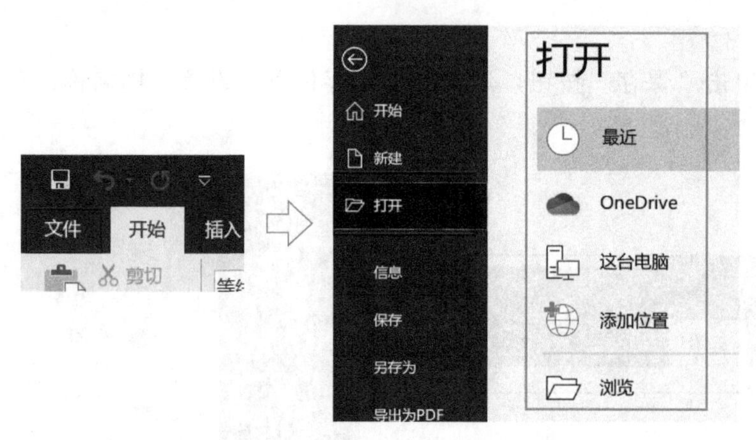

图2-7　通过“文件”选项卡打开Word文档

4. 关闭Word文档

方法一：直接单击Word窗口右上方的“关闭”按钮。

方法二：选择“文件”选项卡，然后选择“关闭”命令。

提示

文档关闭前，一定要提前保存好。

二、文档的基本操作

1. 输入文本

在Word 2016操作过程中，输入文本是最基本的操作，通过“即点即输”功能定位光标插入点后，就可开始录入文本了。文本包括汉字、英文字符、数字符号、特殊符号等内容。光标如图2-8所示。

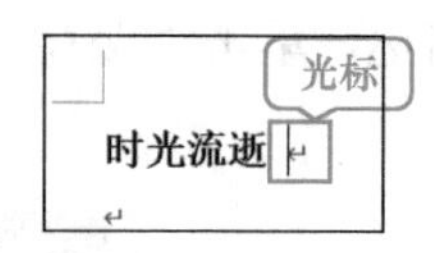

图2-8　光标

2. 编辑文本

（1）选择文本

使用鼠标选择文本。将光标定位在选取文本之前或者之后，按下鼠标左键，向后或者向前拖动鼠标，直到选中全部需要选取的文本后松开鼠标左键即可。

（2）复制文本

方法一：选择要复制的文本，单击鼠标右键，在弹出的菜单中选择“复制”命令，复制所选内容。

方法二：选择要复制的文本，按下<Ctrl+C>快捷键，可以快速地复制所选内容。

（3）粘贴文本

方法一：将光标移动到需要粘贴文本的地方，单击鼠标右键，在弹出的菜单中选择所需的粘贴方式即可。

方法二：光标移动到需要粘贴文本的地方，按下<Ctrl+V>快捷键，可以快速地粘贴所复制的内容。

（4）移动文本

方法一：选择要移动的文本，单击鼠标右键，选择“剪切”，光标移动到目标位置，单击鼠标右键，选择“粘贴”命令。

方法二：选择要移动的文本。按< Ctrl+X>快捷键，光标移动到目标位置，按< Ctrl+V>快捷键。

（5）撤销操作

单击快速访问工具栏中的“撤销”按钮，可以向前撤销一步操作，如图2-9所示。

图2-9 “撤销”按钮

3. 查找、替换内容

（1）查找内容

选择“开始”选项卡，单击“编辑”选项组中的“查找”按钮，在窗口左侧显示“导航”选项板，在搜索框中输入要查找的内容，可在“导航”选项板中列出查找到的对象，如图2-10所示。

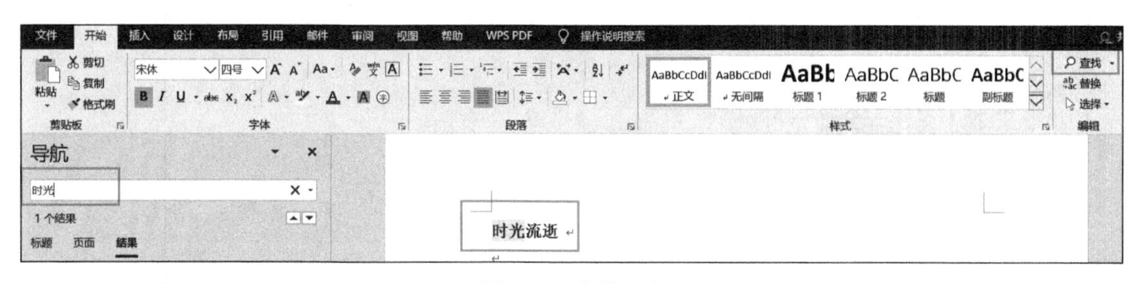

图2-10　查找内容

（2）替换内容

单击“编辑”选项组中的“替换”按钮，打开“查找和替换”对话框。在“查找内容”文本框中输入“时光”，在“替换为”文本框中输入“光阴”，单击“替换”按钮，会逐个替换指定的对象，同时查找到下一处需要替换的内容，单击“全部替换”按钮，即可替换所有内容，如图2-11所示。

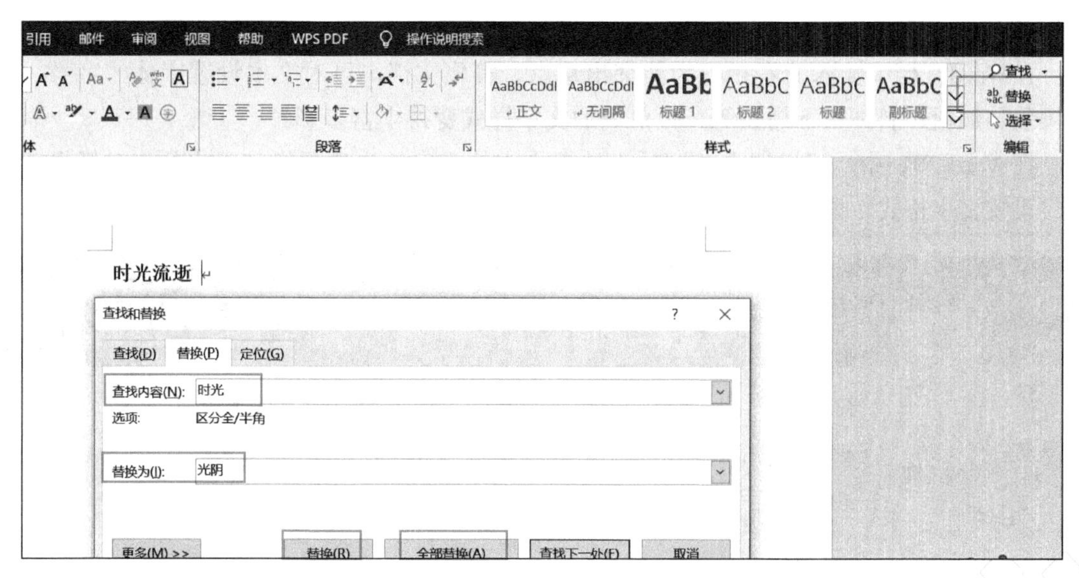

图2-11　替换内容

4. 打印文档

（1）打印预览

打开需要打印的Word文档，切换到“文件”选项卡，单击“打印”选项，在右侧窗格中即可预览打印效果。

（2）打印输出

用户可以设置打印份数、打印页码以及纸张大小等。设置完成后，单击“打印”按钮即可进行打印，如图2-12所示。

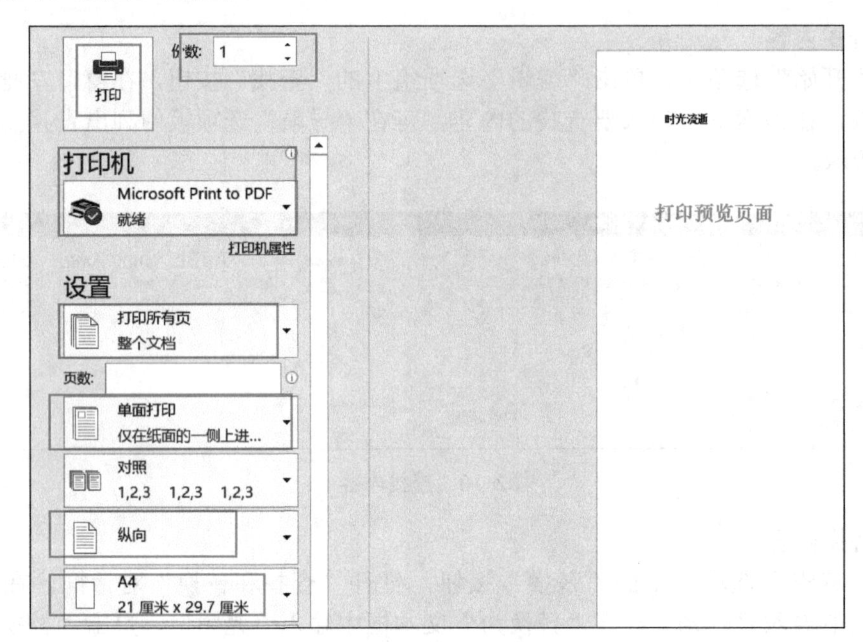

图2-12 打印窗口

三、设置字体、段落

在Word文档中输入文本后，为能突出重点、美化文档，可对文本设置字体、字号、文字颜色、加粗、斜体、下划线等，让单调的文字样式变得丰富多彩。

在Word 2016中，可以通过“开始”选项卡中的“字体”选项组和“字体”对话框两种方式设置文字格式，如图2-13、图2-14所示。

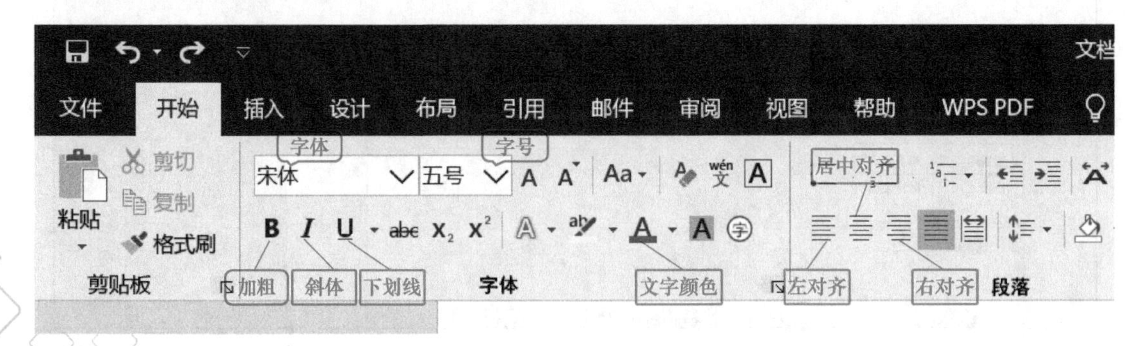

图2-13 “字体”选项组

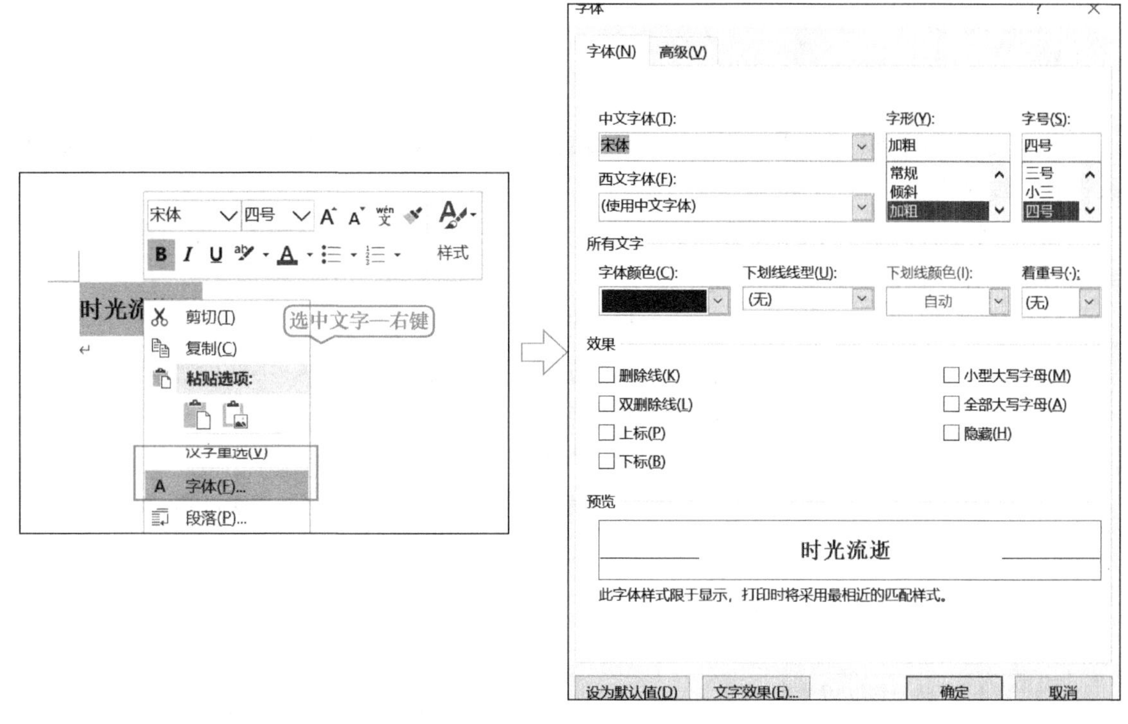

图2-14　“字体”对话框

段落的缩进是指段落与页边的距离，段落缩进能使段落间更有层次感。Word 2016提供了四种缩进方式，分别是左侧缩进、右侧缩进、首行缩进和悬挂缩进。用户可以使用“段落”对话框和工具按钮等方式设置段落缩进，如图2-15所示。

图2-15　段落缩进的设置

◆ 任务实施

1. 任务要求

打开文档“时光流逝　这些老科学家的精神永不消逝.doc”（见教学资源），按下列要求设置、编排文档。

1）设置字体：标题为华文细黑，第二行为楷体，正文第二段为楷体，第三段为仿宋，第四段为黑体，最后一段为方正姚体。

2）设置字号：第一行为小二，第二行为小四，其他段落为小四。

3）设置字形：正文第一段倾斜，第二段加粗，第三段加下划线，第四段加着重号。

4）设置对齐方式：第二行居中，正文最后一段右对齐。

5）设置段落缩进：正文各段首行缩进2字符。

6）设置行（段落）间距：第二行段前0.5行、段后1行，正文段前、段后各0.5行。

2. 效果图

电子文档最终的效果如图2-16所示。

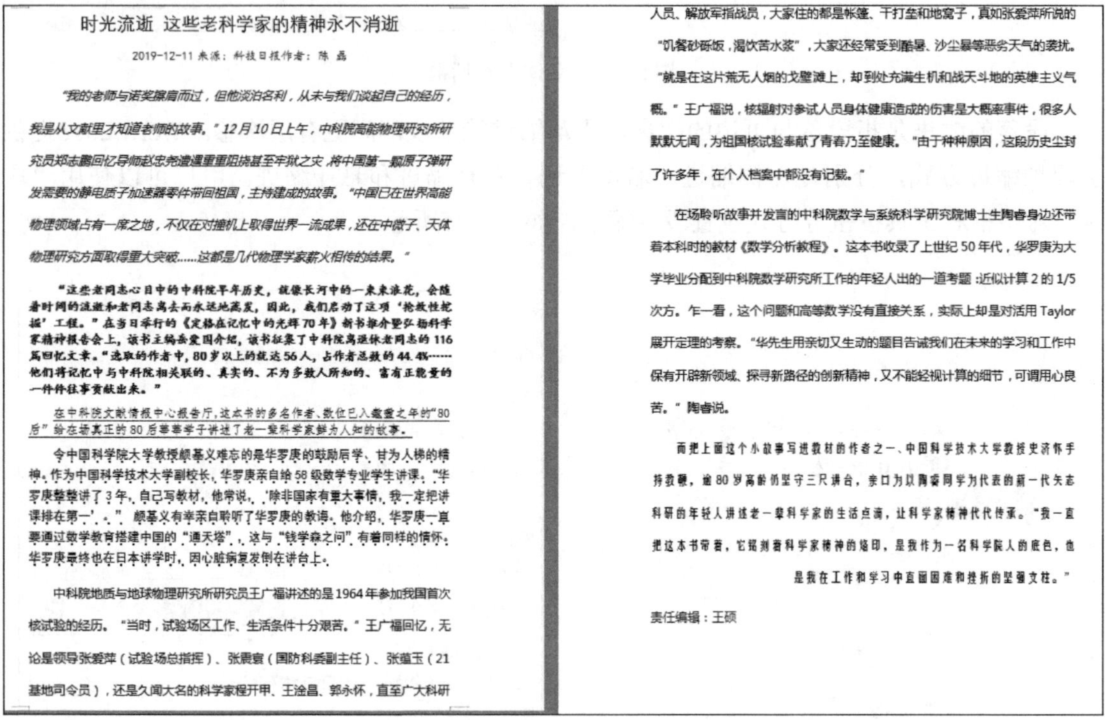

时光流逝 这些老科学家的精神永不消逝

2019-12-11 来源：科技日报作者：陈 磊

“我的老师与诺奖擦肩而过，但他淡泊名利，从未与我们谈起自己的经历，我是从文献里才知道老师的故事。”12月10日上午，中科院高能物理研究所研究员郑志鹏回忆导师赵忠尧遭遇重重阻挠甚至牢狱之灾，将中国第一颗原子弹研发需要的静电质子加速器零件带回祖国，主持建成的故事。“中国已在世界高能物理领域占有一席之地，不仅在对撞机上取得世界一流成果，还在中微子、天体物理研究方面取得重大突破……这都是几代物理学家薪火相传的结果。”

“这些老同志心目中的中科院早年历史，就像长河中的一朵朵浪花，会随着时间的流逝和老同志离去而永远地蒸发，因此，我们启动了这项‘抢救性挖掘’工程。”在当日举行的《定格在记忆中的光辉70年》新书推介暨弘扬科学家精神报告会上，该书主编岳爱国介绍，该书征集了中科院离退休老同志的116篇回忆文章。“选取的作者中，80岁以上的就达56人，占作者总数的44.4%——他们将记忆中与中科院相关联的、真实的、不为多数人所知的、富有正能量的一件件往事贡献出来。”

在中科院文献情报中心报告厅，这本书的多名作者、数位已入耄耋之年的“80后”给在场真正的80后莘莘学子讲述了老一辈科学家鲜为人知的故事。

令中国科学院大学教授颜基义难忘的是华罗庚的鼓励后学、甘为人梯的精神。作为中国科学技术大学副校长，华罗庚亲自给58级数学专业学生讲课。“华罗庚整整讲了3年，自己写教材，他常说，‘除非国家有重大事情，我一定把讲课排在第一’。”颜基义有幸亲自聆听了华罗庚的教诲。他介绍，华罗庚一直要通过数学教育搭建中国的“通天塔”，这与“钱学森之问”有着同样的情怀。华罗庚最终也在日本讲学时，因心脏病复发倒在讲台上。

中科院地质与地球物理研究所研究员王广福讲述的是1964年参加我国首次核试验的经历。“当时，试验场区工作、生活条件十分艰苦。”王广福回忆，无论是领导张爱萍（试验场总指挥）、张震寰（国防科委副主任）、张蕴玉（21基地司令员），还是久闻大名的科学家程开甲、王淦昌、郭永怀，直至广大科研人员、解放军指战员，大家住的都是帐篷、干打垒和地窝子，真如张爱萍所说的“饥餐砂砾饭，渴饮苦水浆”，大家还经常受到酷暑、沙尘暴等恶劣天气的袭扰。“就是在这片荒无人烟的戈壁滩上，却到处充满生机和战天斗地的英雄主义气概。”王广福说，核辐射对参试人员身体健康造成的伤害是大概率事件，很多人默默无闻，为祖国核试验奉献了青春乃至健康。“由于种种原因，这段历史尘封了许多年，在个人档案中都没有记载。”

在场聆听故事并发言的中科院数学与系统科学研究院博士生陶睿身边还带着本科时的教材《数学分析教程》。这本书收录了上世纪50年代，华罗庚为大学毕业分配到中科院数学研究所工作的年轻人出的一道考题：近似计算2的1/5次方。乍一看，这个问题和高等数学没有直接关系，实际上却是对活用Taylor展开定理的考察。“华先生用亲切又生动的题目告诫我们在未来的学习和工作中保有开辟新领域、探寻新路径的创新精神，又不能轻视计算的细节，可谓用心良苦。”陶睿说。

而把上面这个小故事写进教材的作者之一、中国科学技术大学教授史济怀手持教鞭，逾80岁高龄仍坚守三尺讲台，亲口为以陶睿同学为代表的新一代矢志科研的年轻人讲述老一辈科学家的生活点滴，让科学家精神代代传承。“我一直把这本书带着，它铭刻着科学家精神的烙印，是我作为一名科学院人的底色，也是我在工作和学习中直面困难和挫折的坚强支柱。”

责任编辑：王硕

图2-16　电子文档的最终效果

3. 操作步骤

1）设置字体。选中需要设置字体的文字，单击“开始”选项卡，在字体下拉框中选择字体。

设置标题为华文细黑。先选中标题，单击“开始”选项卡，在字体下拉框中选择“华文细黑”，如图2-17所示。设置其他内容的字体时，方法类似。

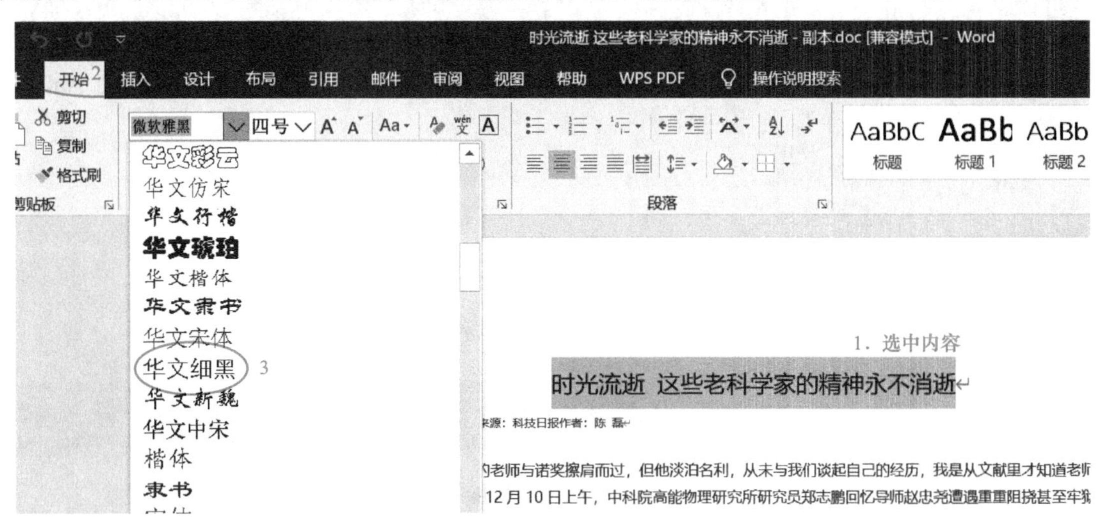

图2-17　设置标题字体

2）设置字号。选中需要设置字号的文字，单击“开始”选项卡，在字号下拉框中选择字号。

设置标题字号为小二，先选中标题文字，单击“开始”选项卡，从字体下拉框中选择“小二”，如图2-18所示。设置其他内容字号时，方法类似。

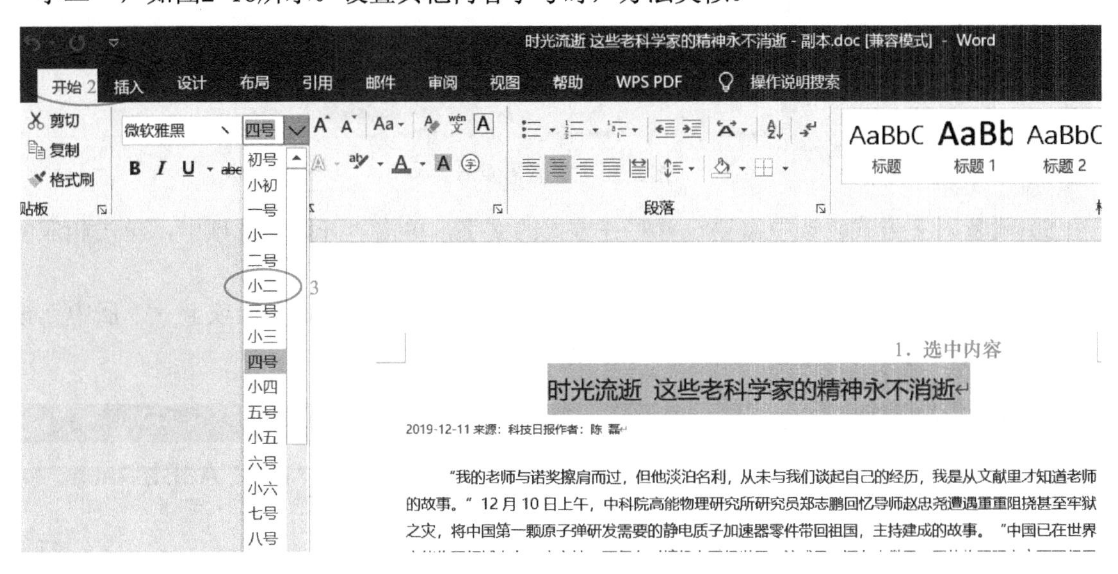

图2-18　设置标题字号

3）设置字形。选中需要设置字形的文字，单击“开始”选项卡，选择字形。

设置正文第一段为倾斜。先选中文字，单击“开始”选项卡，单击“*I*”按钮，如图2-19所示。设置加粗和下划线，方法类似。

4）设置着重号。先选中正文第四段文字，单击鼠标右键，选择“字体”，在“着重号”处，选择“·”，如图2-20所示。

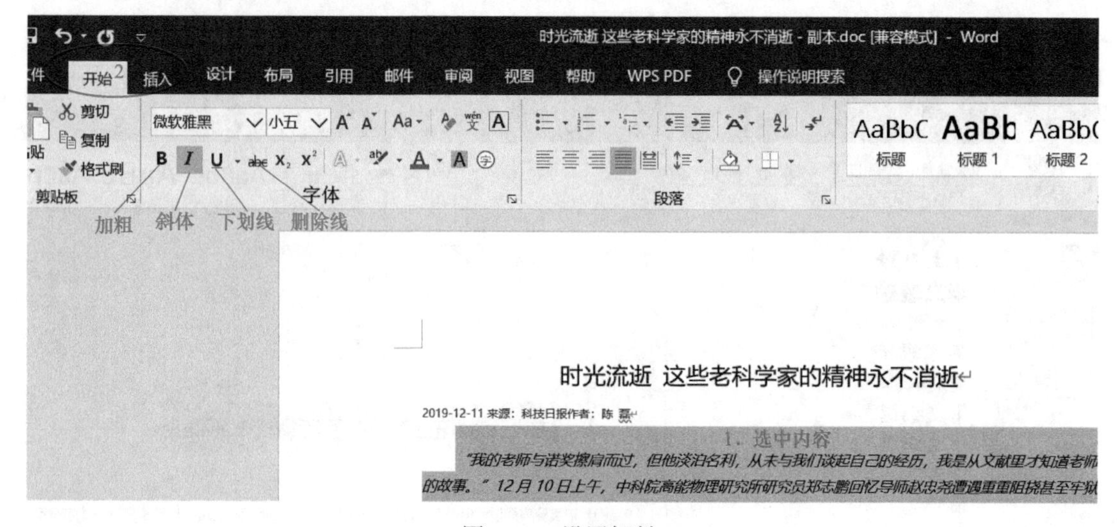

图2-19　设置倾斜

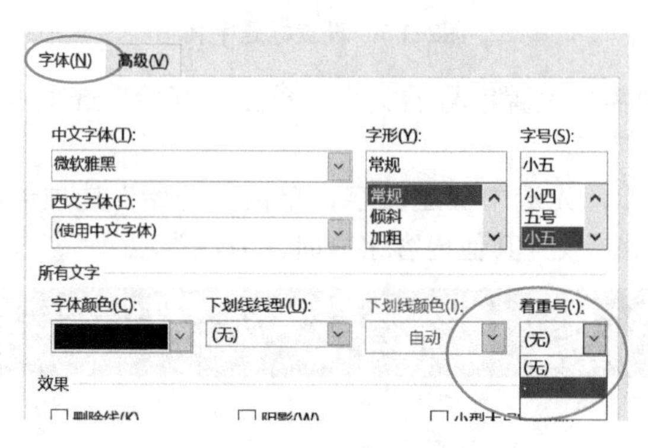

图2-20　设置着重号

5）设置对齐方式。选中需要设置对齐方式的文字，单击“开始”选项卡，单击相应的对齐方式按钮。

设置第二行对齐方式为居中。先选中第二行文字，单击“开始”选项卡→“居中”按钮，如图2-21所示。设置正文最后一段右对齐，方法类似。

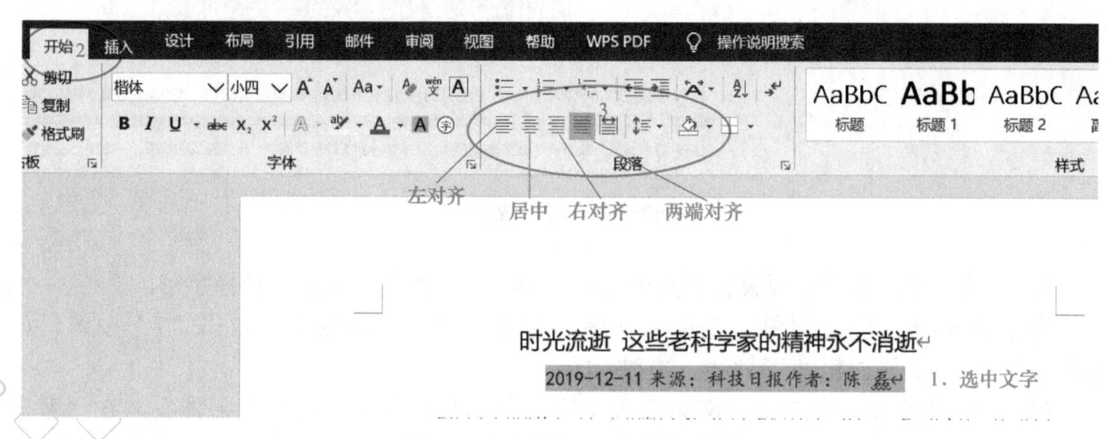

图2-21　设置第二行标题居中

6）设置段落缩进。选中全部正文文字，单击鼠标右键，选中“段落”，设置“特殊”为“首行”，“缩进值”为“2字符”，如图2-22所示。

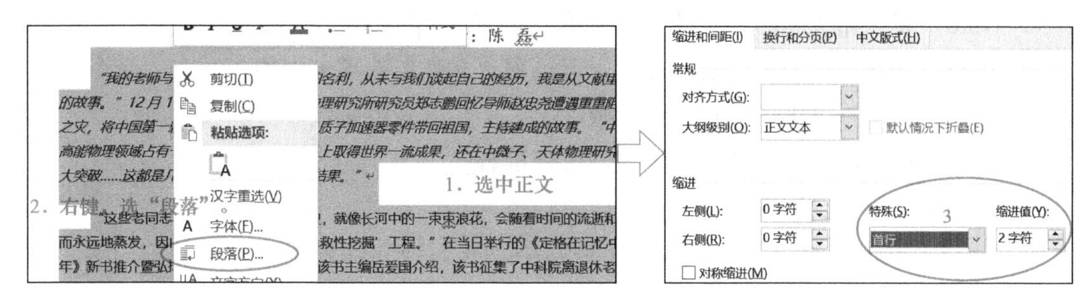

图2-22　设置段落缩进

7）设置段落间距。选中需要设置段落间距的文字，单击鼠标右键，选中“段落”，设置“间距”下“段前”和“段后”的数值。

设置正文段前、段后各0.5行。首先选中全部正文文字，单击鼠标右键，选中“段落”，设置“段前”为“0.5行”和“段后”为“0.5行”，如图2-23所示。设置标题段落间距，方法类似。

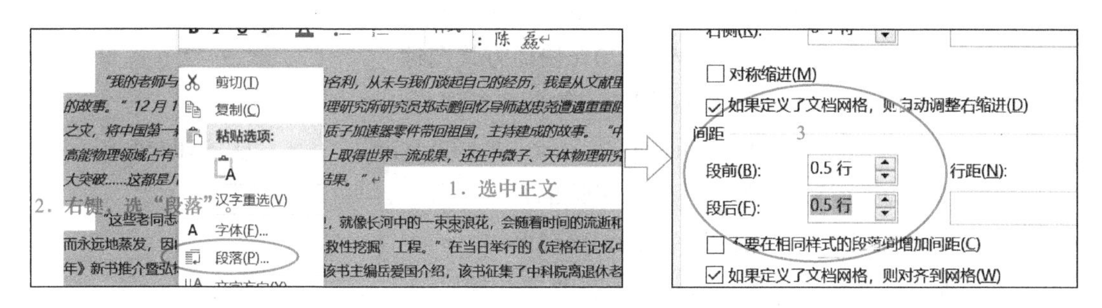

图2-23　设置段落间距

◆ 检查评价

评价项目	教师评价	自我评价
新建、保存、打开Word文档是否熟练		
移动、查找、替换操作是否熟练		
是否学会打印Word文档		
在Word中设置字体、段落格式是否熟练		

◆ 竞技擂台

一、填空题

1. Word中，“字体”选项组的B、I、U，代表字符的粗体、________、下划线标记。

2. Word文档中将选中的一部分内容移动到别处，首先要进行的操作是________。

3．位于Word窗口的最下方是________栏，用来显示当前正在编辑的位置、时间、状态等信息。

4．Word中将剪贴板中的内容插入到文档中的指定位置，叫作________。

5．Word对文件另存为另一新文件名，可选用“文件”选项卡中的________命令。

6．Word中打印预览可以设置打印份数、________以及纸张大小等。

7．Word中单击垂直滚动条的▼按钮，可使屏幕________。

8．Word中复制的快捷键是________。

9．Word中取消最近一次所做的编辑或排版动作，或删除最近一次输入的内容，叫作________。

10．Word中如果双击左端的选定栏，就选择________。

二、选择题

1．通常情况下，下列选项中不能用于启动Word 2016的操作是（　　）。

A．双击Windows桌面上的Word 2016快捷方式图标

B．单击“开始”→“所有程序”→“Microsoft Office”→“Microsoft Word 2016”

C．在Windows资源管理器中双击Word文档图标

D．单击Windows桌面上的Word 2016快捷方式图标

2．在Word 2016中，用快捷键退出Word的最快方法是（　　）。

A．Alt+F4　　B．Alt+F5　　C．Ctrl+F4　　D．Alt+Shift

3．下面关于Word标题栏的叙述中，错误的是（　　）。

A．双击标题栏，可最大化或还原Word窗口

B．拖曳标题栏，可将最大化窗口拖到新位置

C．拖曳标题栏，可将非最大化窗口拖到新位置

D．以上三项都不对

4．Word 2016中，设置字体功能所在的选项卡是（　　）。

A．“文件”　　B．“开始”　　C．“插入”　　D．“页面布局”

5．根据文件的扩展名，下列文件属于Word 文档的是（　　）。

A．text.wav　　B．text.txt　　C．text.png　　D．text.docx

6．在Word软件中，下列操作中不能建立一个新文档的是（　　）。

A．在Word 2016窗口的“文件”选项卡下，选择“新建”命令

B．按快捷键<Ctrl＋N>

C．选择“快速访问工具栏”中的“新建”按钮（若该按钮不存在，则可添加“新建”按钮）

D．在Word 2016的“文件”选项卡下，选择“打开”命令

7．在Word 2016中，要新建文档，第一步操作应该选择（　　）选项卡。

A．“视图”　　B．“开始”　　C．“插入”　　D．“文件”

8．当前活动窗口是文档d1.docx，单击该窗口的“最小化”按钮后（　　）。

A．不显示d1.docx文档的内容，但d1.docx文档并未关闭

B．该窗口和d1.docx文档都被关闭

C．d1.docx文档未关闭，且继续显示其内容

D．关闭了d1.docx文档但该窗口并未关闭

9．在Word 2016中，要打开已有文档，在“快速访问工具栏”中应单击的按钮是（　　）。（说明：若相应的按钮不存在，则可添加该按钮）

A．“打开”　　B．“保存”　　C．“新建”　　D．“打印”

10．在Word 2016的编辑状态下，打开了W1.docx文档，若W1.docx文档经过编辑或修改后要以“W2.docx”为名存盘，应当执行“文件”选项卡中的命令是（　　）。

A．保存　　B．另存为HTML　　C．另存为　　D．版本

三、思考题

1．Word文档常用扩展名有哪些？

2．Word文档设置各段首行缩进2字符，如何操作？

3．查阅资料，简要说明Word的常用版本和主要功能区别。

任务二　文档的版面设置

明确任务

我们平时看到的新闻、报纸等版面大多都是图文混排，有文字、有图片，结构美观和谐。请按照文档版面设置要求，合理编排“AI时代，我们该培养什么样的人”这篇Word文档。

知识准备

一、插入图片、形状和图表，设置图片环绕文字，插入艺术字

1．插入图片、形状和图表

方法：单击“插入”选项卡，选择“图片”“形状”或“图表”，如图2-24所示。

图2-24　插入选项卡

2．设置图片环绕文字

方法一：选中插入的图片或形状，单击图片或形状右上角的“布局选项”按钮，选择文字环绕方式，如图2-25所示。

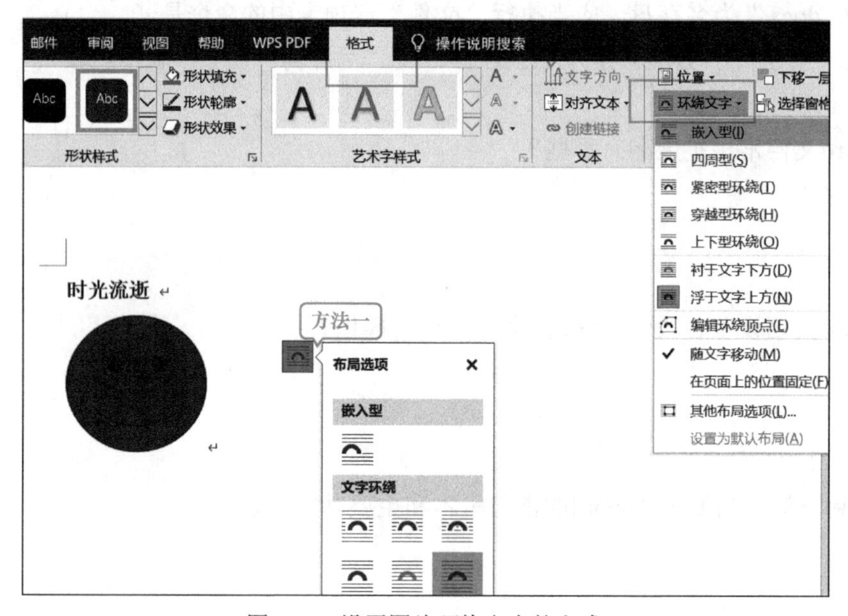

图2-25　设置图片环绕文字的方式

方法二：选中插入的图片或形状，单击“格式”选项卡→“环绕文字”按钮，选择环绕文字方式。

3．插入艺术字

单击“插入”选项卡，选择“艺术字”。在文档中输入要设置艺术字的文字。单击“格式”选项卡，设置艺术字的样式及形状效果，如图2-26、图2-27所示。

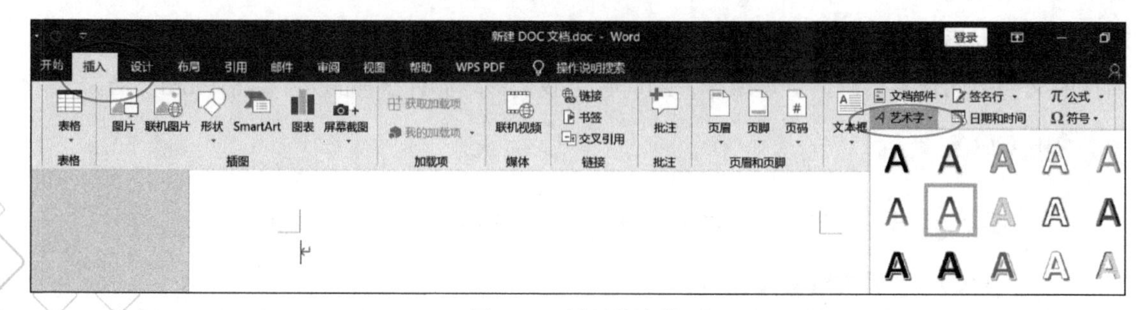

图2-26　插入艺术字

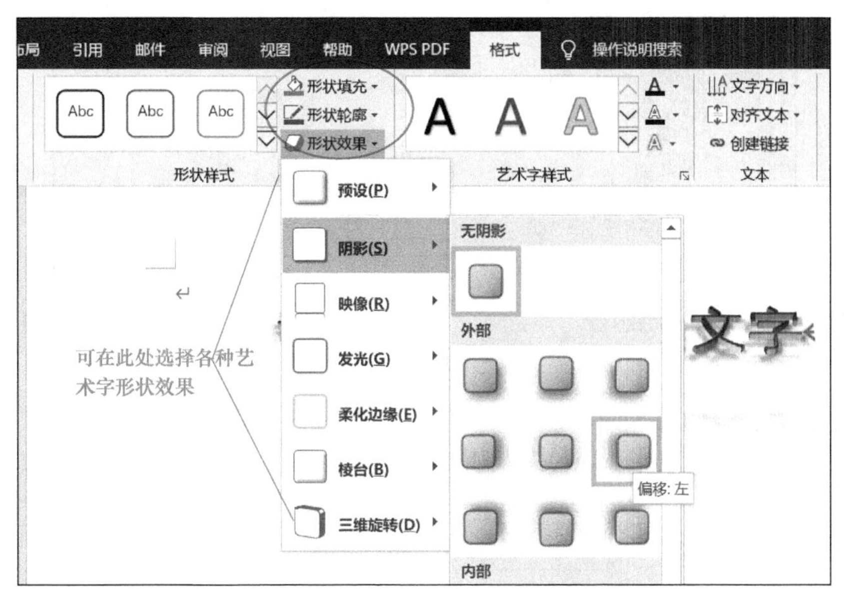

图2-27　设置艺术字样式及形状效果

二、插入页眉、页脚、页码

Word 2016中，可通过“插入”选项卡，插入“页眉”“页脚”或“页码”，如图2-28所示。

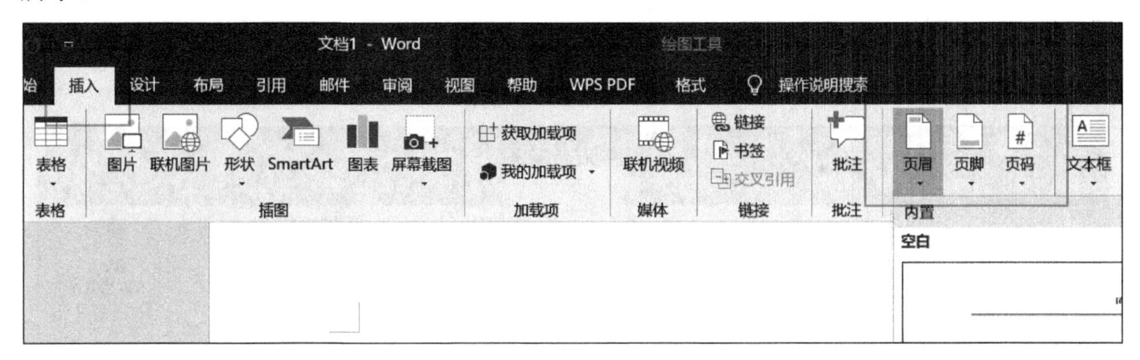

图2-28　“插入”选项卡

1. 插入页眉

单击“插入”选项卡，选择“页眉”，拖动滚动条，选择合适的页眉样式，如图2-29所示。在页面中，编辑页眉的文字，设置文字样式。编辑完页眉，单击“关闭页眉和页脚”，如图2-30所示。

提示

页眉在编辑状态时，单击“设计”视图，可以设置页眉在哪些页显示，如首页不同、奇偶页不同等。页眉在编辑状态时，单击“页眉和页脚工具”下的“设计”，可设置页眉或页脚距离顶端或底端的距离。

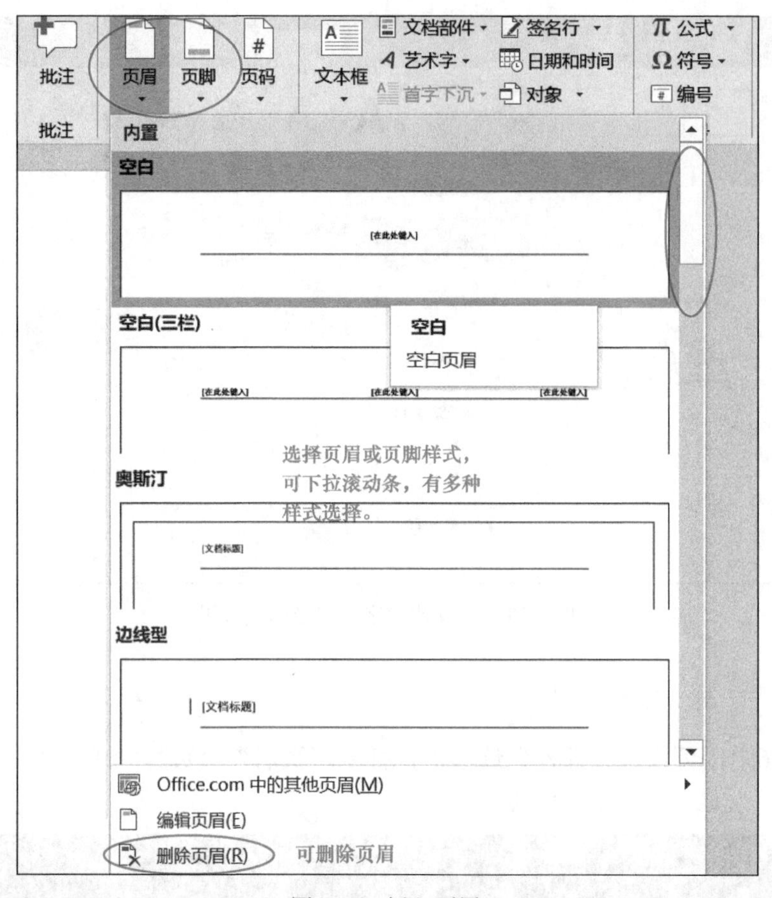

图2-29　插入页眉

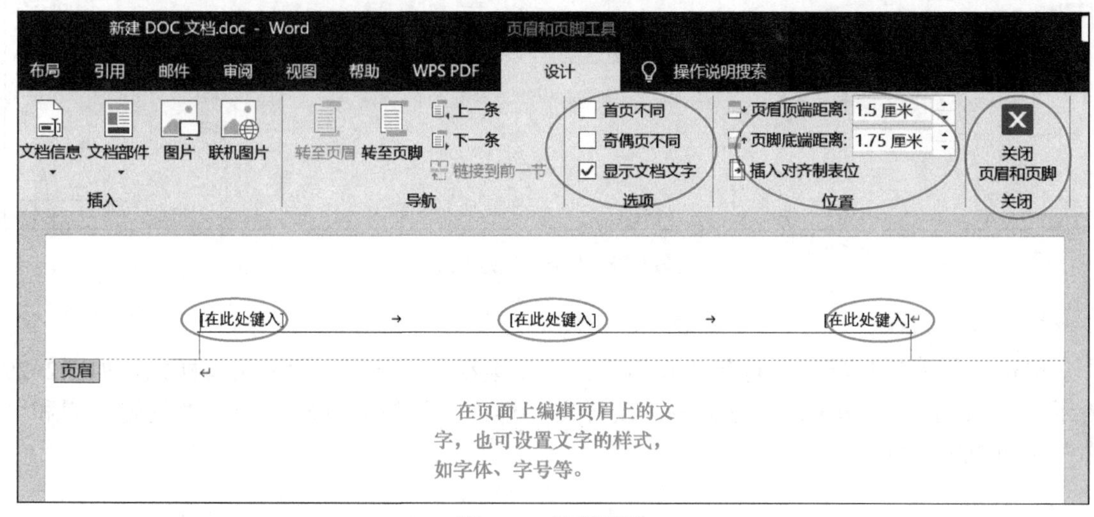

图2-30　设置页眉

2．插入页码

单击“插入”选项卡，选择“页码”，选择合适的页码样式，一般选择“页面底端”，如图2-31、图2-32所示。

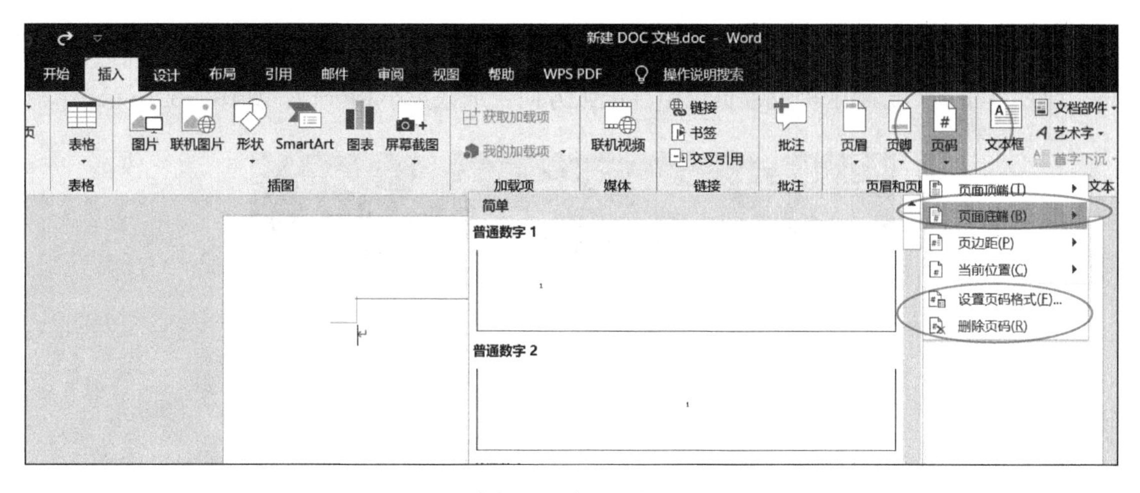

图2-31 插入页码

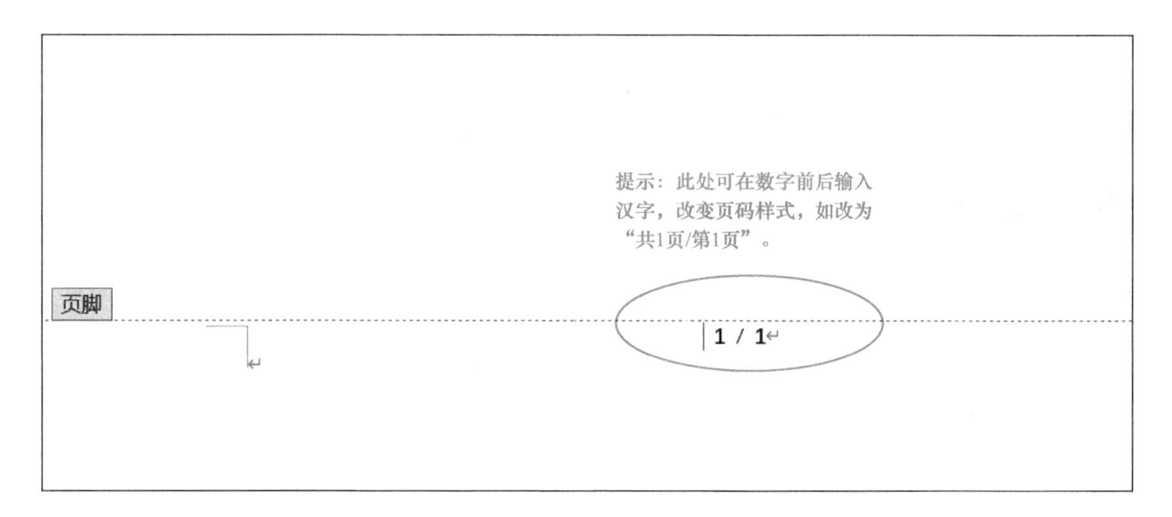

图2-32 设置页码样式

提示

页码的数字不要删除，否则页码的数字不会自动变化。可以在数字的前后加字，如修改为“共1页/第1页”。

3. 插入页脚

插入页脚的方法同插入页眉的方法类似。

提示

在页眉和页脚视图下不能对正文中的文字进行更改和编辑，所以正文部分是灰色的，当退出页眉和页脚视图回到正常的页面视图后，页眉和页脚中的文字便会变成灰色。单击“关闭页眉和页脚”按钮，可关闭页眉和页脚，返回文档的页面视图。

三、设置页边距、纸张方向、纸张大小和分栏

通过“布局”选项卡可设置页边距、纸张方向、纸张大小和分栏，如图2-33所示。

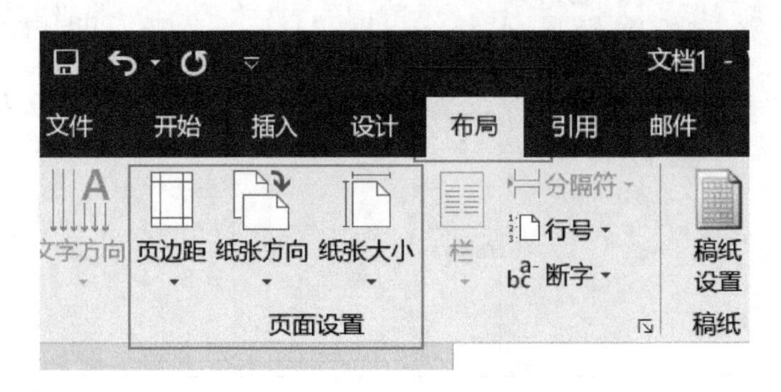

图2-33 “布局”选项卡

1．设置页边距

单击“布局”选项卡，选择“页边距”，可选择下方已有的页边距，也可单击“自定义页边距”，根据要求填入上、下、左、右四个边距，如图2-34所示。

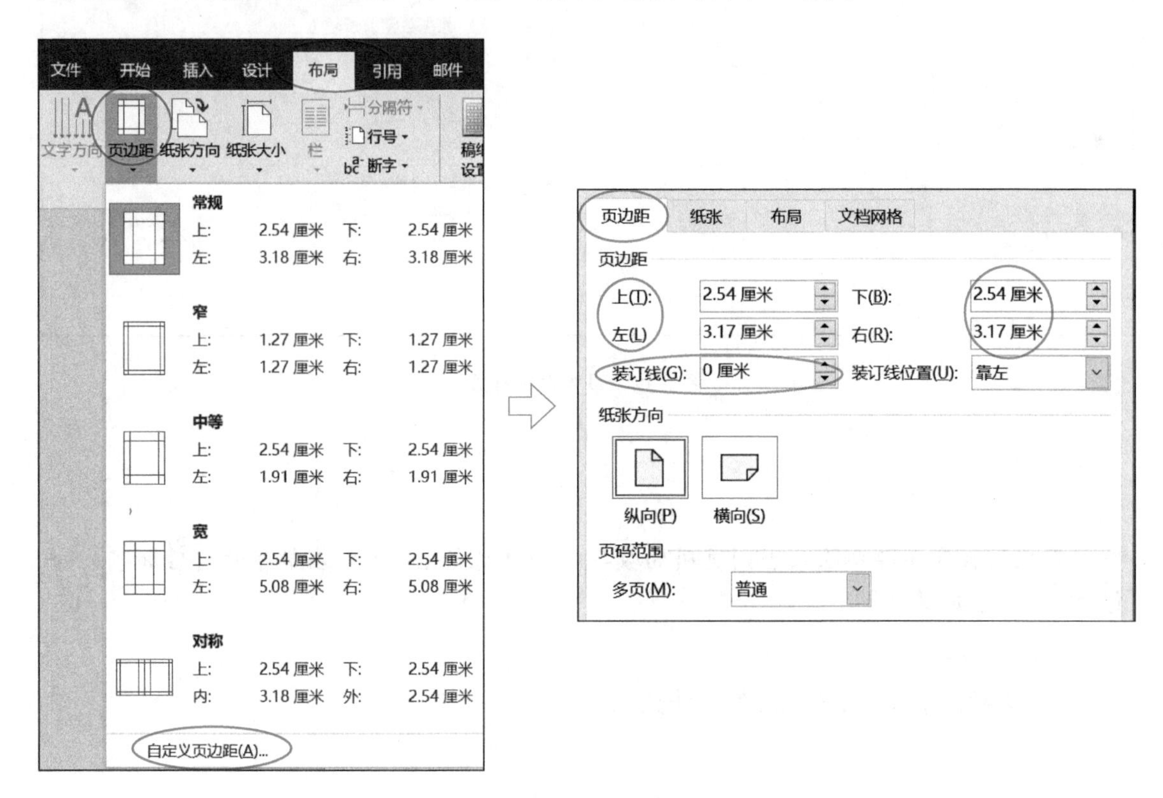

图2-34 设置页边距

2．设置纸张方向

单击“布局”选项卡，选择“纸张方向”，可选择“横向”或“纵向”，如图2-35

所示。

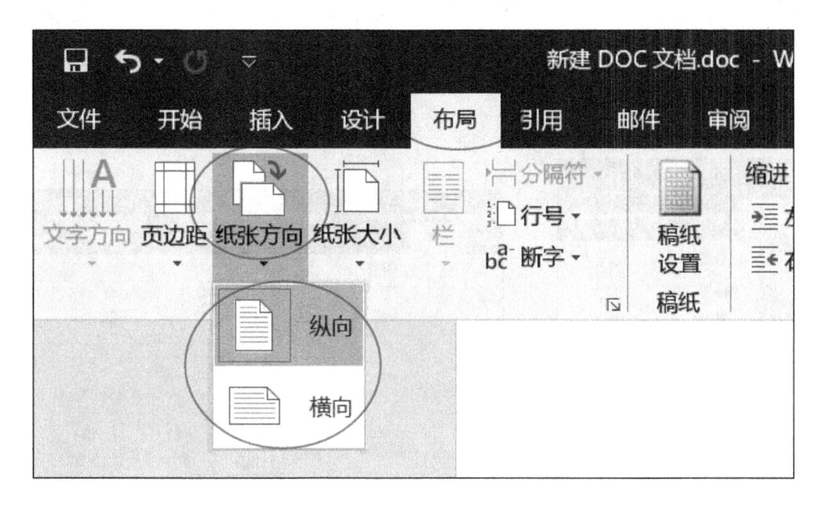

图2-35　设置纸张方向

3. 设置纸张大小

单击“布局”选项卡，选择“纸张大小”，可选择下方已有的纸张大小，也可单击“其他纸张大小”，选择“纸张大小”里的“自定义大小”，设置纸张的宽度和高度，如图2-36所示。

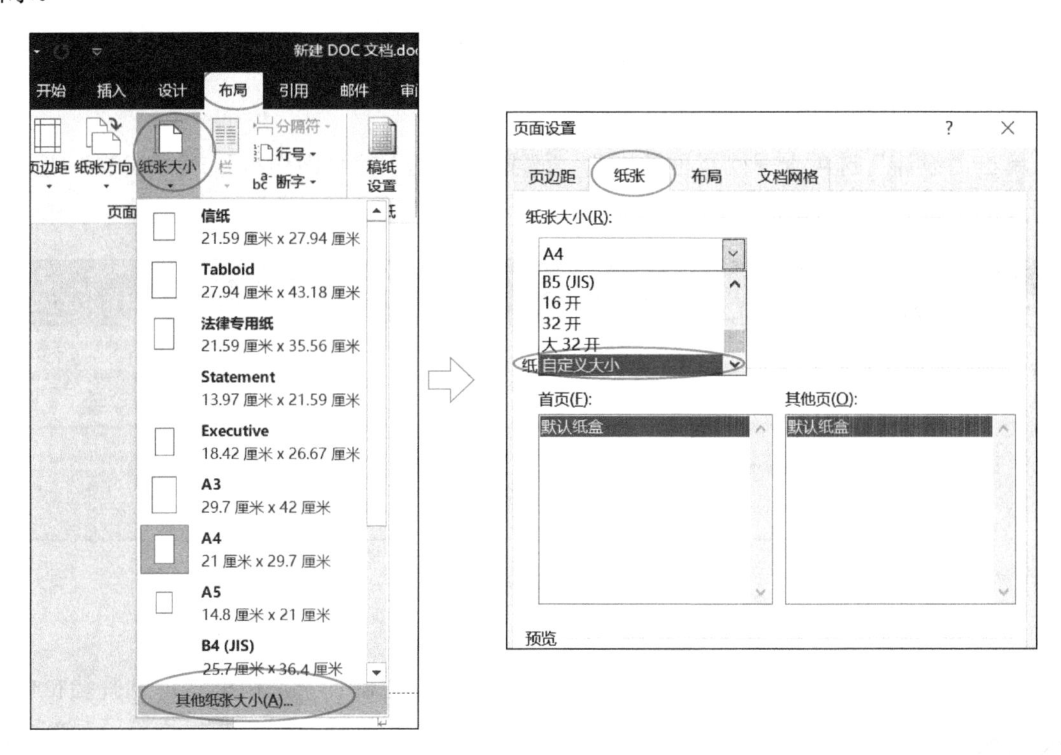

图2-36　设置纸张大小

4. 设置分栏

选中需要分栏的文字，单击“布局”选项卡，选择“栏”，可直接选择预设的选项，如选择“两栏”，也可单击“更多栏”，设置“栏数”“分隔线”等，如图2-37所示。

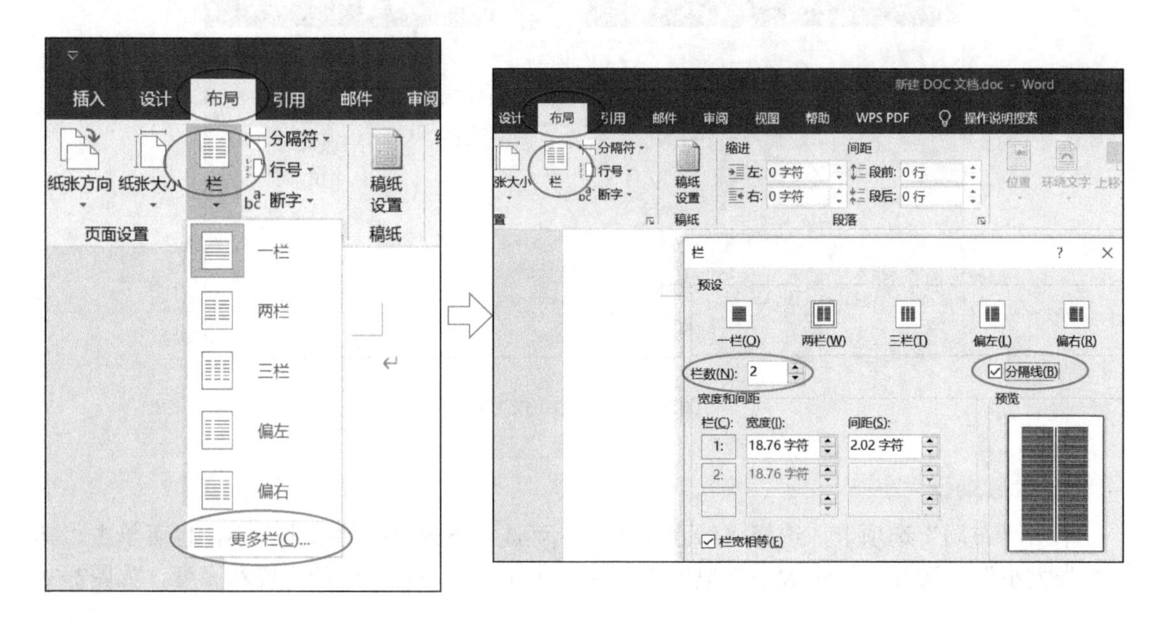

图2-37　设置分栏

四、设置文档边框

单击“设计”选项卡→“页面边框”，选择“边框”“页面边框”或“底纹”可设置文档边框，如图2-38所示。

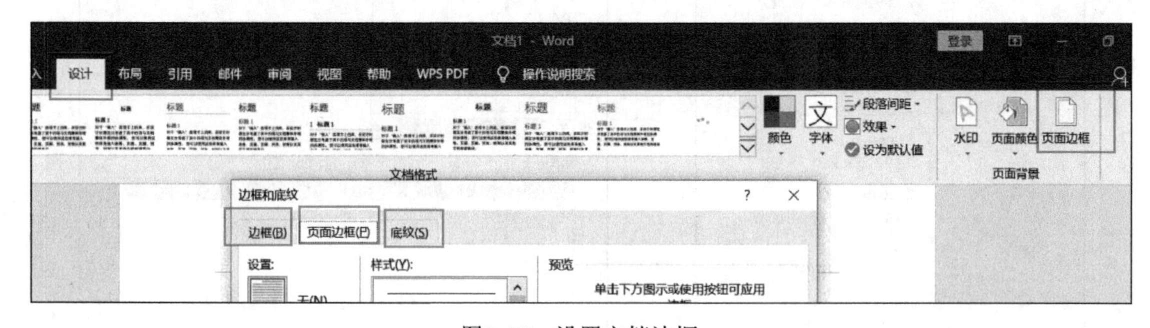

图2-38　设置文档边框

1. 设置边框

选中需设置的文字，单击“设计”选项卡→“页面边框”→“边框”，选择边框的样式，设置边框的颜色、宽度与应用的范围，设置效果可在“预览”的范围查看，如图2-39所示。

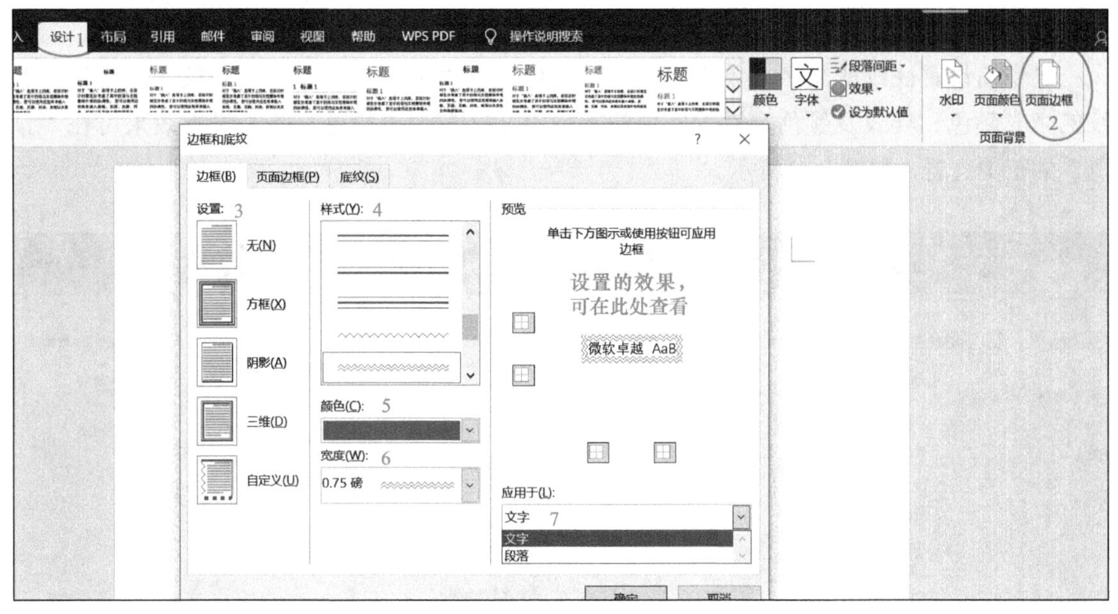

图2-39 设置边框

2. 设置页面边框

单击“设计”选项卡→“页面边框”→“页面边框”选项卡，选择边框的样式，设置边框的颜色和宽度，设置应用的范围“整篇文档”或“本节”等，设置效果可在“预览”的范围查看，如图2-40所示。

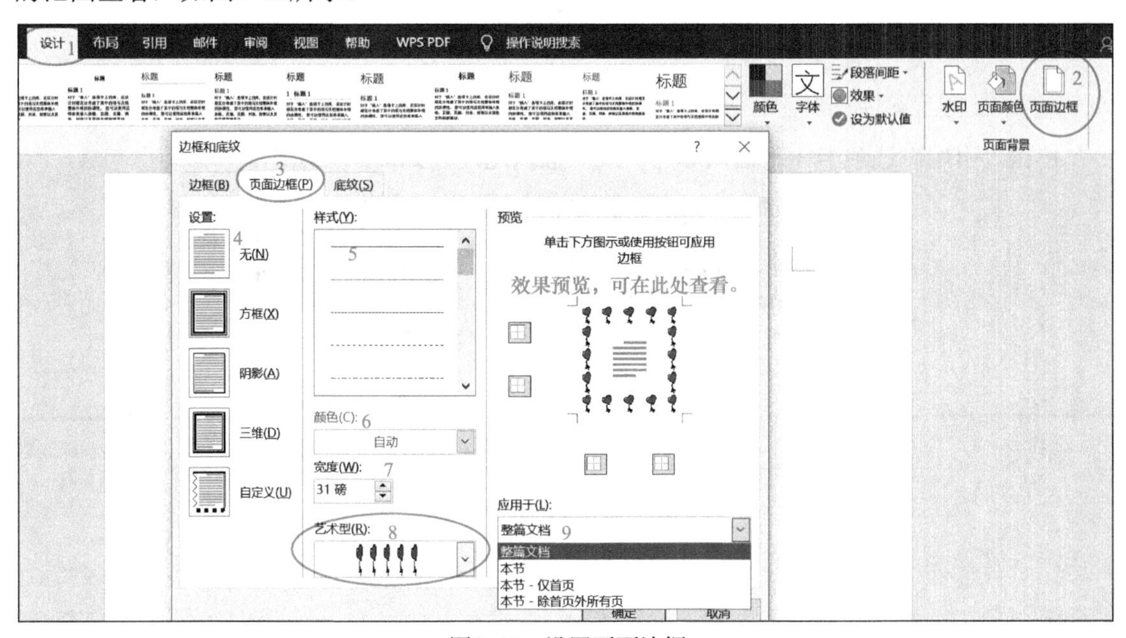

图2-40 设置页面边框

提示

页面边框窗口可设置边框的“艺术型”。页面边框可应用于“本节-除首页外所有页”。

3．设置底纹

选中需设置底纹的文字，单击“设计”选项卡→“页面边框”→“底纹”，可设置底纹的填充颜色、样式及颜色，设置应用的范围“文字”或“段落”等，设置效果可在“预览”的范围查看，如图2-41所示。

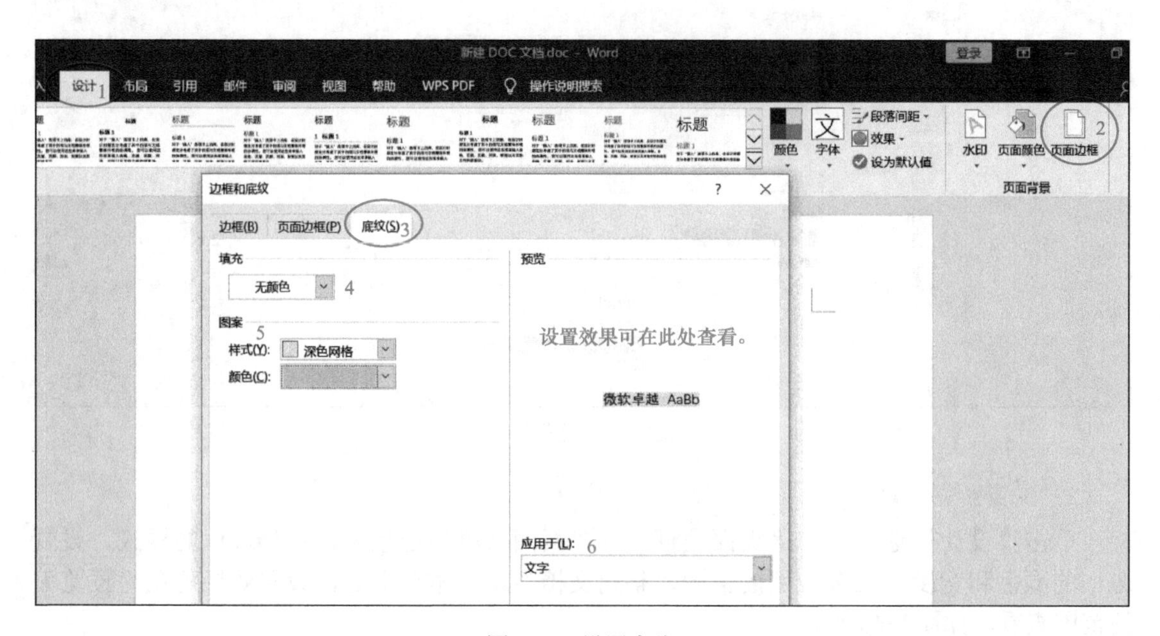

图2-41　设置底纹

五、设置文档脚注与尾注

单击“引用”选项卡→“插入脚注”或“插入尾注”如图2-42所示。

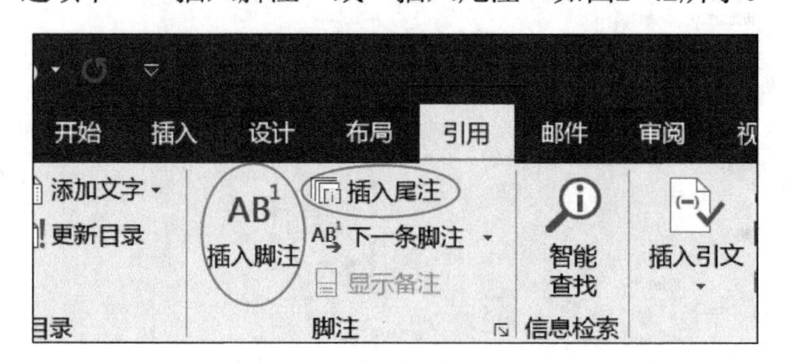

图2-42　插入脚注或插入尾注

提示

插入脚注，脚注的内容在当前页的底部。插入尾注，尾注的内容在整个文档的最后出现，如图2-43所示。

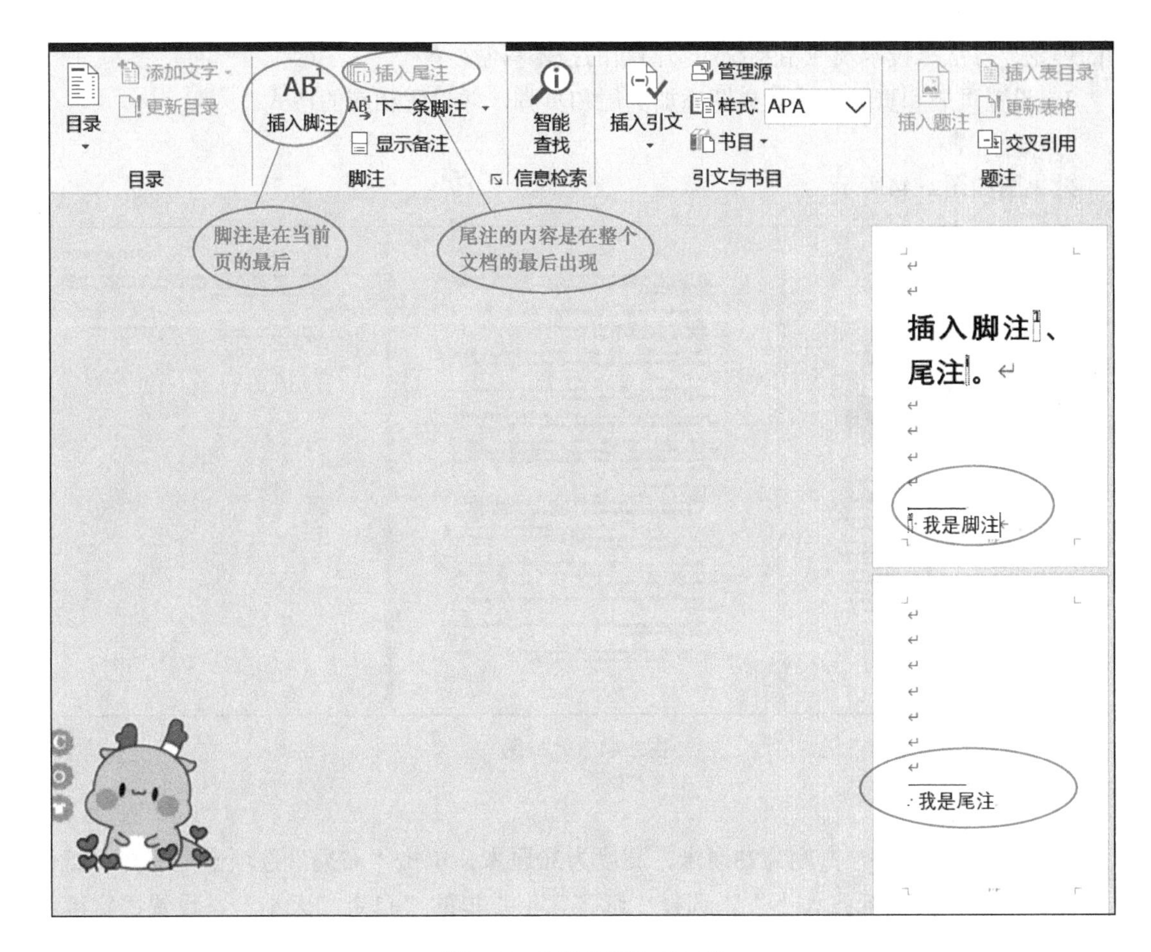

图2-43 脚注和尾注的区别

任务实施

1. 任务要求

打开文档“AI时代，我们该培养什么样的人.doc”，按下列要求设置、编排文档的版面。

1）设置页面：自定义纸张大小，宽度为23厘米，高度为30厘米，页边距上、下各3厘米，左、右各3.5厘米。

2）设置艺术字：将标题设置为艺术字，艺术字式样为第5行第4列，字体为华文新魏，形状为“左近右远”，阴影为“阴影样式18”，文字环绕方式为“四周型”。

3）设置分栏：将正文小标题“要用人工智能挖掘学生内在潜力”和“用最前沿的科技点燃学生内在动力”之间的文字设置为三栏格式，加分隔线。

4）设置边框和底纹：为正文第一段设置底纹，颜色为浅青绿色。

5）插入图片：在效果图所示位置插入图片，文字环绕方式为“四周型”。

6）插入尾注：为正文第一段第一行“人工智能”设置下划线，插入尾注“人工智能（Artificial Intelligence），英文缩写为AI。它是研究、开发用于模拟、延伸和扩展人的智能的理论、方法、技术及应用系统的一门新的技术科学。”

7）设置页眉和页脚：按效果图添加页眉和页脚，并设置相应的格式。

2. 效果图

效果图如图2-44所示。

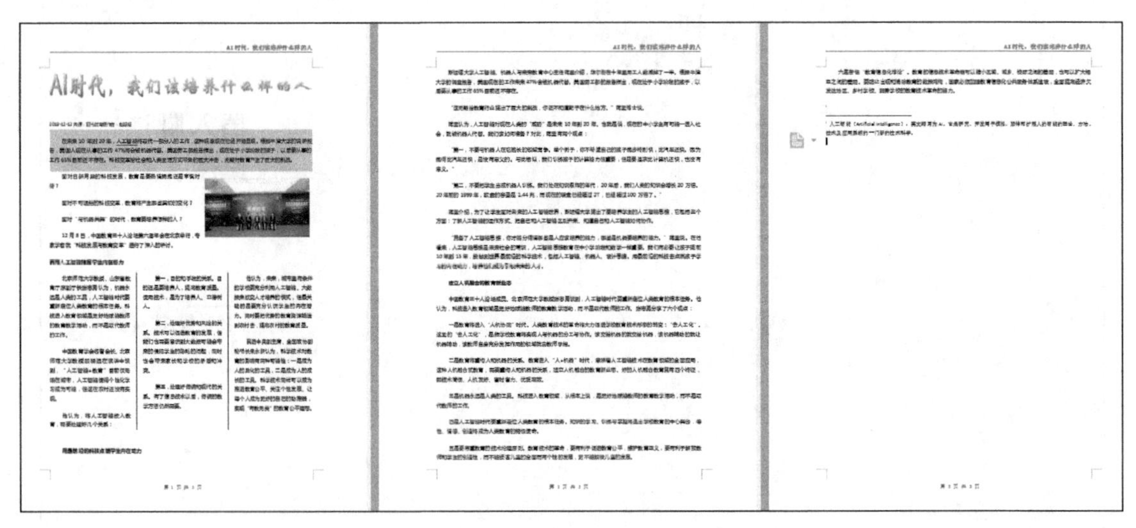
AI时代，我们该培养什么样的人

图2-44 效果图

3. 操作步骤

1）设置纸张大小，宽度为23厘米，高度为30厘米。单击“布局”选项卡，选择“纸张大小”，单击“其他纸张大小”，选择“纸张大小”里的“自定义大小”，设置“宽度”和“高度”，如图2-45所示。

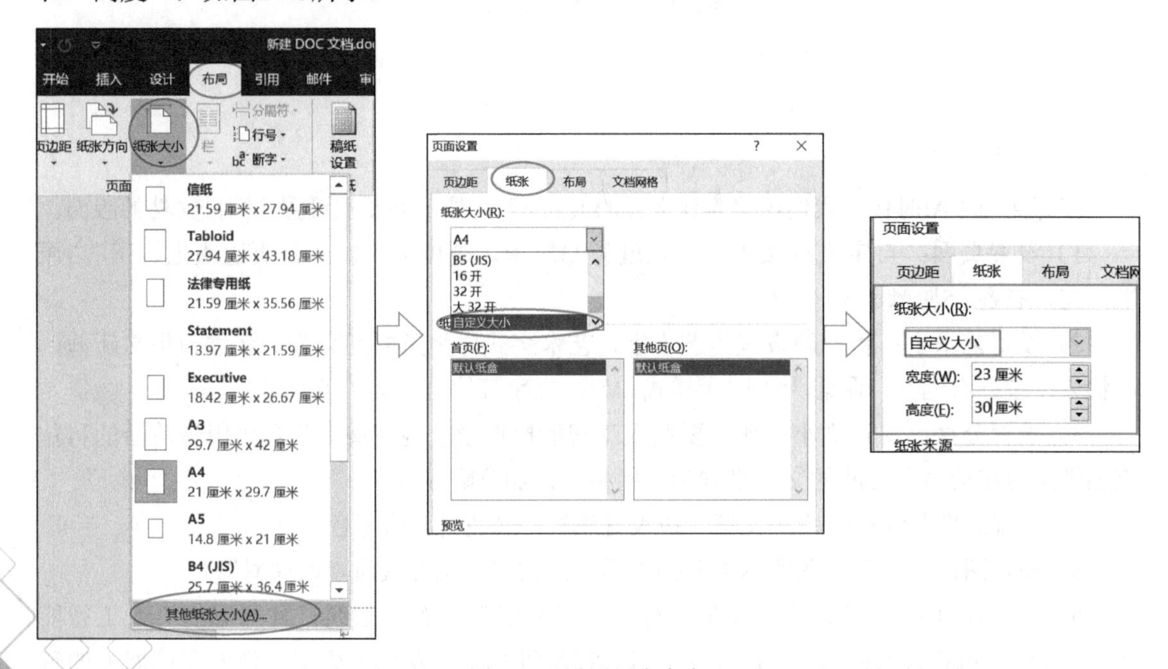

图2-45 设置纸张大小

2）设置页边距上、下各3厘米，左、右各3.5厘米。单击“布局”选项卡，选择“页边距”，单击“自定义页边距”，根据要求填入上：3厘米，下：3厘米，左：3.5厘米，右：3.5厘米四个边距，如图2-46所示。

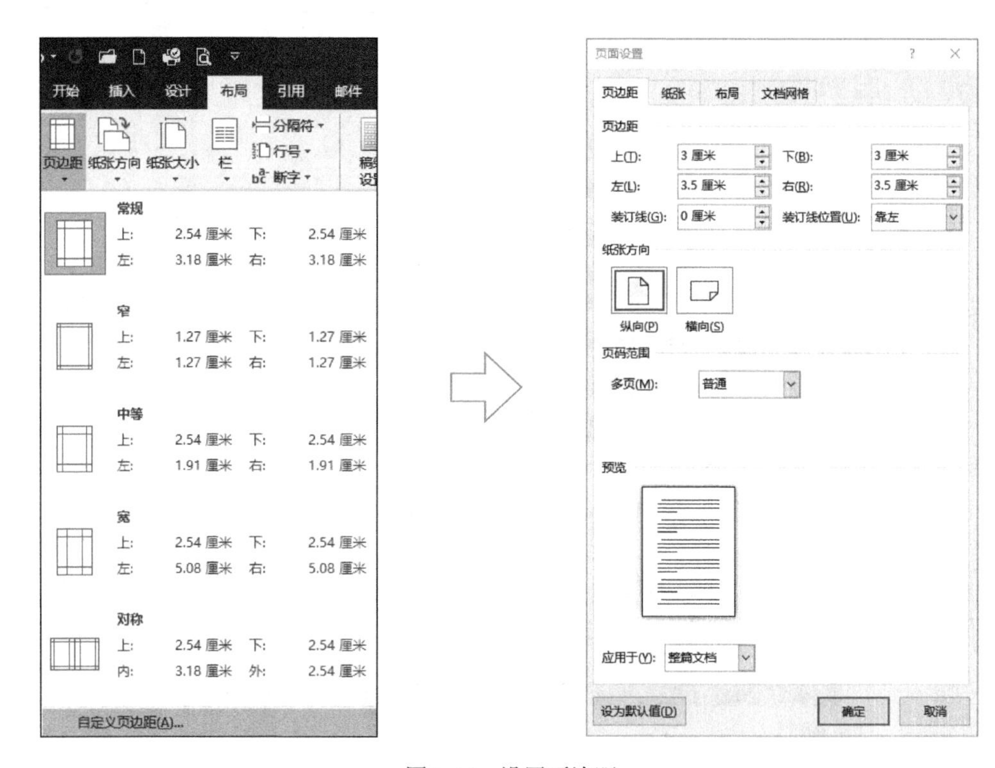

图2-46　设置页边距

3）设置标题为艺术字，艺术字式样为第5行第4列，字体为华文新魏。

选中要设置为艺术字的标题，打开“插入”选项卡，单击“艺术字”，选择第5行第4列的艺术字式样。在打开的对话框中，选择字体“华文新魏”，如图2-47所示。

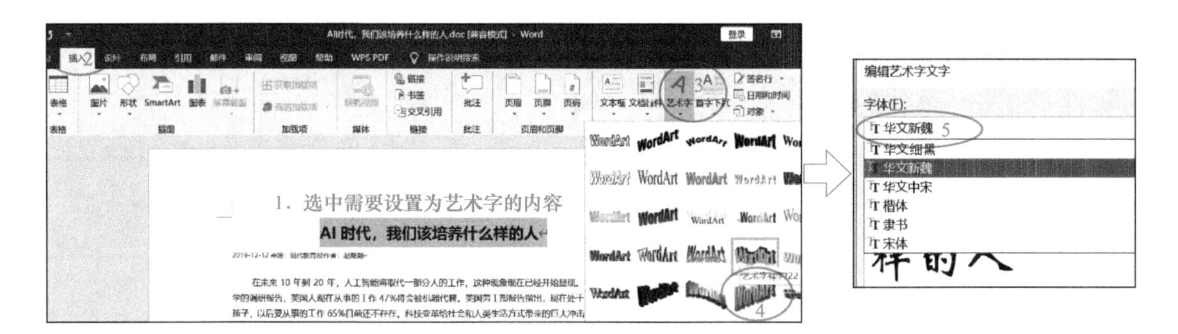

图2-47　设置标题为艺术字

4）设置艺术字形状为“左近右远”。选中艺术字，打开“格式”选项卡，单击“更改形状”，选择“左近右远”形状，如图2-48所示。

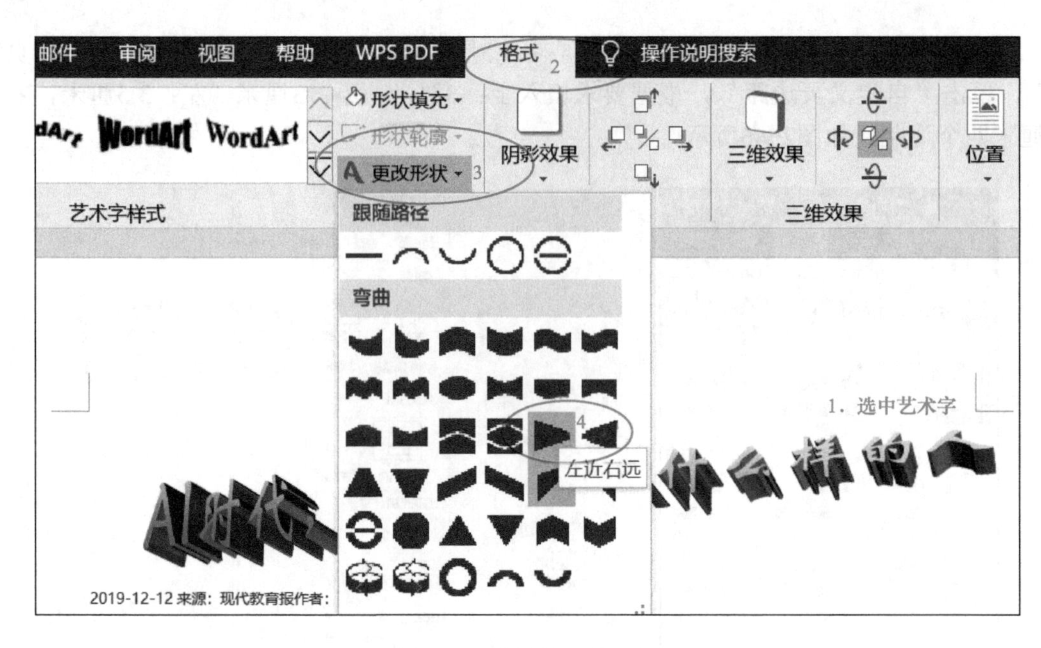

图2-48　设置艺术字形状

5）设置艺术字阴影为“阴影样式18”。选中艺术字，打开“格式”选项卡，单击“阴影效果”，选择“阴影样式18”，如图2-49所示。

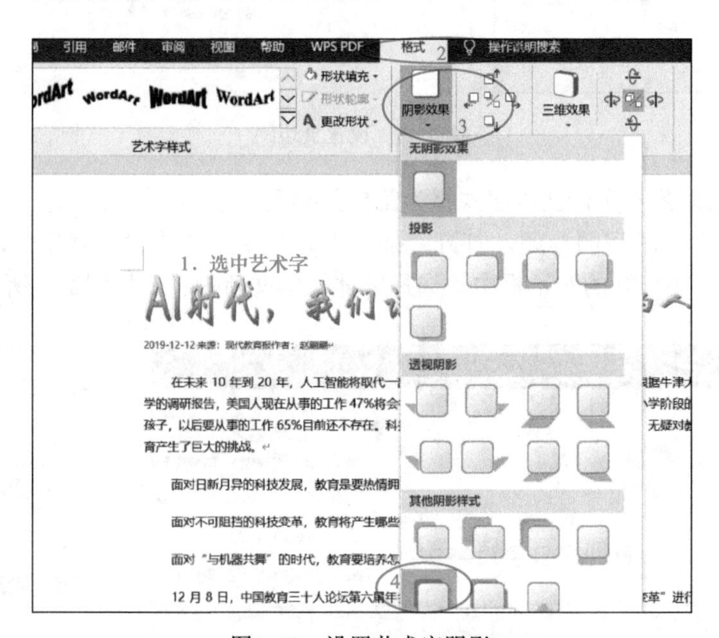

图2-49　设置艺术字阴影

6）设置艺术字文字环绕方式为“四周型”。选中艺术字，打开“格式”选项卡，单击“环绕文字”，选择“四周型”，如图2-50所示。

7）设置分栏。选中需要分栏的文字，单击“布局”选项卡，选择“栏”→“更多栏”，设置“栏数”为“3”，勾选“分割线”，如图2-51所示。

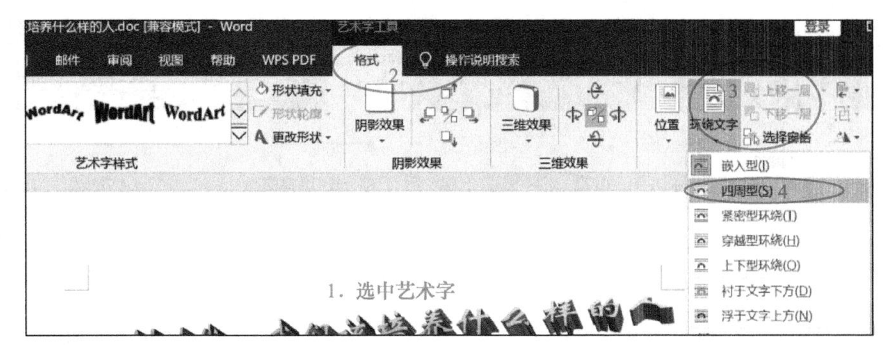

图2-50　设置艺术字“环绕文字”

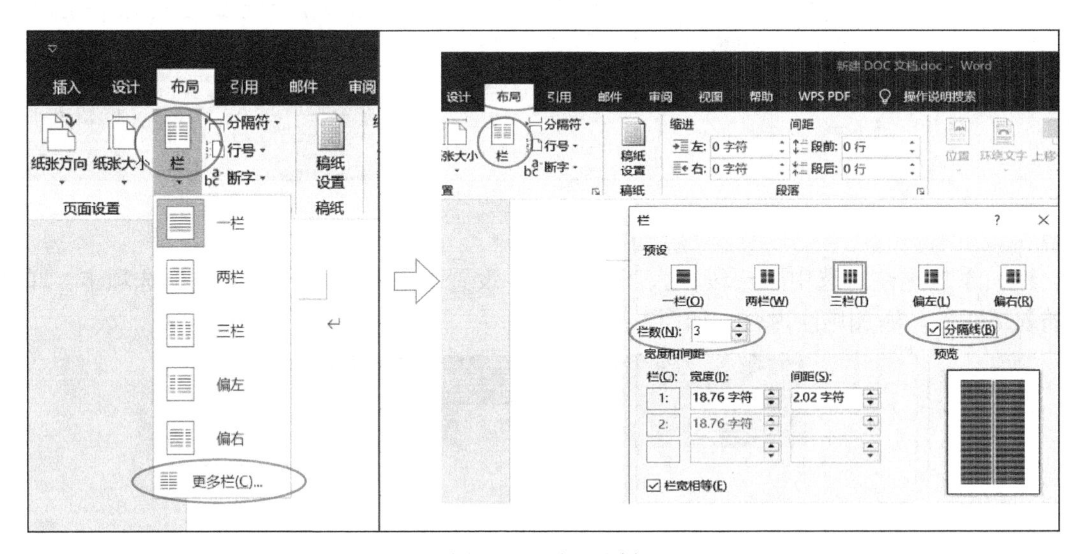

图2-51　设置分栏

8）设置边框和底纹。选择正文第一段，单击“设计”选项卡→“页面边框”→“底纹”，设置底纹的填充颜色为浅青绿色，如图2-52所示。

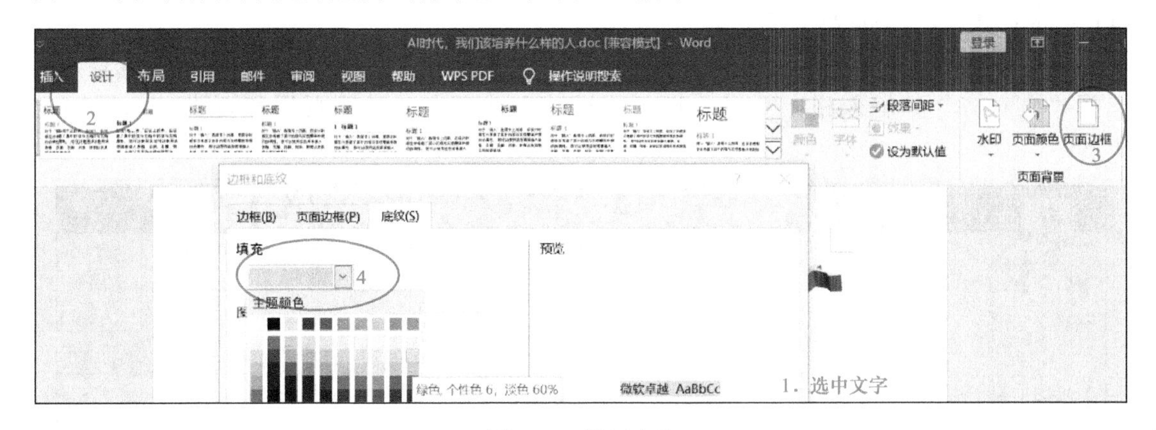

图2-52　设置底纹

9）插入图片。复制图片，在合适位置粘贴，用鼠标缩放图片大小。打开“格式”选项卡，单击“环绕文字”，选择“四周型”，把图片拖到合适的位置，如图2-53所示。

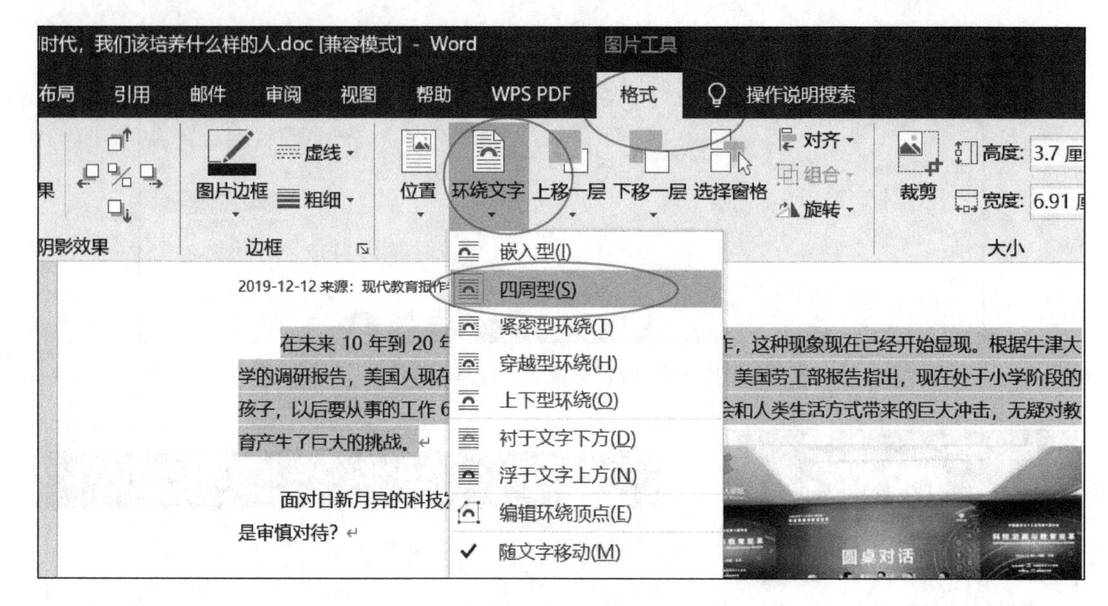

图2-53　设置图片环绕文字方式

10）添加尾注。选中第一段“人工智能”，设置下划线。打开“引用”选项卡，单击“插入尾注”，添加尾注内容，如图2-54所示。

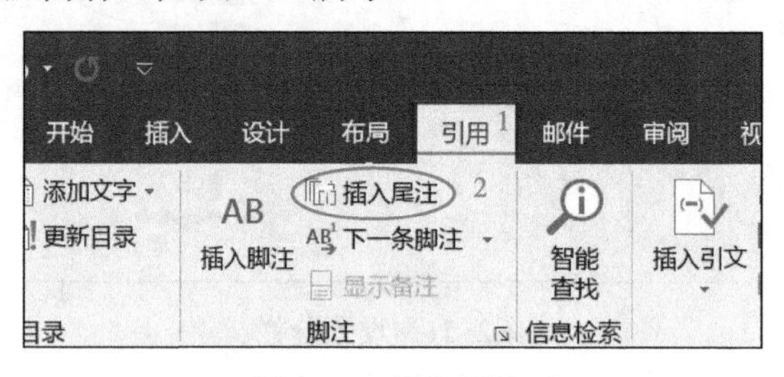

图2-54　插入尾注

11）设置页眉和页码。首先观察效果图中的页眉样式为：内容在右侧。页码内容居中且页码的样式为“共*页第*页”。

插入页眉。打开“插入”选项卡→“页眉”，选择“空白”。打开“开始”选项卡，选择“右对齐”，输入相应文字。打开“设计”选项卡，关闭页眉和页脚，如图2-55所示。

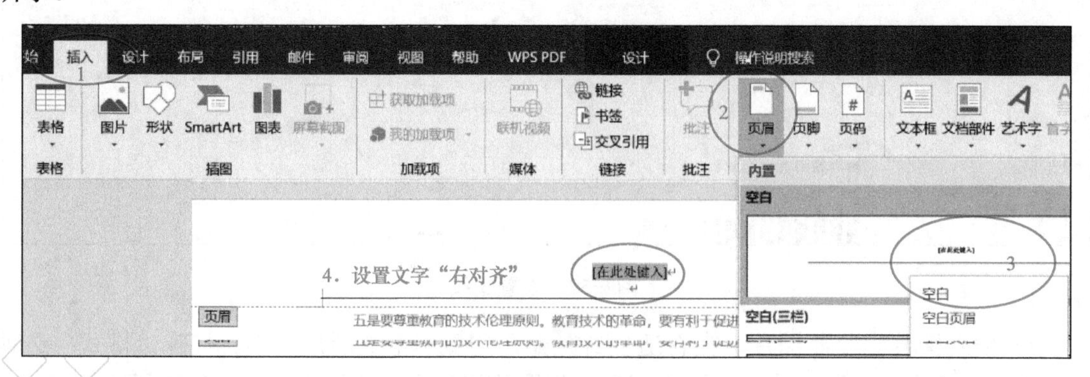

图2-55　插入页眉

插入页码。打开“插入”选项卡→“页码”→“页面底端”，选择“加粗显示的数字2”。在页码的前后加上汉字（注意页码数字不能修改或删除）。选中页码，设置字号为五号，如图2-56和图2-57所示。

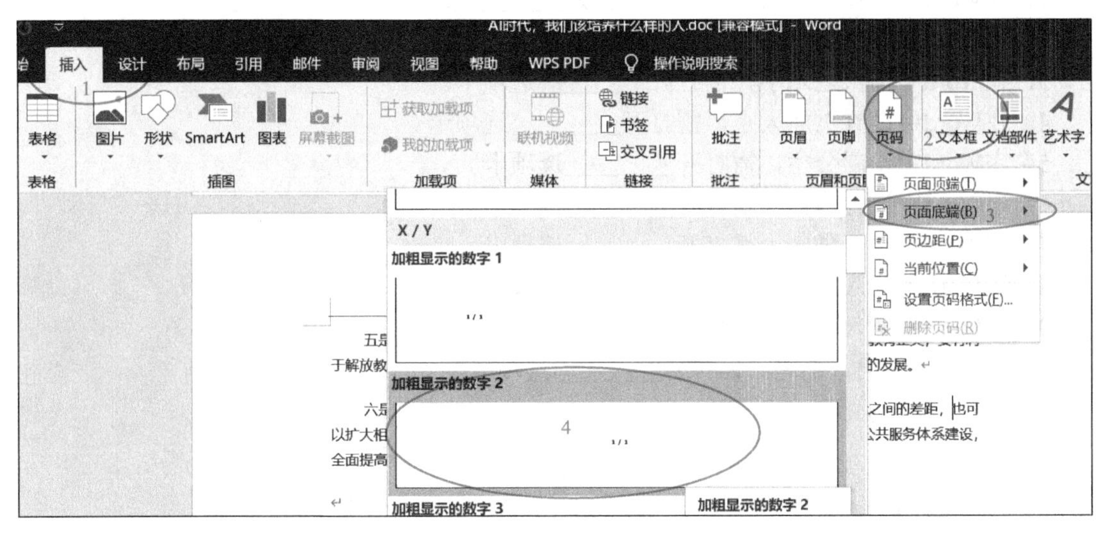

图2-56　插入页码

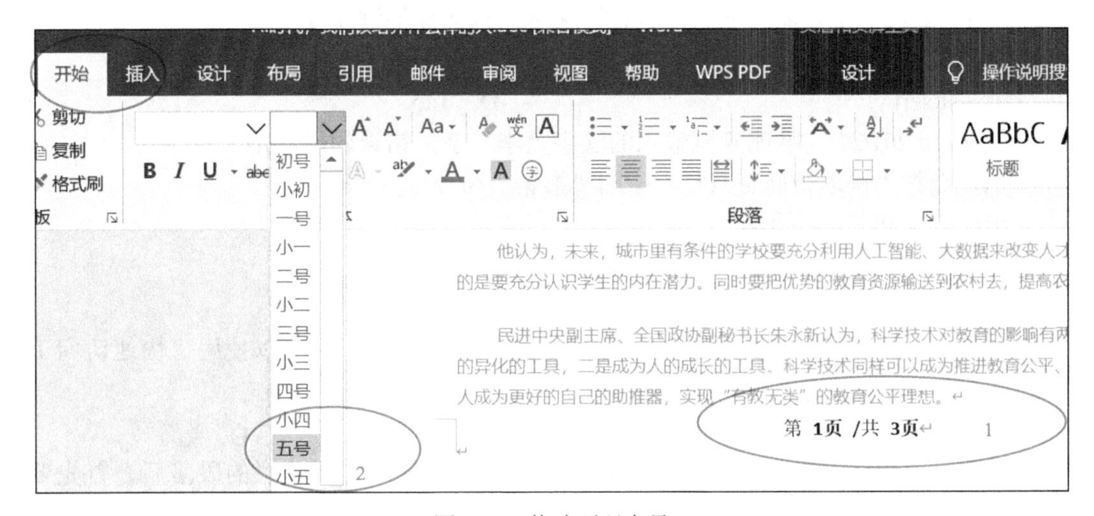

图2-57　修改页码字号

◆ 检查评价

评价项目	教师评价	自我评价
是否能熟练插入图片、艺术字，并设置图片环绕文字		
是否能熟练插入页眉、页脚、页码		
是否能熟练设置纸张大小、页边距、分栏等		
是否能熟练设置文档边框		
是否能熟练插入文档脚注与尾注		

◆ 竞技擂台

一、填空题

1．在Word中将页面正文的底部空白称为________。
2．在Word中将页面正文的顶部空白称为________。
3．在Word中插入艺术字，需打开________选项卡。
4．在Word中设置页面大小，需打开________选项卡。
5．在Word中设置分栏，需打开________选项卡。
6．在Word中设置边框，需打开________选项卡。
7．在Word中插入脚注，需打开________选项卡。
8．在Word中插入尾注，需打开________选项卡。
9．在Word中插入页眉，需打开________选项卡。
10．在Word中插入页码，需打开________选项卡。

二、选择题

1．在Word 2016编辑状态下，要想删除光标前面的字符，可以按（　　）。
A．<Backspace>键　　B．<Delete>键
C．<Ctrl+P>快捷键　　D．<Shift+A>快捷键

2．在Word 文档中，删除插入点右边的文字内容应按的键是（　　）。
A．Backspace　　B．Delete
C．Insert　　D．Tab

3．在Word 2016中，欲删除刚输入的汉字“李”字，错误的操作是（　　）。
A．选择“快速访问工具栏”中的“撤销”命令
B．按<Ctrl+Z>快捷键
C．按<Backspace>键
D．按<Delete>键

4．在Word 2016中，如果无意中误删除了某段文字内容，则可以使用“快速访问工具栏”上的（　　）按钮返回到删除前的状态。
A.　　B.　　C.　　D.

5．在Word 2016编辑状态下，如果要给段落分栏，在选定要分栏的段落后，首先要单击（　　）选项卡。
A．“开始”　　B．“插入”　　C．“布局”　　D．“视图”

6．在Word 2016中，“段落”格式设置中不包括设置（　　）。
A．首行缩进　　B．对齐方式　　C．段间距　　D．字符间距

7．在Word 2016编辑状态下，页眉和页脚的建立方法相似，应首先打开（　　），使用“页眉”或“页脚”命令进行设置。
A．“插入”选项卡　　B．“视图”选项卡
C．“文件”选项卡　　D．“开始”选项卡

8．在Word 2016中，下面关于页眉和页脚的叙述错误的是（　　）。
A．一般情况下，页眉和页脚适用于整个文档

B．在编辑页眉与页脚时可同时插入时间和日期

C．在页眉和页脚中可以设置页码

D．一次可以为每一页设置不同的页眉和页脚

9．在Word 2016中，默认的纸张大小是（　　）。

A．16K　　B．A4　　C．A3　　D．B4

10．若要设定打印纸张大小，在Word 2016中可在（　　）进行。

A．“开始”选项卡的“段落”对话框中

B．“开始”选项卡的“字体”对话框中

C．“页面布局”选项卡的“页面设置”对话框中

D．以上说法都不正确

三、思考题

1．如何把纸张大小设置为A3，纸张方向设置为横向？

2．简述脚注和尾注的区别。

3．上下左右页边距一般最小可设置为多大？

任务三　制作应聘人员登记表——表格的创建和编辑

◆ 明确任务

每年学校都有校园招聘会，和学校合作的企业需要在招聘的时候让学生填写一份应聘人员登记表（包含：个人信息、受教育状况、应聘职位、工作经历、健康状况）。本任务是制作一份应聘人员登记表。

应聘人员登记表是由应聘人员填写，方便企业了解求职者的表格。

◆ 知识准备

一、插入表格

方法一：表格在10列8行的范围内，可使用“虚拟表格”功能。单击“插入”选项

卡→“表格”，在“虚拟表格”区域选择行数和列数，如图2-58所示。

方法二：将光标插入点定位在需插入表格的位置，切换到“插入”选项卡，单击“表格”按钮，在下拉列表中，单击“插入表格”选项，在插入表格窗口中，设置行数和列数，单击“确定”，如图2-59所示。

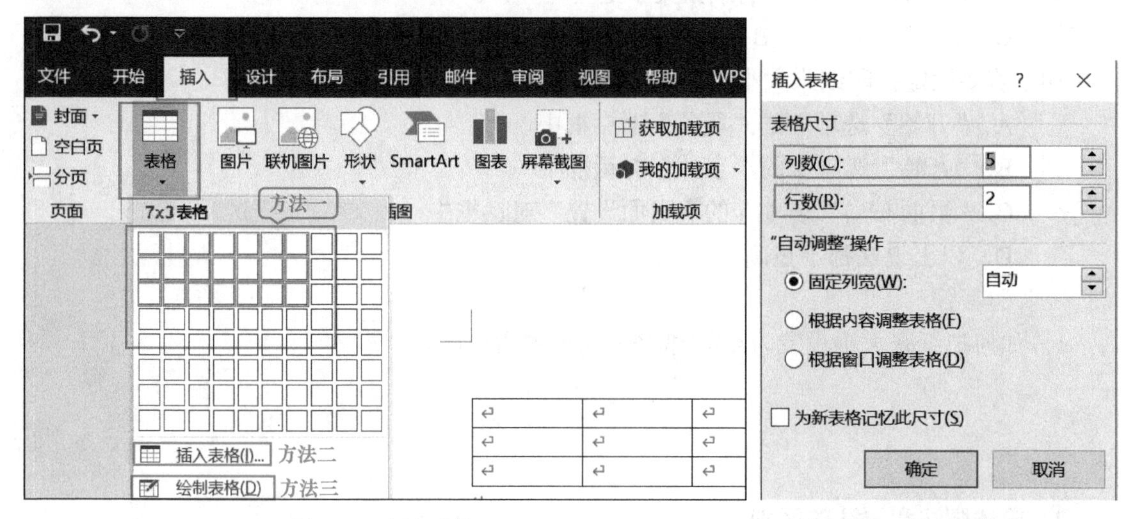

图2-58　插入表格　　　　图2-59　插入表格窗口

方法三：单击“插入”选项卡，选择“表格”，在下拉列表中选择“绘制表格”命令。

在编辑区拖动鼠标，绘制需要的表格，方法和在纸上用绘画笔绘制表格一样，鼠标指针就是绘画笔的笔头。绘制表格后，可以在绘制的表格里面绘制行列边界线，如图2-60所示。

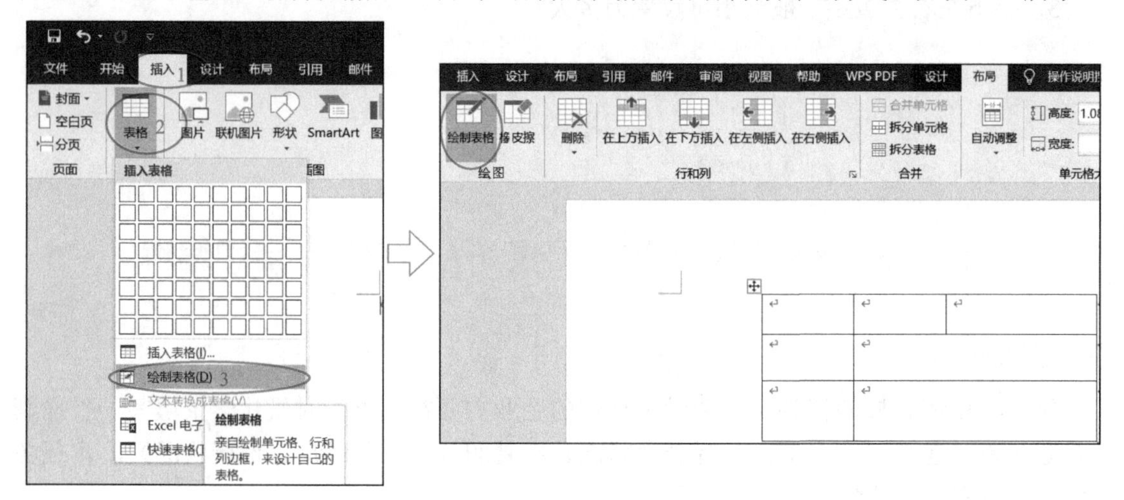

图2-60　绘制表格

二、编辑表格

1．调整行高和列宽

1）调整行高。选择需要调整行高的行，单击鼠标右键，在弹出的菜单中选择“表格属性”命令，打开“表格属性”对话框，选择“行”选项卡，勾选“指定高度”复选框，在其中可以设置行高参数。

2）调整列宽。如果在表格中输入文字内容后，发现列宽不合适，用户可以对列宽进行调整。

选择需要调整列宽的列，选择“布局”选项卡，在“单元格大小”选项组中可以直接调整列宽参数，如图2-61所示。也可单击鼠标右键→“表格属性”，设置行或列属性，如图2-62所示。

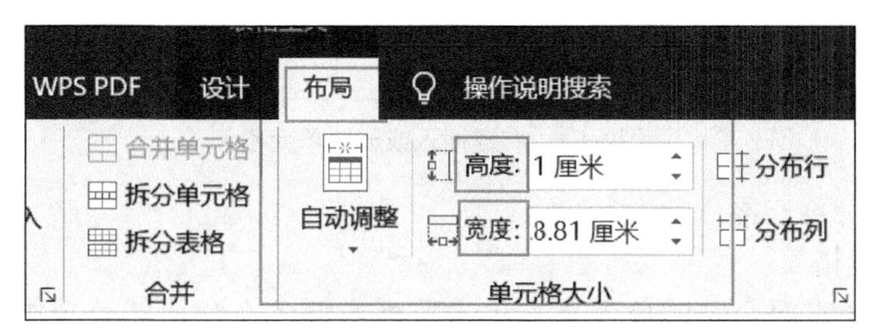

图2-61　调整列宽

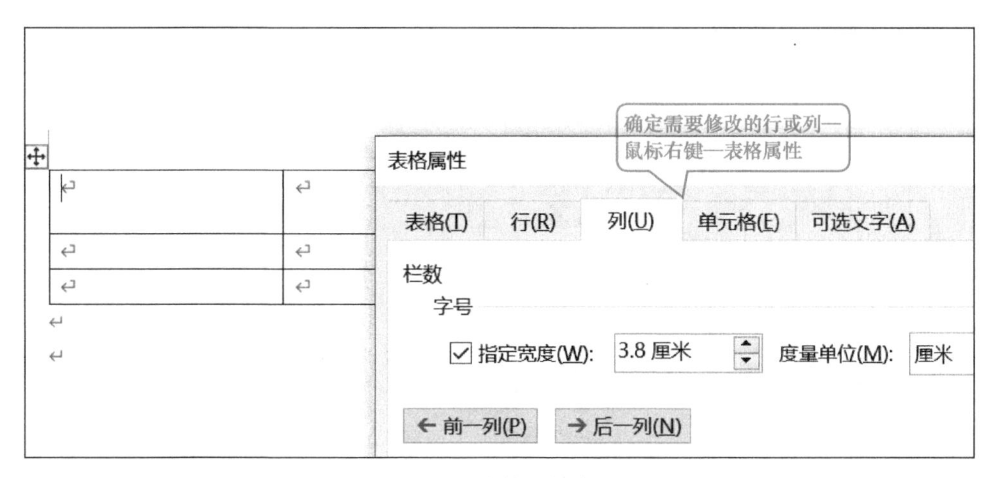

图2-62　表格属性窗口

2. 插入与删除单元格

方法一：选择单元格，单击“布局”选项卡，在“行和列”选项组，选择对应的插入命令或者“删除”命令，就可以完成单元格插入或删除，如图2-63所示。

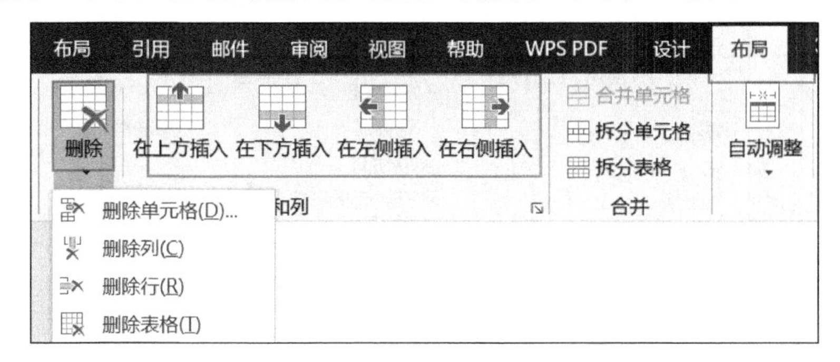

图2-63　从“布局”选项卡插入或删除单元格

方法二：单击鼠标右键→“插入”或“删除单元格”，如图2-64所示。

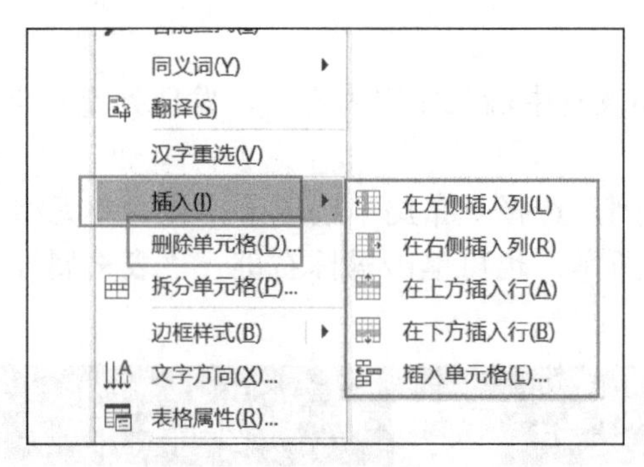

图2-64　右键插入或删除单元格

3. 合并和拆分单元格

（1）合并单元格

方法一：选择需要合并的单元格，单击鼠标右键。在弹出的菜单中选择“合并单元格”命令即可，如图2-65所示。

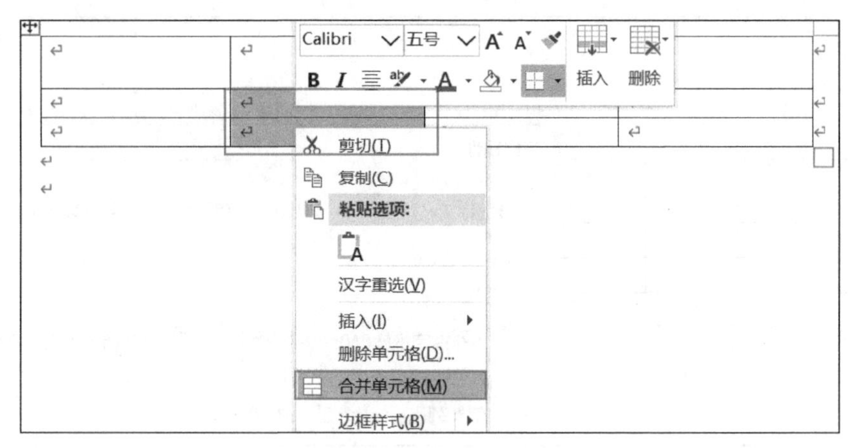

图2-65　右键合并单元格

方法二：选择需要合并的单元格，单击“布局”选项卡，然后在“合并”选项组中单击“合并单元格”按钮，即可合并单元格，如图2-66所示。

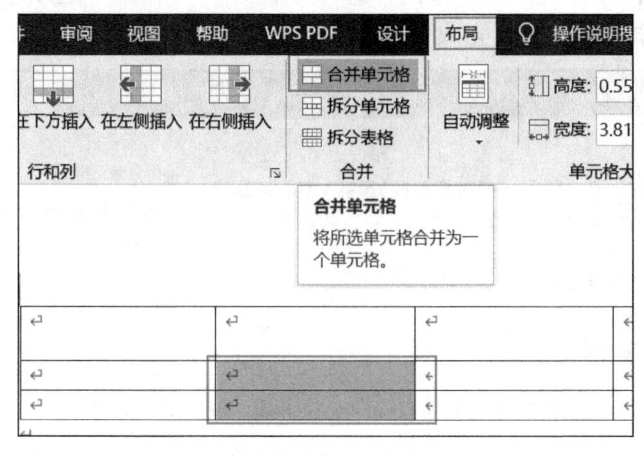

图2-66　合并单元格步骤

（2）拆分单元格

拆分单元格步骤，如图2-67所示。

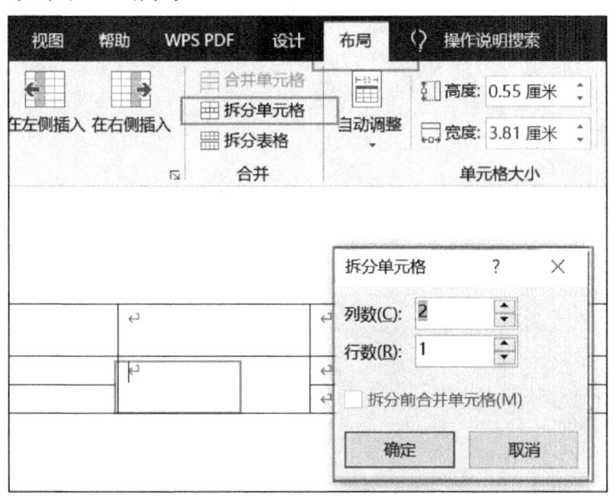

图2-67　拆分单元格步骤

4. 设置表格文本对齐方式

方法一：选择需要设置的单元格，单击“布局”选项卡。在“对齐方式”选项组中选择合适的对齐选项，如图2-68所示。

方法二：打开需要调整的表格，选择需要设置的单元格，单击鼠标右键，在弹出的菜单中选择“表格属性”命令，选择其中一种对齐方式，得到对齐效果，如图2-68所示。

图2-68　设置表格文本对齐方式

5. 设置表格边框和底纹

选择需要设置的表格，单击鼠标右键，弹出右键菜单。在弹出的菜单中选择“表格属性”命令，单击“边框和底纹”，调出边框和底纹对话框，选择相应的选项设置表格边框和底纹，如图2-69所示。

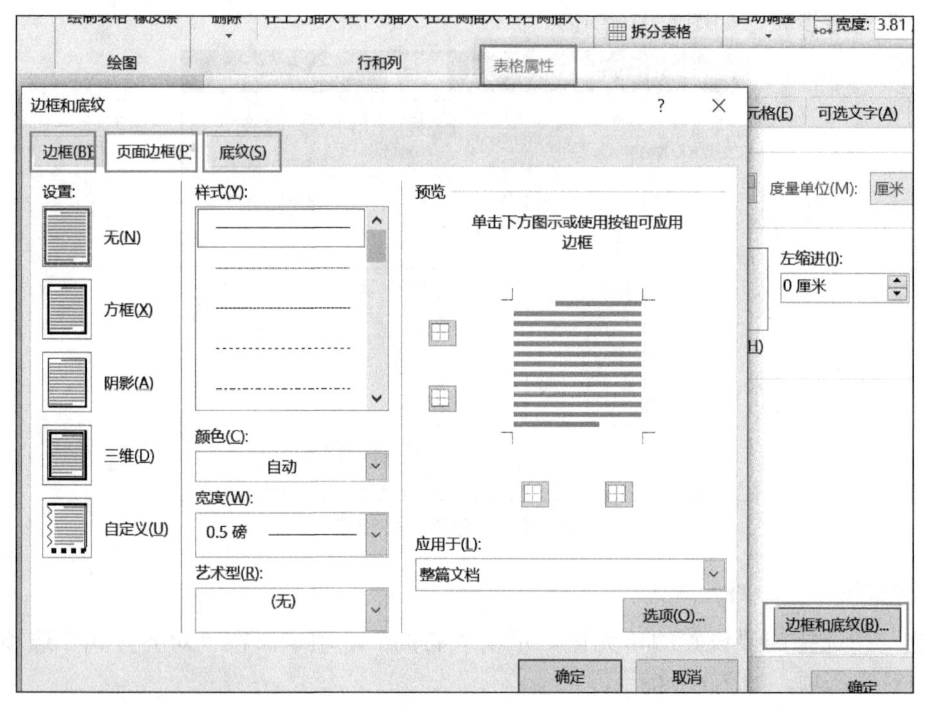

图2-69　设置表格边框和底纹

6. 设置表格样式

Word 2016中，自带的表格样式可以直接套用。选中表格，单击“设计”选项卡，在“表格样式”中选择需要的表格样式，也可选择“边框”自行设计表格边框样式，如图2-70所示。

图2-70　设置表格样式

◆ 任务实施

1. 任务要求

制作应聘人员登记表，可参照效果图设计也可以自行设计。

2. 效果图

应聘人员登记表效果图，如图2-71所示。

应聘人员登记表

姓名		性别		出生年月			
民族		政治面貌		学历		专业	
学校		应聘岗位					
教育情况							
工作履历							
个人特长							
家庭情况							

图2-71　应聘人员登记表效果图

3. 操作步骤

1）输入标题“应聘人员登记表”，设置为“居中”，字体“黑体”，字号“四号”。

2）插入表格7行2列。单击“插入”→“表格”，选择7行2列表格自动插入，如图2-72所示。

图2-72　插入表格

3）调整列宽。把表格中间的分隔线，朝左侧拉，缩小第一列列宽，如图2-73所示。

4）拆分单元格，把第一行右侧单元格拆分成1行5列。选中第一行右侧单元格，单击鼠标右键，选择“拆分单元格”，输入列数“5”，单击“确定”，如图2-74所示。

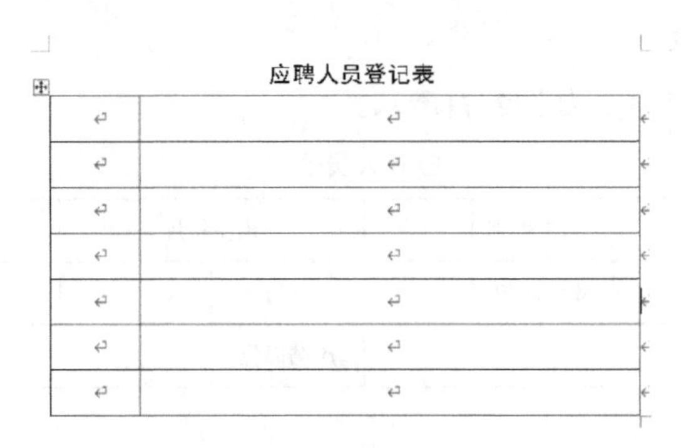

图2-73　调整列宽

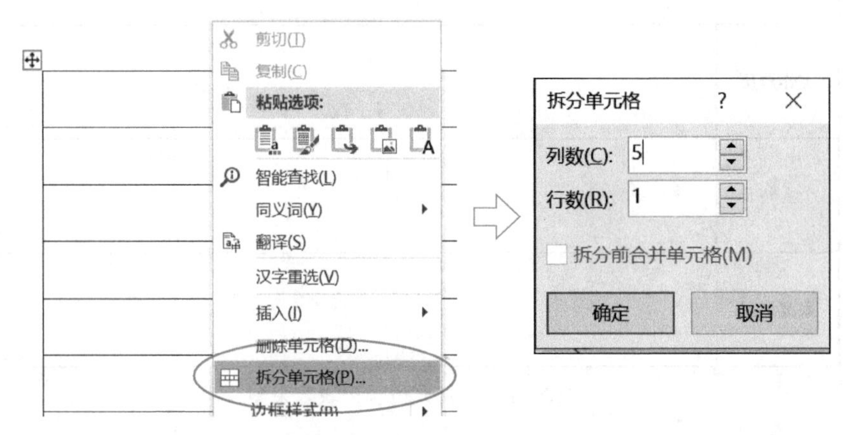

图2-74　拆分单元格

5）用同样拆分方法，把第二行右侧单元格拆分成1行7列，第三行右侧单元格拆分成1行3列，如图2-75所示。

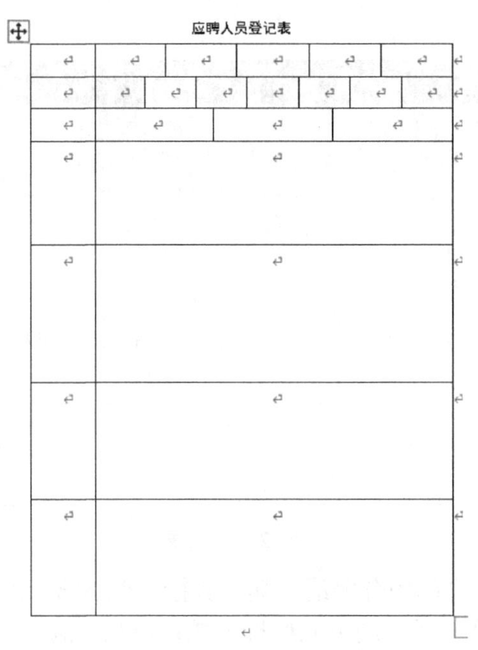

图2-75　表格结构

6）调整行列间距，输入文字，并设置文字样式。

检查评价

评价项目	教师评价	自我评价
是否学会插入表格的方法		
是否可熟练设置表格中行或列的间距		
是否可熟练插入、删除表格中的行或列		
是否可熟练拆分单元格		
是否可熟练设置表格样式		

竞技擂台

一、填空题

1．Word中，插入表格需要打开________选项卡。

2．Word中，在表格工具的________选项卡中可以设置表格的样式、边框和底纹。

3．Word中，选择“插入”选项卡中的“表格”，再选择__________命令，可以绘制表格。

4．Word中，选择“插入”选项卡中的“表格”，再选择__________命令，可以插入表格。

5．在Word中删除选定表格的单元格时，可以使用________选项卡中的“删除单元格”命令。

6．在Word中删除选定表格中的整列时，可以使用“布局”选项卡中的________命令删除列。

7．在Word中删除选定表格中的整行时，可以使用“布局”选项卡中的________命令删除行。

8．Word中，在表格工具的________选项卡中可以设置表格的边框。

9．Word中，在表格工具的________选项卡中可以设置表格的底纹。

10．Word中，在表格工具的________选项卡中可以设置表格中文本的对齐方式。

二、选择题

1．在Word 2016中，创建表格，应使用的选项卡是（　　）。

A．开始　　B．插入

C．页面布局　　D．视图

2．在Word 2016中，单击“插入”选项卡的“表格”按钮，然后选择“插入表格”命令，则（　　）。

A．只能选择行数　　B．只能选择列数

C．可以选择行数和列数　　D．只能使用表格设定的默认值

3．在Word编辑状态下，若光标位于表格外右侧的行尾处，按<Enter>键，结果（　　）。

A．光标移到下一行，表格行数不变　　B．光标移到下一行

C．在本单元格内换行，表格行数不变　　D．插入一行，表格行数改变

4．可以在Word 2016表格中填入的信息（　　）。

A．只限于文字形式　　B．只限于数字形式

C．可以是文字、数字和图形对象等　　D．只限于文字和数字形式

5．在Word 2016中，如果插入表格的内外框线是虚线，假如光标在表格中（此时会自动出现“表格工具”，其中有“设计”和“布局”选项卡），要想将框线变为实线，应使用的命令（按钮）是（　　）。

A．“开始”选项卡的“更改样式”

B．“设计”选项卡的“边框”下拉列表中“边框和底纹”

C．“插入”选项卡的“形状”

D．“视图”选项卡的“网格线”

6．在Word 2016中，在表格属性对话框中可以设置表格的对齐方式、行高和列宽等，选择表格后界面会自动出现“表格工具”，“属性”在“布局”选项卡的（　　）选项组中。

A．“表”　　B．“行和列”

C．“合并”　　D．“对齐方式”

7．在Word 2016编辑状态下，若想将表格中连续三列的列宽调整为1厘米，应该先选中这三列，然后在（　　）对话框中设置。

A．行和列　　B．表格属性　　C．套用格式　　D．以上都不对

8．在Word 2016中，下列描述不正确的是（　　）。

A．文本能转换成表格　　B．表格能转换成文本

C．文本与表格可以相互转换　　D．文本与表格不能相互转换

9．在Word 2016表格中求某行数值的平均值，可使用的统计函数是（　　）。

A．SUM　　B．TOTAL　　C．COUNT　　D．AVERAGE

10．对Word 2016的表格功能说法正确的是（　　）。

A．表格一旦建立，行、列不能随意增、删

B．对表格中的数据不能进行运算

C．表格的单元格中不能插入图形文件

D．可以拆分单元格

三、思考题

1．Word 2016中插入表格有几种方法？

2．怎么设置表格的边框样式？

3. 表格中用于求最大值、最小值、平均值、求和的函数分别是什么？

任务四 制作节日贺卡——图文混排

◆ 明确任务

贺卡是人们遇到特殊日期或事情的时候互相表示问候的一种卡片。人们通常赠送贺卡的日子包括生日、元旦、春节、元宵节等，贺卡上一般写有一些祝福的话语，如图2-76所示。

图2-76 贺卡展示图

◆ 知识准备

一、贺卡的构成

贺卡的构成，如图2-77所示。

图2-77 贺卡的构成

二、贺卡的尺寸

1. 常见的贺卡尺寸

一般贺卡制作尺寸146毫米×213毫米，贺卡成品大小143毫米×210毫米。

2. 贺卡尺寸的设置

单击“布局”选项卡，通过“纸张大小”“页边距”和“纸张方向”，设置贺卡的页边距、纸张大小和纸张方向，如图2-78所示。

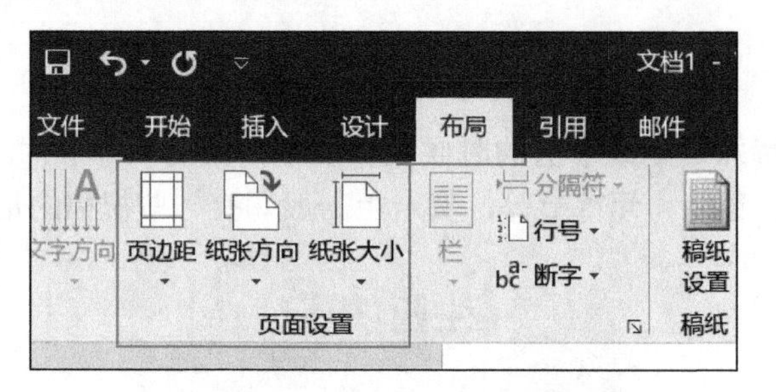

图2-78 “布局”选项卡

三、插入图片作为背景图

单击“插入”→“图片”，插入图片后，把图片拉伸为合适大小，设置图片的环绕文字方式为“衬于文字下方”，如图2-79所示。

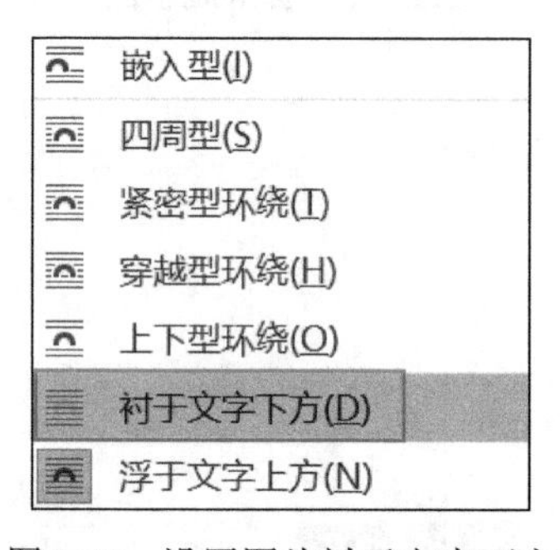

图2-79 设置图片衬于文字下方

四、设置插入图片的样式

在Word 2016中插入一张图片，设置插入图片的样式。

1. 在图片上插入文字

方法一：单击“插入”选项卡，选择“插入横排文本框”或“插入竖排文本框”。

提示

插入的字可以设置字体，颜色，大小等。插入的字是有背景边框的，背景的颜色可以改变。

方法二：单击“插入”选项卡，选择“艺术字”，此时插入的字没有边框和背景，如图2-80所示。

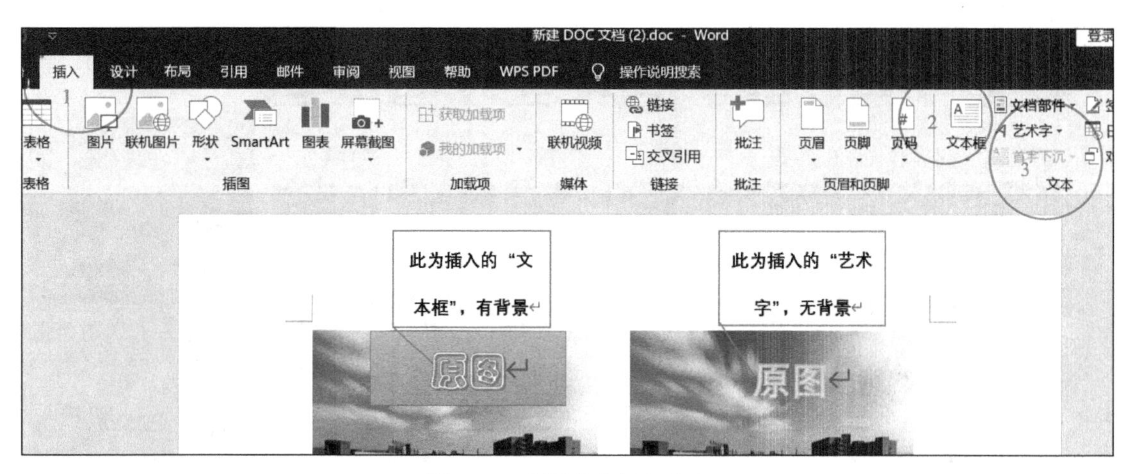

图2-80　在图片上插入文字

2．设置图片的亮度和对比度

选中需要编辑的图片，单击“格式”选项卡，选择“校正”，在下拉列表中选择合适的样式，如图2-81所示。

图2-81　设置图片亮度和对比度

3．设置图片的颜色

选中需要编辑的图片，单击“格式”选项卡，选择“颜色”，在下拉列表中选择合适的颜色饱和度、色调等，如图2-82所示。

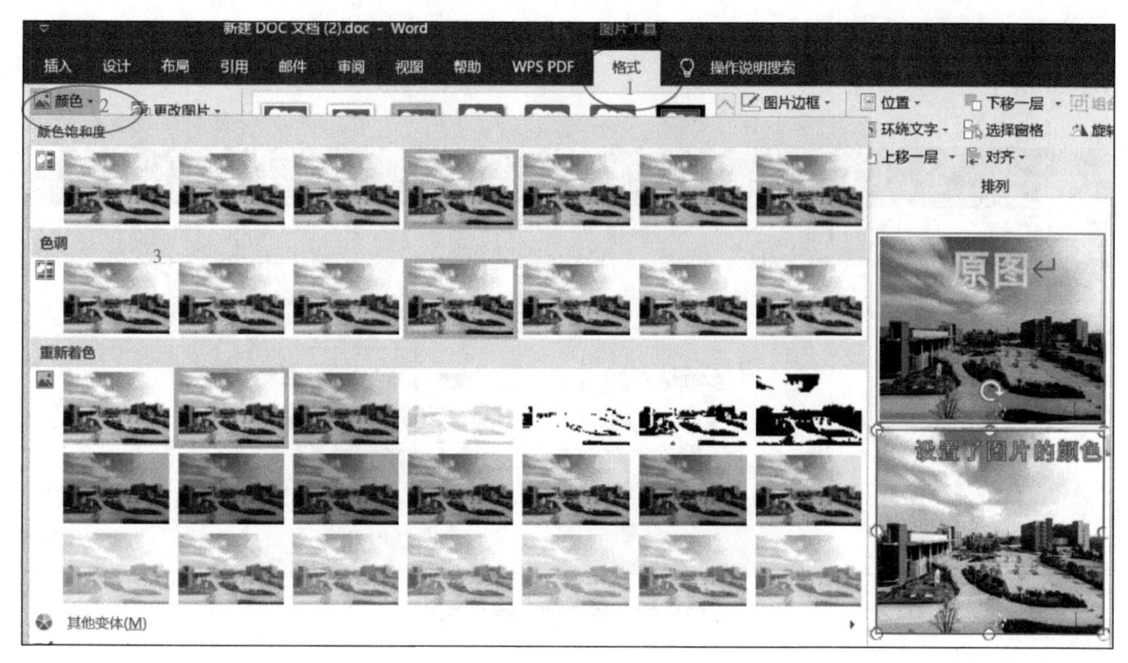

图2-82　设置图片颜色

4．设置图片的艺术效果

选中需要编辑的图片，单击“格式”选项卡，选择“艺术效果”，在下拉列表中选择合适的样式，如图2-83所示。

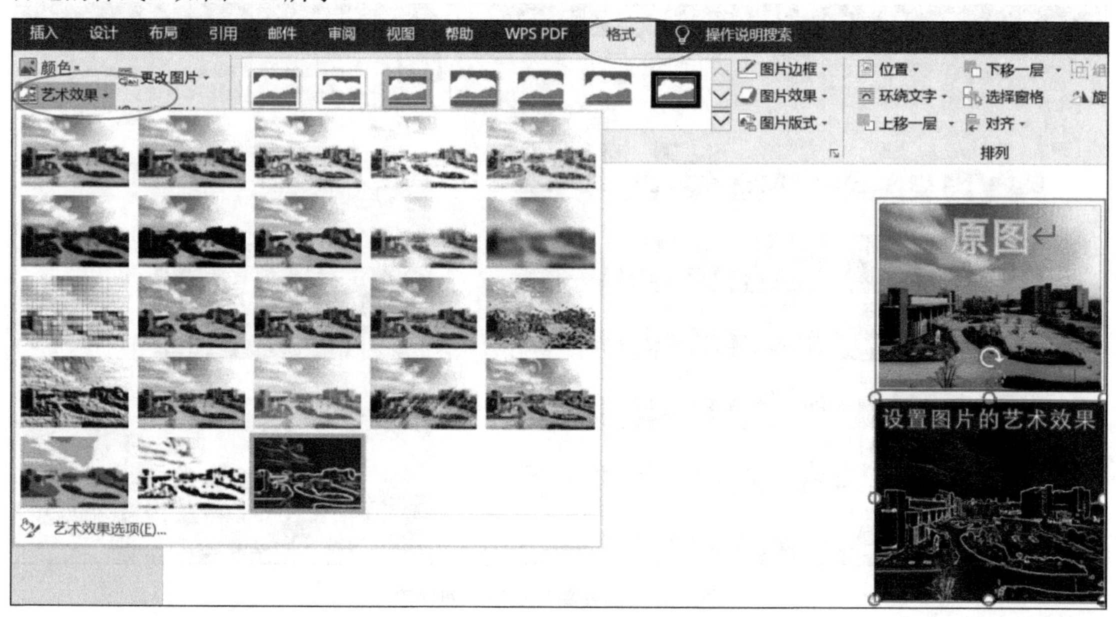

图2-83　设置图片艺术效果

5．设置图片样式

选中需要编辑的图片，单击“格式”选项卡，选择“图片样式”，在下拉列表中选择合适的样式，如图2-84所示。

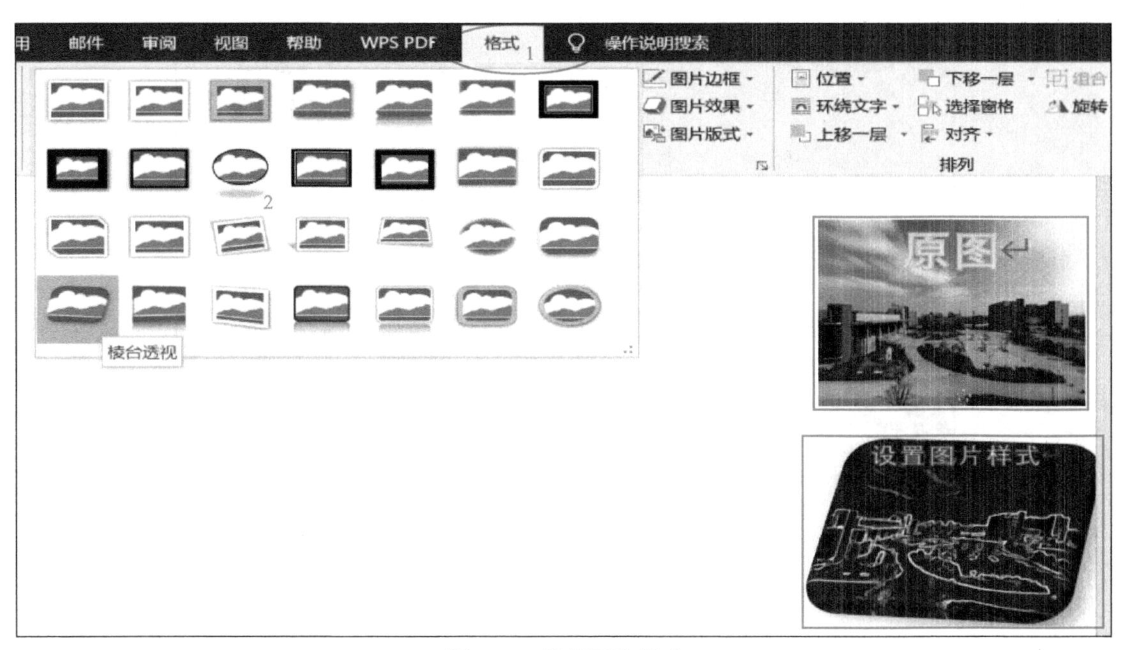

图2-84　设置图片样式

6．图片的裁剪

选中需要编辑的图片，单击“格式”选项卡，选择“裁剪”。在图片上设置裁剪的范围，按<Enter>键确定，如图2-85所示。

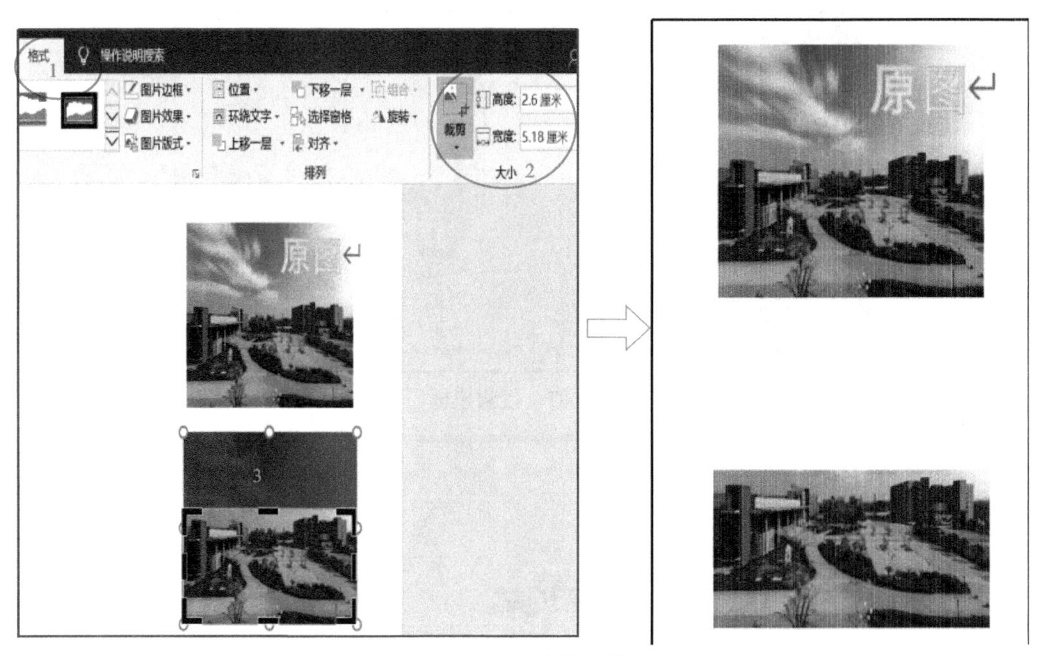

图2-85　图片的裁剪

五、设置文本框形状格式

在文本框边线右击鼠标，选择“设置形状格式”，在设置形状格式窗口中，设置文本框形状格式，如图2-86所示。

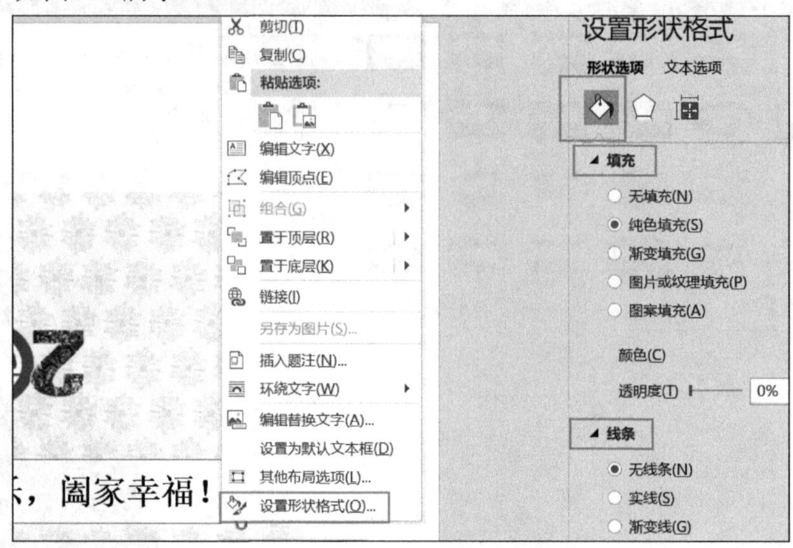

图2-86　设置文本框形状格式

六、使用贺卡模板制作贺卡

单击“文件”选项卡，选择“新建”。在搜索框中输入“贺卡”，联机搜索贺卡模板。选中模板，单击“创建”，如图2-87、图2-88所示。

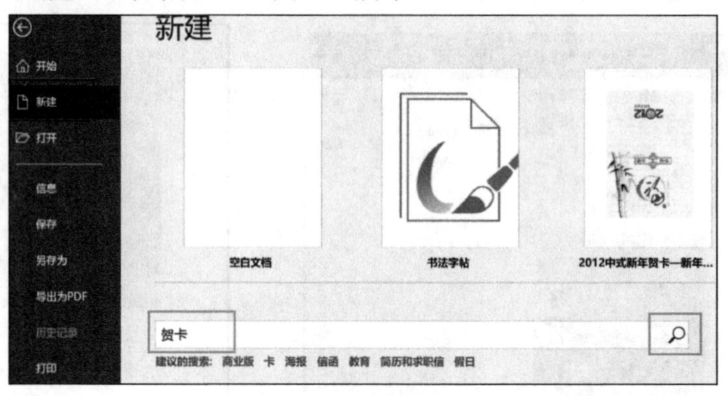

图2-87　搜索模板

图2-88　使用模板创建文档

七、视图

Word 2016里常用的功能很多，可以根据需要切换不同的视图模式。在Word 2016中提供了五种视图模式供用户选择，这些视图模式包括阅读视图、页面视图、Web版式视图、大纲视图和草稿视图，如图2-89所示。

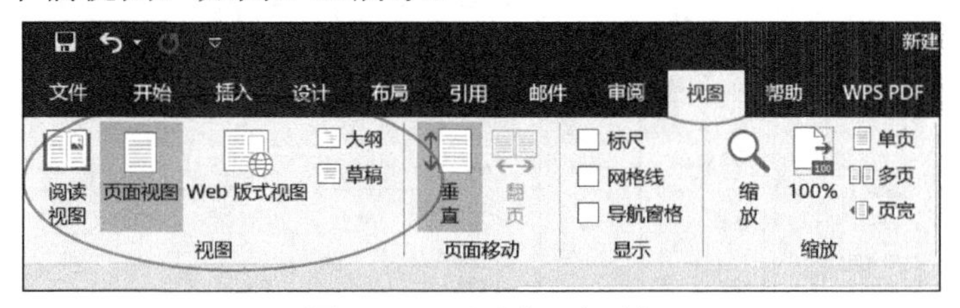

图2-89 “视图”选项卡

1）阅读视图，便于用户阅读文档。它模拟书本阅读的方式，让人感觉在翻阅书籍。

2）页面视图，显示的文档与打印出来的结果几乎是完全一样的，也就是“所见即所得”，文档中的页眉、页脚、分栏等显示在打印的实际位置。

3）Web版式视图，能够模拟Web浏览器来显示文档。在Web版式视图下，文档将以适应窗口大小自动换行。

4）大纲视图，用于查看文档结构，单击“大纲”后，界面上会显示“大纲显示”选项卡。

5）草稿视图，可以完成大多数的录入和编辑工作，也可以设置字符和段落的格式，但是不能设置多栏，且不能显示页眉、页脚、页码、页边距等。

◆ 任务实施

1. 任务要求

贺卡宽为14厘米，高为9厘米，四周页边距均为1厘米，纸张方向为横向。制作贺卡时，可参照效果图制作，也可自行设计。

2. 效果图

贺卡效果图，如图2-90所示。

图2-90 贺卡效果图

3. 操作步骤

1）新建Word文档。在桌面用鼠标右键单击空白处，选择“新建”→“DOC文档”。

2）设置纸张大小。单击“布局”选项卡，选择“纸张大小”→“其他纸张大小”，选择

“纸张大小”里的“自定义大小”，设置“宽度”为“14厘米”，“高度”为“9厘米”，如图2-91所示。

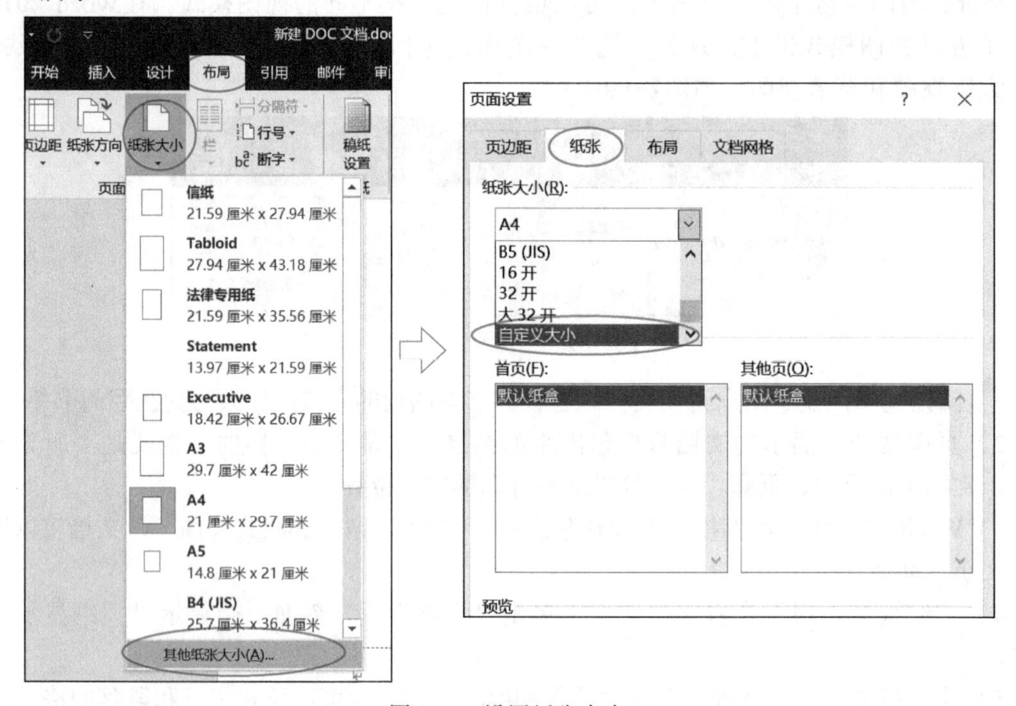

图2-91　设置纸张大小

3）设置页边距。单击“布局”选项卡，选择“页边距”，单击“自定义页边距”，将上、下、左、右边距均设置为1厘米，如图2-92所示。

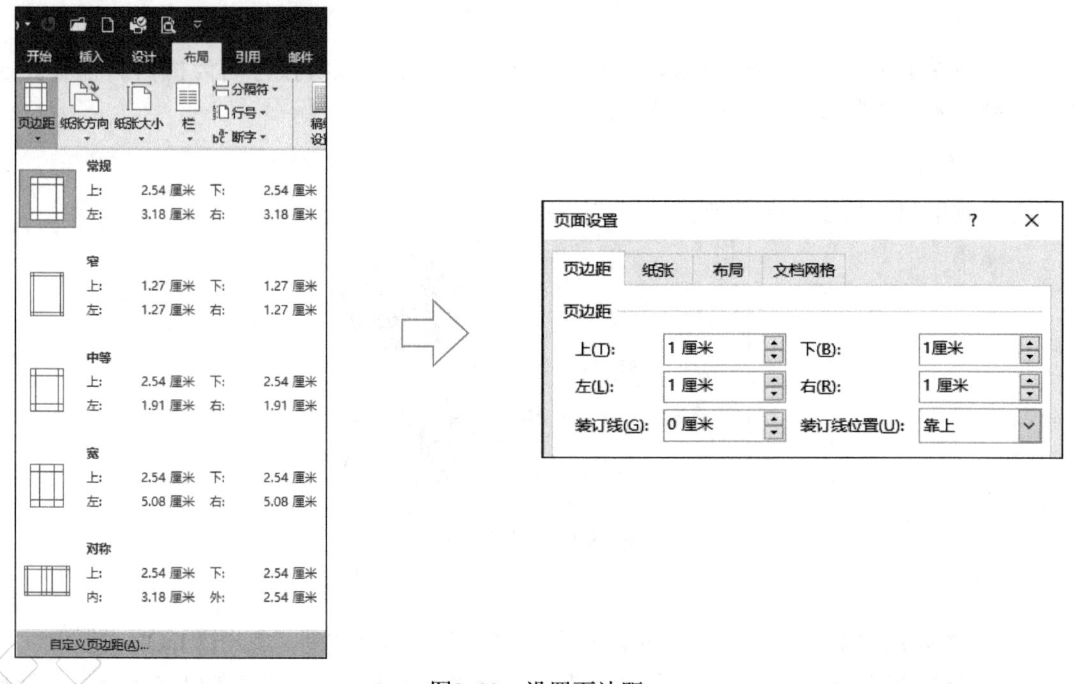

图2-92　设置页边距

4）设置纸张方向。单击“布局”选项卡，选择“纸张方向”，选择“横向”，如图2-93所示。

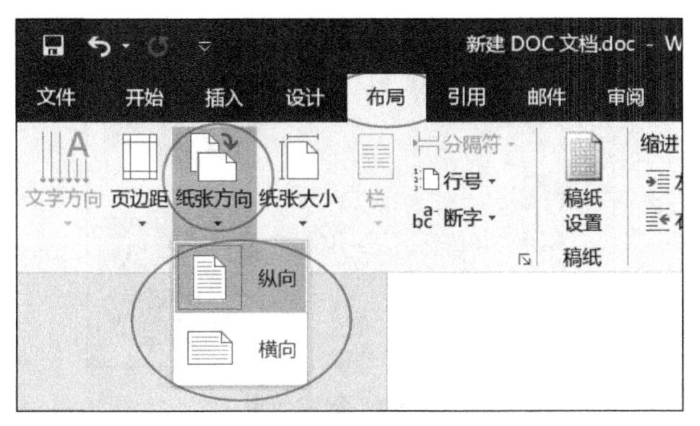

图2-93　设置纸张方向

5）设置页面背景。单击“设计”选项卡→“页面颜色”→“填充效果”→“纹理”→“粉色面巾纸”，如图2-94所示。

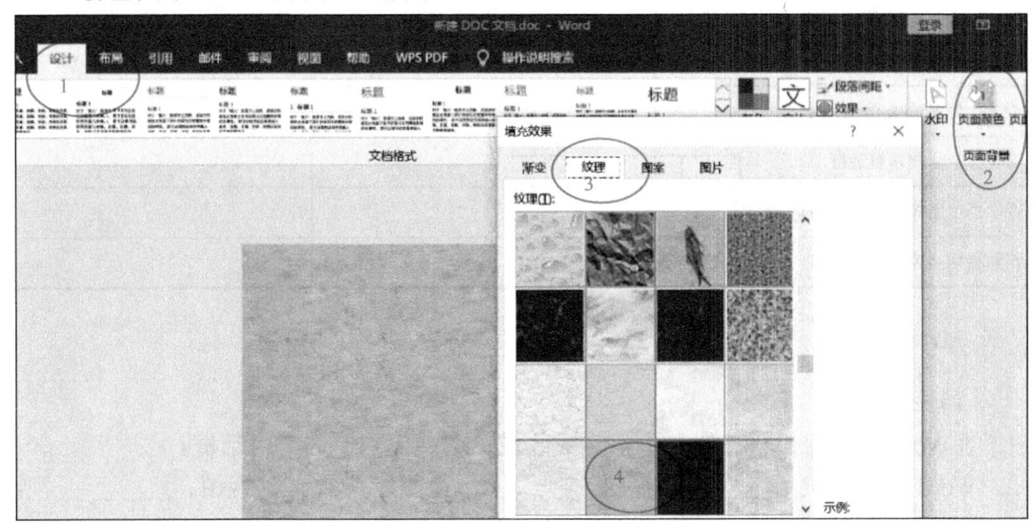

图2-94　设置页面背景

6）插入图片。插入合适的图片，调整图片大小，设置环绕文字方式为“浮于文字上方”。调整图片位置，设置图片边框样式，如图2-95所示（提醒：可与效果图样式不同）。

图2-95　插入图片

7）插入艺术字“健康快乐”，设置形状样式和阴影；插入“文本框”，输入相应文字，设置文本框样式，如图2-96所示。

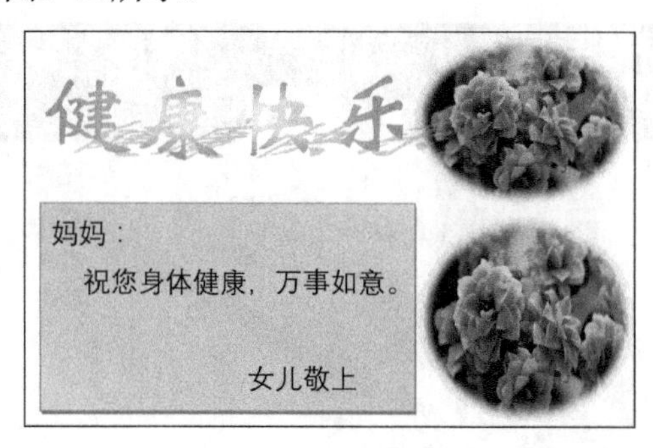

图2-96　贺卡效果

◆　检查评价

评价项目	教师评价	自我评价
是否能熟练设置Word文档尺寸		
是否学会为Word文档设置背景		
是否学会隐藏文本框边框		
是否学会使用Word 2016中的模板制作文档		
能否熟练切换Word视图模式		

◆　竞技擂台

一、填空题

1．在Word 2016窗口状态栏，单击字数区域，会弹出________对话框。

2．Word 2016提供了________视图、________视图、________视图、________视图、________视图五种视图方式。

3．__________视图可以直接看到文档的外观、图形、文字、页眉、页脚、脚注、尾注等，还可以显示出水平标尺和垂直标尺，可以对页眉、页脚进行编辑。

4．________视图以网页的形式来显示文档中的内容。

5．________视图用于显示、修改或创建文档的大纲。

6．__________视图的页面布局最简单，不显示页边距、页眉、页脚、背景、图形和图像。

7．Word 2016中表格的对齐方式有________。

8．Word 2016中，拆分窗口可以使用“视图”选项卡“窗口”功能区中的“________”按钮。

9．在Word 2016中编辑文字应使用“开始”选项卡的“________”选项组。

10．在Word 2016中选择“文件”选项卡的“_________”按钮，可进入打印设置窗口，对当前文档进行打印预览、打印设置及打印操作。

二、选择题

1．在Word 2016编辑状态下，插入图形并选择图形后，界面将自动出现“绘图工具”，插入图片并选择图片后，界面将自动出现“图片工具”，下列说法不正确的是（　　）。

A．在“绘图工具”下“格式”选项卡中有“形状样式”选项组

B．在“绘图工具”下“格式”选项卡中有“文本”选项组

C．在“图片工具”下“格式”选项卡中有“图片样式”选项组

D．在“图片工具”下“格式”选项卡中没有“排列”选项组

2．在Word 2016中，当文档中插入图片对象后，可以通过设置图片的环绕文字方式进行图文混排，下列（　　）不是Word提供的环绕文字方式。

A．四周型　　B．衬于文字下方　　C．嵌入型　　D．左右型

3．在Word 2016编辑状态下，绘制一个图形，首先应该选择（　　）。

A．“插入”选项卡→“图片”按钮

B．“插入”选项卡→“形状”按钮

C．“开始”选项卡→“更改样式”按钮

D．“插入”选项卡→“文本框”按钮

4．在Word 2016中选定图形的方法是（　　），此时出现“绘图工具”的“格式”选项卡。

A．按<F2>键　　B．双击图形　　C．单击图形　　D．按<Shift>键

5．在Word 2016中，如果在有文字的区域绘制图形，则在文字与图形的重叠部分（　　）。

A．文字不可能被覆盖　　B．文字可能被覆盖

C．文字小部分被覆盖　　D．文字部分大部分被覆盖

6．下列关于选择图形的叙述中，不正确的是（　　）。

A．单击图形，只有选中图形后，才能对其进行编辑操作

B．依次单击各个图形，可以选择多个图形

C．按住<Shift>键，依次单击各图形，可以选择多个图形

D．单击“绘图工具”的“选择窗格”按钮，用鼠标拖动，把将要选择的图形包括在内

7．Word 2016中，插入文本框在（　　）选项卡。

A．“开始”　　B．“插入”　　C．“布局”　　D．“引用”

8．Word 2016中，设置图片亮度和对比度在（　　）选项卡。

A．“开始”　　B．“插入”　　C．“布局”　　D．“格式”

9．Word 2016中，设置图片样式在（　　）选项卡。

A．“开始”　　B．“插入”　　C．“布局”　　D．“格式”

10．Word 2016中，设置图片艺术效果在（　　）选项卡。

A．“开始”　　B．“插入”　　C．“布局”　　D．“格式”

三、思考题

1．如何在图片上插入文字？

2．如何修改已插入图片的大小？请简述图片缩放和裁剪的操作方法。

3．如何把图片设置为页面背景？

任务五　制作产品说明书——格式设置与项目编号

◆ 明确任务

出版社需要给教材制作产品说明书，请根据所学的知识制作教材产品说明书，让使用者可以对教材内容一目了然。

◆ 知识准备

一、产品说明书的概述

产品说明书以文体的方式对某产品进行相对的详细表述，使人认识、了解到某产品。其基本特点有真实性、科学性、条理性、通俗性和实用性。

产品说明书制作要实事求是，制作产品说明书时不可为达到某种目的而夸大产品的作用和性能，这是制作产品说明书的职业操守。产品说明书是一种常见的说明文，是生产者向消费者全面、明确地介绍产品名称、用途、性能、原理、构造、规格、使用方法、保养维护、注意事项等内容而写的、准确简明的文字材料。

二、产品说明书的基本结构

产品说明书的结构通常由标题、正文和落款三个部分构成。正文是产品说明书的主体、核心部分。

1．标题

产品说明书的标题通常由产品名称加上文种构成，一般放在产品说明书的第一行，注重视觉效果，有不同的形体设计。

2．正文

正文是产品说明书的主体部分，是介绍产品的特征、性能、使用方法、保养维护、注意事项等内容的核心所在。常见的正文包含以下内容：概述、指标、结构、特点、方法、配套、事项、保养和责任。

3．落款

落款通常写明生产者的名称、地址、电话、邮政编码、E-mail等内容，为消费者进行必要的联系提供方便。

三、封面的制作

方法一：单击“文件”选项卡，选择“新建”。在搜索框中输入“说明书”，联机搜索模板。选中模板，单击“创建”，如图2-97所示。

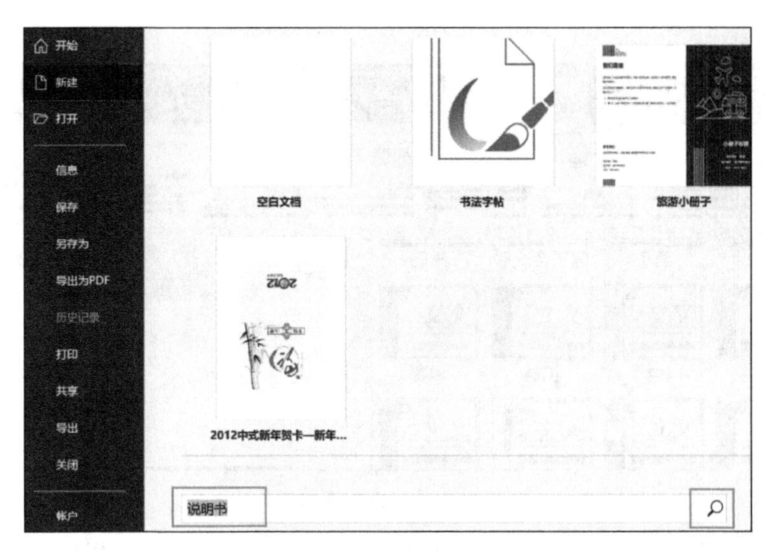

图2-97　使用模板创建封面

方法二：单击“插入”选项卡，选择“封面”，下拉滚动条选择合适的封面，如图2-98所示。

图2-98　插入封面

四、主题、页面背景、形状的使用

设置页面样式除了使用模板，还可以使用主题和页面背景。页面中可通过插入图形来构建页面效果。

1. 设置主题

打开“设计”选项卡，单击“主题”，选择合适的主题，选择合适的“文档格式”，如图2-99所示。

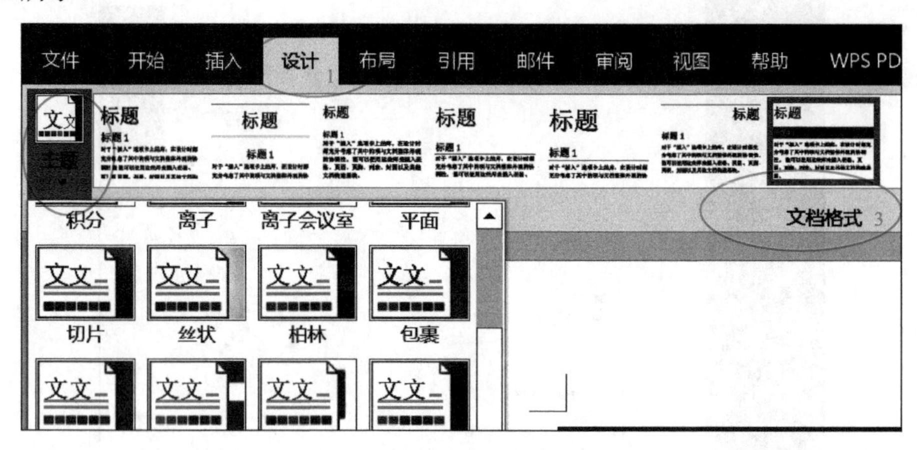

图2-99　设置主题

虽然插入的文字和图表基本一样，但由于使用的主题和文档格式不同，表现出的效果也迥异。很多时候，只需要选择合适的主题和文档格式就可以设置需要的效果，如图2-100所示。

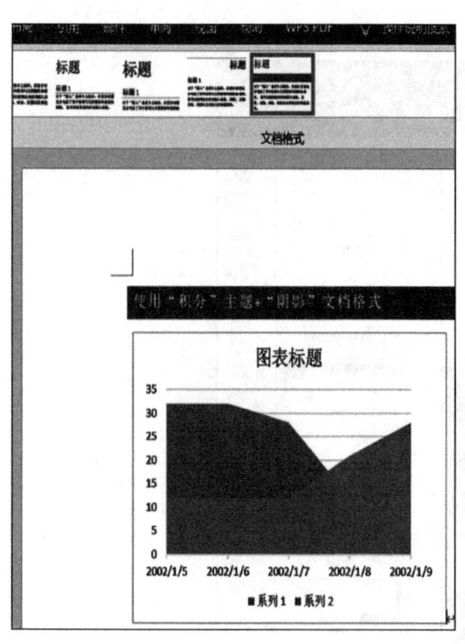

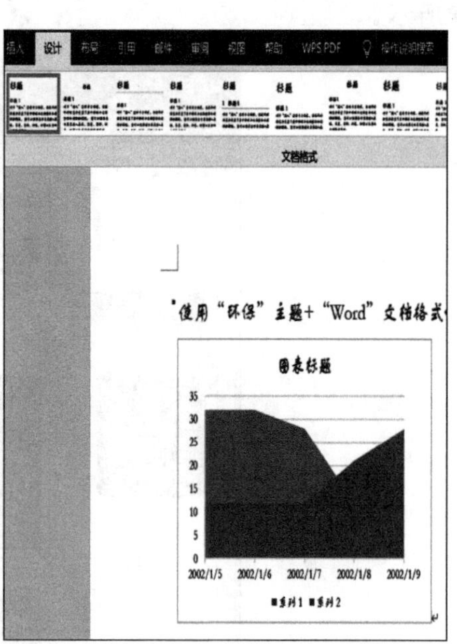

图2-100　不同主题和文档格式的比较

2. 设置页面背景

页面可以选择颜色作为背景，也可以使用图像，如图2-101所示。

图2-101　设置页面背景

单击“设计”选项卡→“页面颜色”→“填充效果”，可使用“渐变”“纹理”“图案”“图片”作为背景的使用效果，根据需要进行选择使用即可。

双色渐变填充效果，如图2-102所示。

图2-102　双色渐变填充效果

纹理填充效果，如图2-103所示。

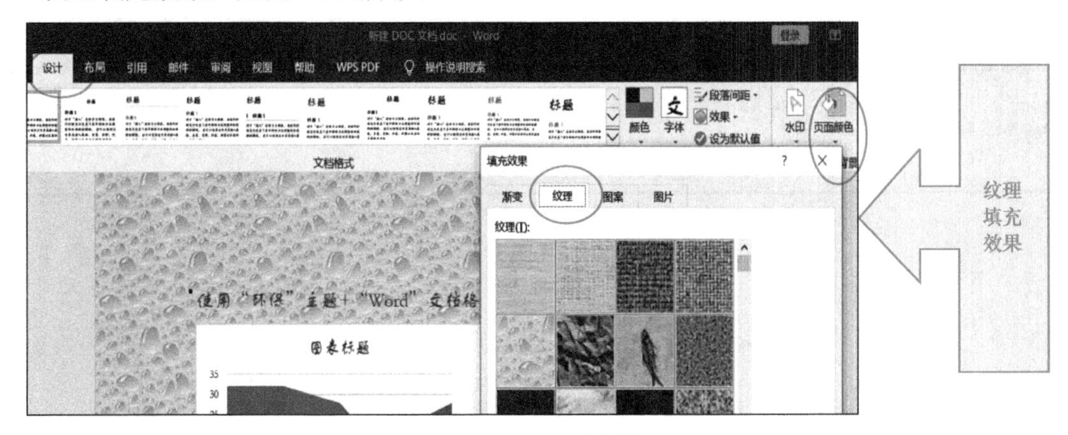

图2-103　纹理填充效果

图案填充效果，如图2-104所示。

图片填充效果，如图2-105所示。

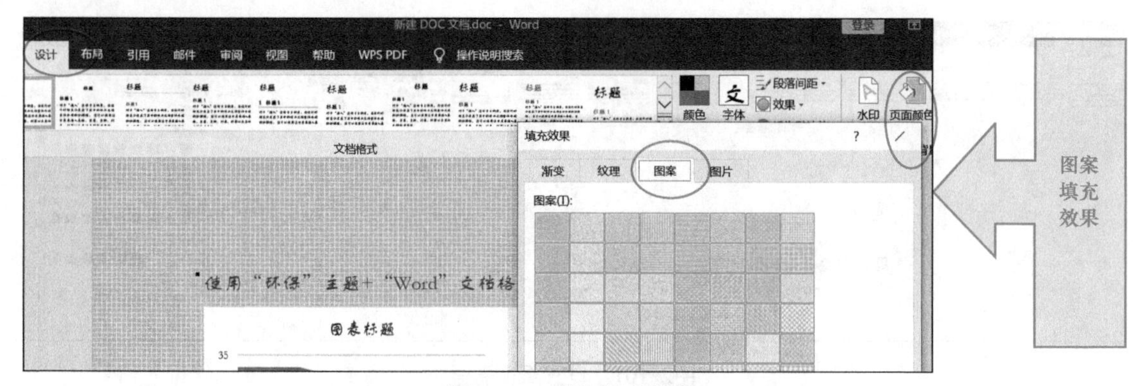

图2-104　图案填充效果

图2-105　图片填充效果

3. 形状的使用

“插入”选项卡的“形状”的使用十分普遍和广泛，“形状”里面都是常用图形。单击“插入”→“形状”可制作组合图形，如图2-106所示。

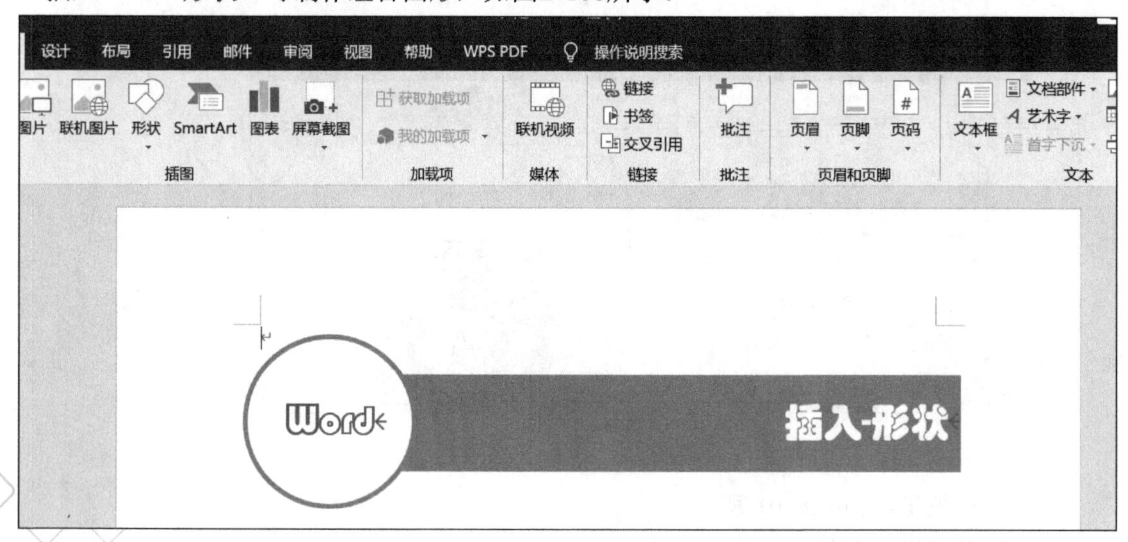

图2-106　组合图形

组合图形的制作步骤

1）绘制长方形。单击“插入”选项卡→“形状”→“矩形”，绘制长方形，如图2-107所示。

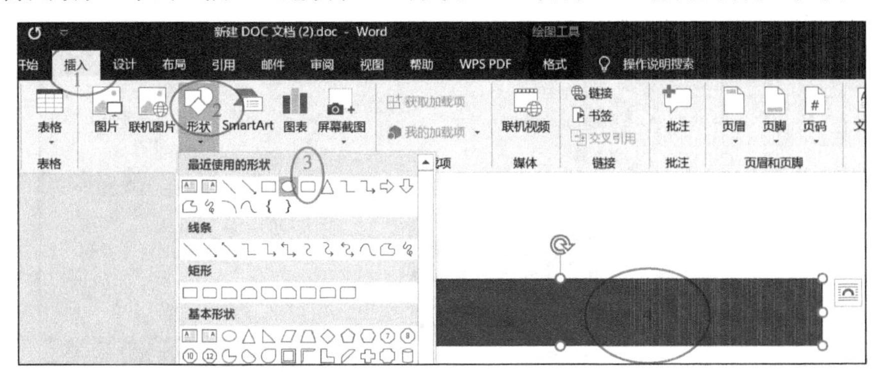

图2-107　绘制长方形

2）设置长方形形状样式。选中长方形，单击“格式”选项卡，选择“形状样式”，如图2-108所示。

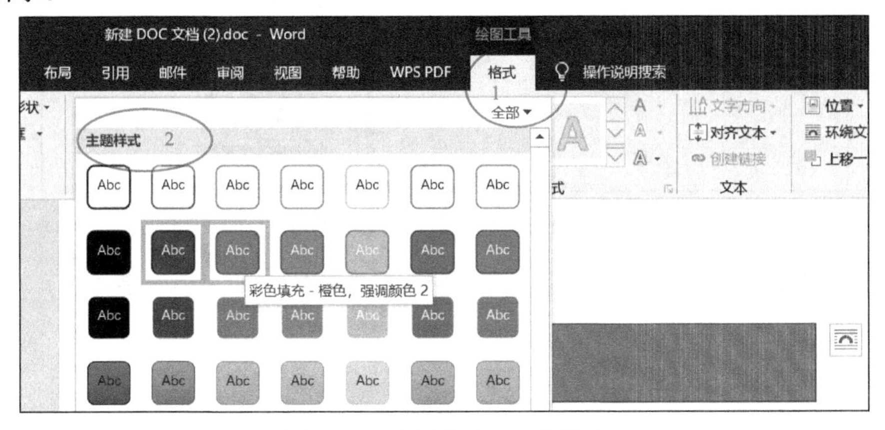

图2-108　设置长方形形状样式

3）绘制圆形。单击“插入”选项卡→“形状”→“椭圆形”，按住键盘上的<Shift>键，绘制圆形，如图2-109所示。

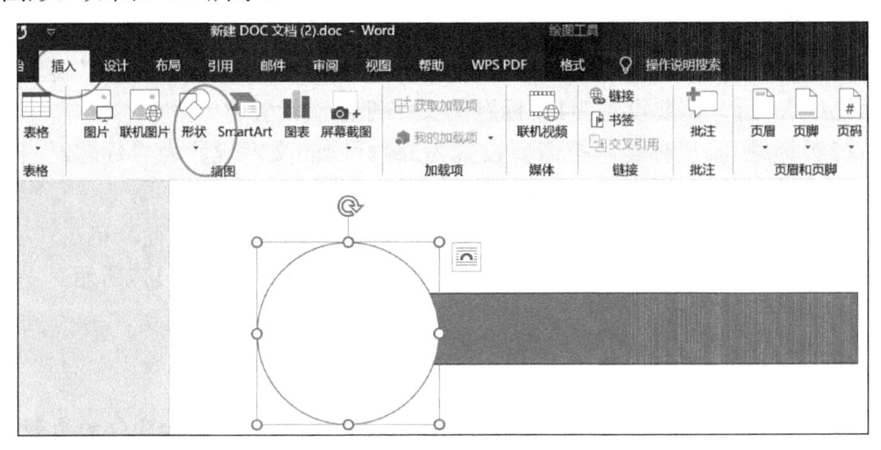

图2-109　绘制圆形

4）设置圆形的边框粗细。选中“圆形”，打开“格式”选项卡，单击“形状轮廓”→“粗细”，选择合适的粗细，如图2-110所示。

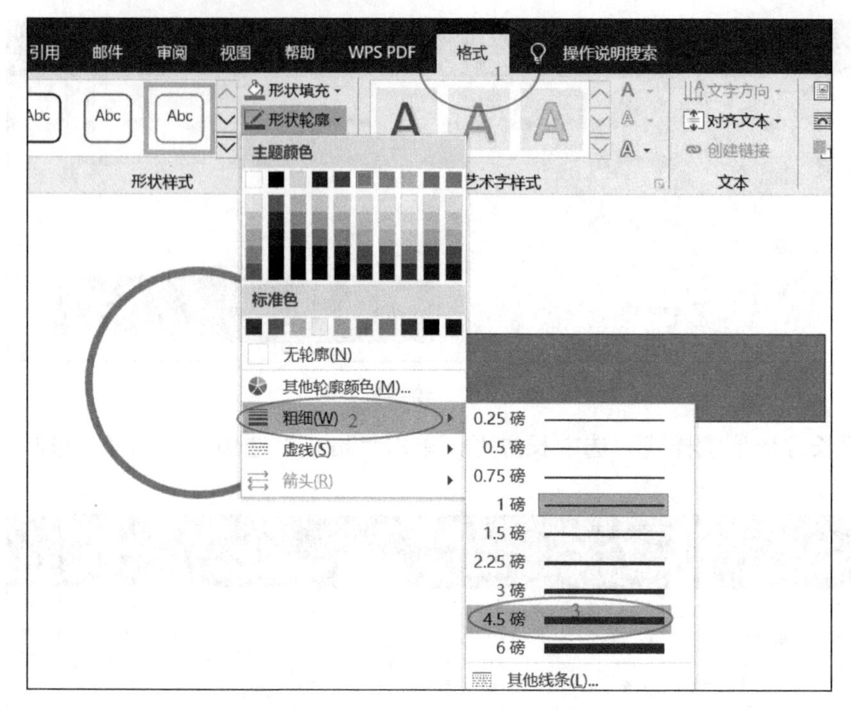

图2-110　设置圆形的边框粗细

5）输入文字。在图形中输入文字，并设置文字的样式（如大小、字体等），就可得到想要的效果。

五、插入目录

1）设置标题样式。打开需要设置目录的Word文件，在“开始”选项卡的样式，查看现有的标题样式是否符合1级标题、2级标题、3级标题的要求。如不符合需要进行设置。

在“开始”选项卡的“样式”选项组中，把鼠标指针移动到“标题1”，单击鼠标右键，选择“修改”，设置样式，单击“保存”，如图2-111所示。

2）设置1级标题。把需要设置为1级标题的文字选中，单击“开始”选项卡→“样式”→“标题1”，所有需要设置为1级标题的文字都依次设置。

3）设置2级标题和3级标题。把需要设置为2级标题的文字设置为“标题2”样式，把所有需要设置为3级标题的文字设置为“标题3”样式。

4）插入目录。在文档首页开头的地方单击，确定目录插入的位置。单击“引用”选项卡→“目录”→“自动目录”或“自定义目录”，生成目录，如图2-112所示。

提示

如文档有修改，可单击“引用”选项卡→“更新目录”，进行目录的更新，不需要重新插入目录。

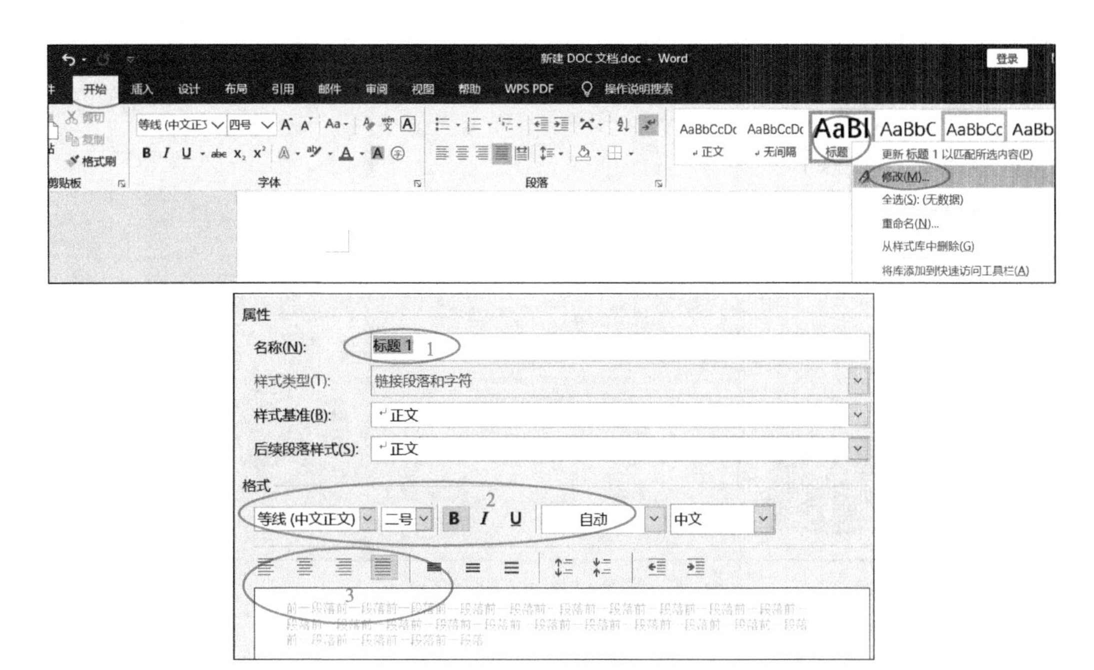

图2-111　设置标题样式

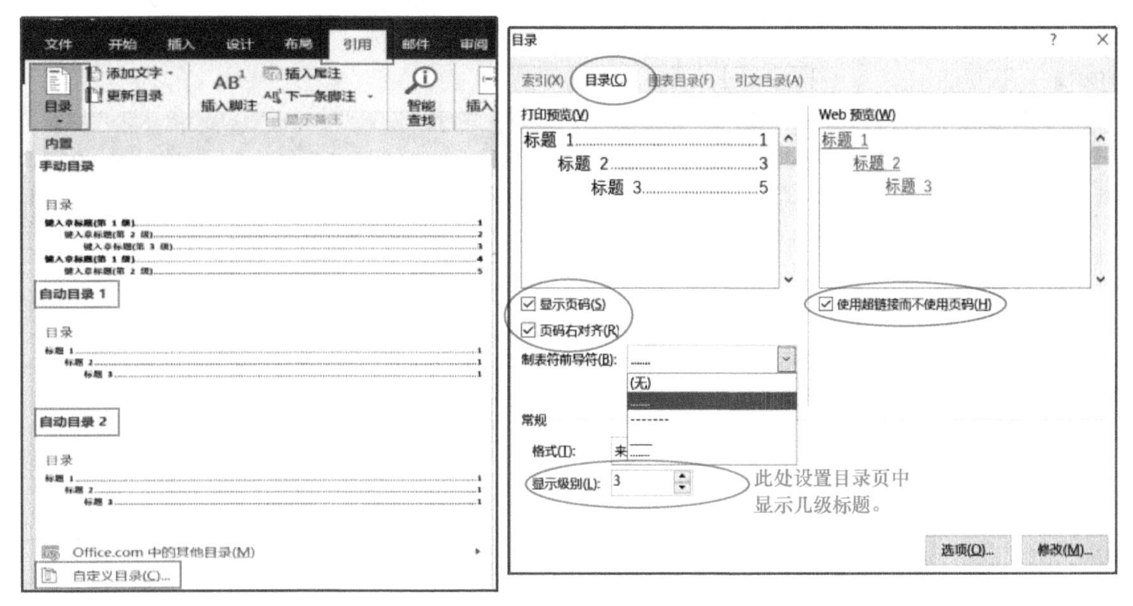

图2-112　插入目录

任务实施

1. 任务要求

制作教材的产品说明书，让使用者对教材内容一目了然。

2. 效果图

教材产品说明书效果图如图2-113所示。

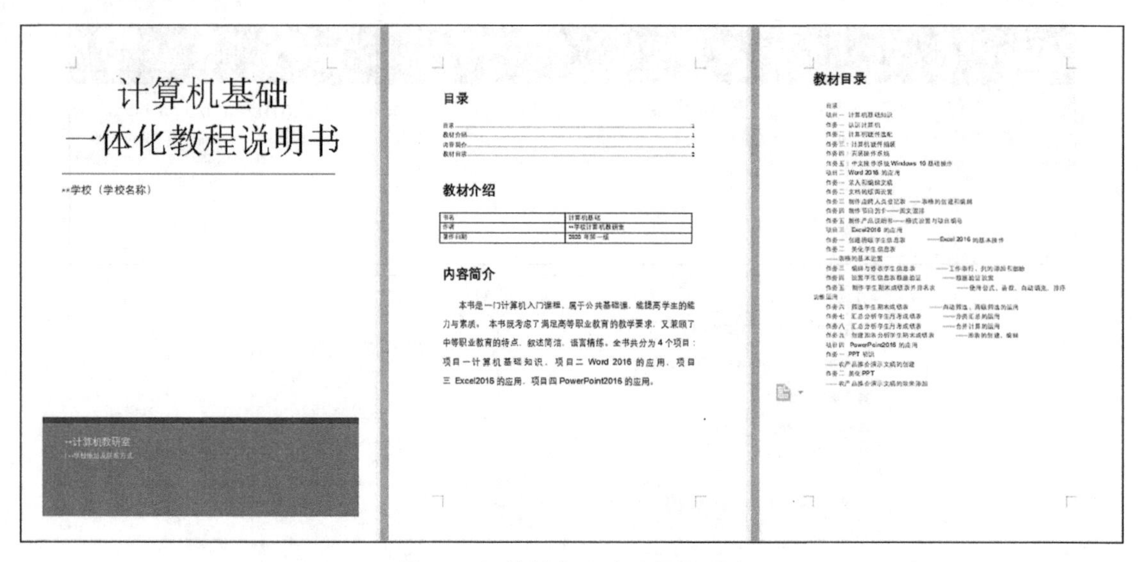

图2-113　教材产品说明书效果图

3．操作步骤

1）新建Word。在桌面空白处，单击鼠标右键→“新建”→“DOC文档”。

2）插入封面。单击“插入”选项卡→“封面”，选择“怀旧”样式，填入相应信息：计算机基础一体化教程说明书、学校名称、教研室名称、学校地址等，如图2-114所示。

图2-114　插入封面

3）在第二页插入“教材介绍”，插入表格，输入相应内容，如图2-115所示。

·教材介绍

书名	计算机基础一体化教程
作者	**学校计算机教研室
著作日期	2020 年第一版

图2-115 教材介绍

4）在第二页插入“内容简介”，如图2-116所示。

·内容简介

本书是一门计算机入门课程，属于公共基础课，能提高学生的能力与素质。 本书既考虑了满足高等职业教育的教学要求，又兼顾了中等职业教育的特点，叙述简洁，语言精练。全书共分为 4 个项目：项目一 计算机基础知识，项目二 Word 2016的应用，项目三 Excel 2016的应用，项目四 PowerPoint 2016的应用。

图2-116 内容简介

5）在第三页插入“教材目录”，如图2-117所示。

·教材目录

目录
项目一 计算机基础知识
任务一 认识计算机
任务二 计算机硬件选配
任务三 计算机硬件组装
任务四 安装操作系统
任务五 中文操作系统 Windows 10 的基础操作
项目二 Word 2016 的应用
任务一 录入和编辑文稿
任务二 文档的版面设置
任务三 制作应聘人员登记表——表格的创建和编辑
任务四 制作节日贺卡——图文混排
任务五 制作产品说明书——格式设置与项目编号
项目三 Excel 2016的应用
任务一 创建班级学生信息表 ——Excel 2016 的基本操作
任务二 美化学生信息表
——表格的基本设置
任务三 编辑与修改学生信息表 ——工作表行、列的添加和删除
任务四 设置学生信息表数据验证 ——数据验证设置
任务五 制作学生期末成绩表并排名次 ——公式、函数、自动填充、排序功能的运用
任务六 筛选学生期末成绩表 ——自动筛选、高级筛选的运用
任务七 汇总分析学生月考成绩表 ——分类汇总的运用
任务八 汇总分析学生月考成绩表 ——合并计算的运用
任务九 创建图表分析学生期末成绩表 ——图表的创建、编辑
项目四 PowerPoint 2016的应用
任务一 PPT 初识
——农产品推介演示文稿的创建
任务二 美化 PPT
——农产品推介演示文稿的效果添加

图2-117 教材目录

6）设置“教材介绍”“内容简介”“教材目录”的标题样式。按住<Ctrl>键，分别选中“教材介绍”“内容简介”“教材目录”，单击“开始”选项卡→“样式”→“标题1”，如图2-118所示。

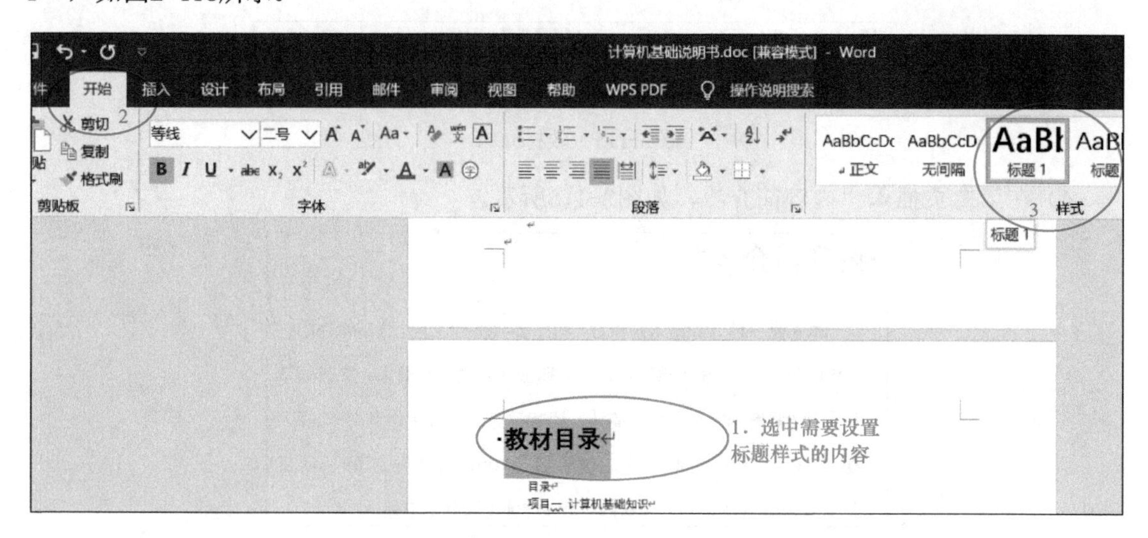

图2-118　设置标题样式

7）插入目录。在第二页的开头，输入“目录”，设置为“标题1”样式按<Enter>键换行，单击“引用”选项卡→“目录”→“自定义目录”，将“显示级别”设置为“1”，如图2-119所示。

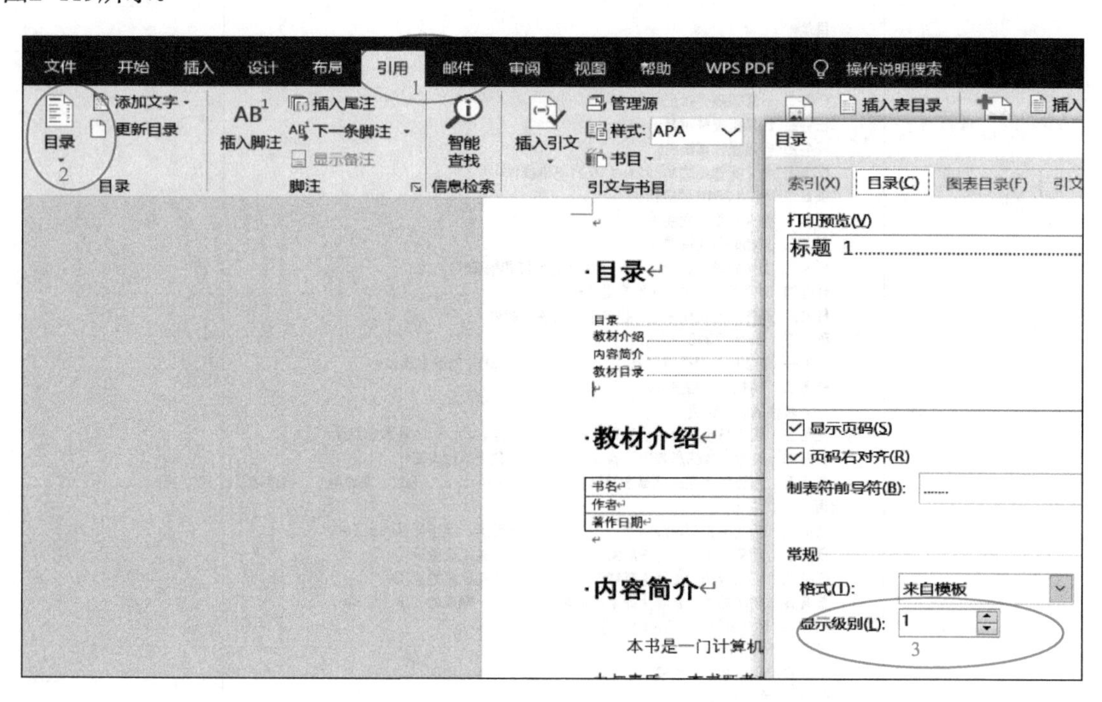

图2-119　插入目录

8）保存，完成。

◆ 检查评价

评价项目	教师评价	自我评价
是否能熟练为Word文档插入封面		
是否能熟练为Word文档设置主题、页面背景		
是否能熟练为Word设置页眉、页脚		
是否学会为Word文档插入目录		

◆ 竞技擂台

一、填空题

1．Word 2016中，设置页面主题，是在________选项卡。
2．Word 2016中，设置页面背景颜色，是在________选项卡。
3．Word 2016中，设置页面背景图片，是在________选项卡。
4．Word 2016中，插入图形，是在________选项卡。
5．Word 2016中，插入目录，是在________选项卡。
6．Word 2016中，更新目录，是在________选项卡。
7．Word 2016中，插入页眉和页脚，是在________选项卡。
8．Word 2016中，关闭页眉和页脚，是在________选项卡。
9．Word 2016中，插入封面，是在________选项卡。
10．Word 2016中，修改统一的标题样式，是在________选项卡。

二、选择题

1．在Word文档中直接绘制的图形，不能进行的操作是（　　）。
A．剪裁操作　　B．移动和复制　　C．放大和缩小　　D．删除
2．“格式刷”可以用来刷（　　）格式。
A．字符和段落　　B．字符和页面
C．页面　　D．图形
3．在“页面设置”对话框中，可以设置（　　）。
A．页边距　　B．纸张方向　　C．纸张大小　　D．以上都可以
4．Word 2016中的“模板”是针对（　　）的格式设置。
A．段落　　B．页　　C．节　　D．整篇文档
5．Word 2016中的“样式”是针对（　　）的格式设置。
A．段落和字符　　B．页　　C．节　　D．整篇文档
6．Word 2016具有分栏功能，下列关于分栏的说法正确的是（　　）。
A．最多可以分4栏　　B．各栏的宽度必须相同
C．各栏的宽度可以不同　　D．各栏之间的间距是固定的
7．若需在段落前加上某种符号以标识段落，只需单击格式工具栏上的（　　）按钮。
A．项目编号　　B．项目符号　　C．段落符号　　D．段落编号

8．段落格式一次只能对（　　）进行操作。

A．一段　　B．选定的若干段

C．一页中所有的段　　D．一节中所有的段

9．在Word 2016中不能进行的操作是（　　）。

A．查找和替换带格式的文本　　B．查找和替换文本中的格式

C．查找图形对象　　D．用通配符进行查找和替换

10．在Word 2016中，可以使用鼠标拖动来选定任意长度的文本，但当选择的文本较长时，可先用鼠标在文本开始处单击，再将文本滚动到结尾处，按下（　　）键，单击鼠标。

A．<Shift>　　B．<Ctrl>　　C．<Alt>　　D．<Tab>

三、思考题

1．在Word 2016中，如何把页面背景设置为渐变色？

2．在Word 2016中，如何设置主题？

3．在Word 2016中，如何插入封面？

项目三 Excel 2016的应用

Excel 2016是Office 2016的基本组件之一，主要功能包括数据处理以及对数据进行计算、分析、图表化等。熟练使用Excel进行办公，已成为工作中必备的技能。本项目主要从Excel的基本操作出发，通过实例运用，有效地提高学习效率。Excel 2016的图标如图3-1所示。

图3-1 Excel 2016的图标

学习目标

1）掌握表格文本的编辑。

2）掌握表格样式的设置。

3）能够插入、编辑图表。

4）掌握公式函数的运用。

Excel 2016工作界面

Excel 2016的工作界面主要由标题栏、选项卡、选项组等部分组成，如图3-2所示。

- 标题栏 显示工作簿名称及文档类型。
- 选项卡 显示Excel 2016主要功能选项。
- 选项组 显示各选项卡下细化功能组件。
- 工作表标签 显示当前工作簿包含的工作表名称及数量，使用鼠标左键单击可以实现不同工作表间切换。
- 缩放 调整滚动条实现界面大小缩放。

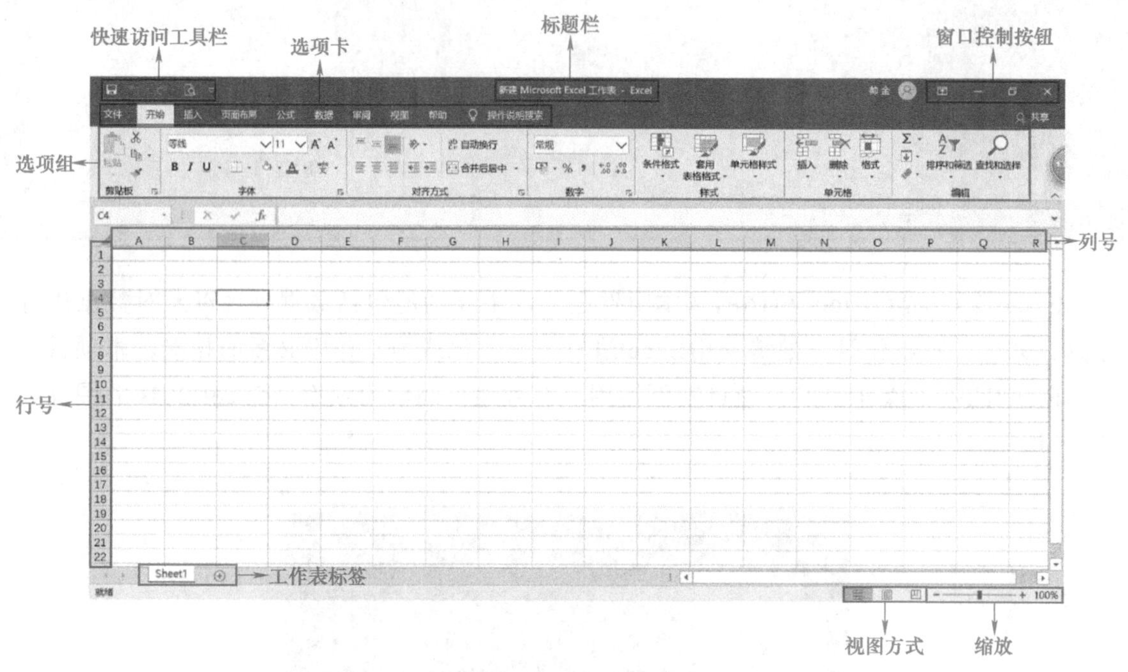

图3-2 Excel 2016工作界面

任务一 创建班级学生信息表
——Excel 2016的基本操作

学生在入学的时候，各班级都要统计学生的基本信息，使用Excel创建班级学生信息表，可以实现快速创建、快速编辑、直观显示等功能，极大地提高了工作效率。

◆ 明确任务

学校有新生入学，作为学生会干部的你，要用Excel制作一份学生信息表，方便了解学生基本信息。

◆ 知识准备

工作簿是所有数据的储存载体，是学习与运用Excel的平台，因此学习Excel首先要学习工作簿、工作表的创建方法以及Excel中文本的输入与编辑。

- 工作簿　工作簿是在Excel中用来存储并处理数据的文件，其扩展名是. xlsx。
- 工作表　工作表是用于存储和处理数据的表格页，它构成了工作簿文件，在一个工作簿文件中可以有多个工作表，系统默认一个工作簿中有3个工作表。
- 单元格　行与列交叉形成的方格称为单元格，表中每个单元格都有一个唯一的名称，称为单元格地址。单元格地址由单元格所在的列号和行号共同命名。例如，A1表示的是处于A列第1行的单元格。

一、新建工作簿

Excel与Word类似，可以通过单击“开始”菜单目录下的Excel图标，启动并新建工作簿。也可通过鼠标右击桌面空白处新建工作簿。启动Excel后，在“文件”选项卡下选择“新建”，可新建空白工作簿。

二、保存工作簿

与Word类似，在编辑Excel的时候，要时常单击左上角“保存”按钮，防止数据丢失。对于修改Excel数据同时想保留初始数据的情况下，可以通过“文件”选项卡下的“另存为”来实现。

三、输入数据

输入数据的操作步骤见表3-1。

表3-1 输入数据的操作步骤

数据类型	操作步骤
文本	选择单元格后直接输入，默认为左对齐
一般数字	与输入文本操作相同，默认为右对齐
负数	直接在数字前面输入“–”或者给数字添加圆括号“（）”
分数	输入“0”和空格再输入分数，或者转换为文本格式可直接输入
长数字	最多显示11位数字，更多位数字以科学计数法的形式显示
以文本格式输入数字	输入法在英文格式下输入“’”和数字

◆ 任务实施

1．新建学生信息表工作簿

鼠标定位到桌面空白处，单击鼠标右键，选择“新建”，选择“Microsoft Excel工作表”，并将其命名为“学生信息表”，如图3-3所示。

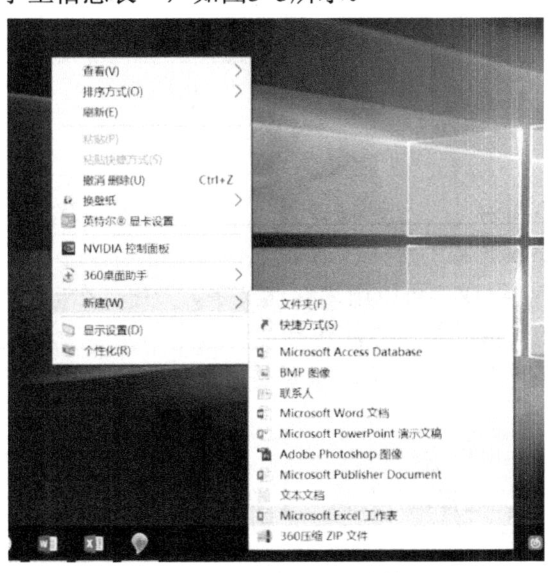

图3-3 新建Excel工作簿

提示

新建工作簿的方式有很多，双击桌面或单击桌面中的Excel图标也可以打开一个全新的工作簿，此外在开始菜单中也可以找到Excel图标。

2. 输入文本

与Word不同，Excel中文本是输入到每个单元格中的，只要鼠标定位到单元格即可输入，内容应当分散到各单元格中，形成表格形式，方便审阅与修改。

鼠标左键双击新建的Excel工作簿将其打开，并在Sheet1工作表中A1:J15位置输入以下文本，如图3-4所示。

	A	B	C	D	E	F	G	H	I	J
1	姓名	性别	民族	联系电话	户口性质	学习专业名称	班级	专业级别	学制	学号
2	宁国皓	男	汉族	17865396272	城市	旅游服务与管理	19327	中级	三年	1932704
3	姬林	男	汉族	17686977290	农村	旅游服务与管理	19327	中级	三年	1932705
4	王乾任	男	汉族	19853913788	城市	旅游服务与管理	19327	中级	三年	1932706
5	张传雨	女	汉族	17862234161	农村	旅游服务与管理	19327	中级	三年	1932707
6	张浩然	女	汉族	15725996602	农村	旅游服务与管理	19327	中级	三年	1932708
7	王馨萍	女	汉族	15689571952	农村	旅游服务与管理	19327	中级	三年	1932716
8	高纲吉	男	汉族	15264981181	县镇	旅游服务与管理	19327	中级	三年	1932717
9	姜旭	男	汉族	18254926657	农村	现代物流	19328	中级	三年	1932801
10	王忠诚	男	汉族	15910185367	农村	现代物流	19328	中级	三年	1932816
11	李依林	男	汉族	18306583021	城市	现代物流	19328	中级	三年	1932817
12	王浩琪	男	汉族	18369327567	农村	现代物流	19328	中级	三年	1932818
13	高娣	女	汉族	13053919861	县镇	现代物流	19328	中级	三年	1932820
14	相梦飞	女	汉族	18765497169	农村	现代物流	19328	中级	三年	1932821
15	宋春雨	女	汉族	15253975137	农村	现代物流	19328	中级	三年	1932822
16										

图3-4 数据输入参照图

◆ 检查评价

评价项目	教师评价	自我评价
表格内容是否完整，数据类型是否输入正确		
表格格式是否美观		

◆ 竞技擂台

一、填空题

1. Excel工作界面主要由________、________、________等部分组成。

2. 调整Excel界面缩放的常用方法包括________、________、________。

3. 工作表由________组成，可以用来存储文字、数字、公式等数据。

4. 在Excel中新建工作簿的常用方法包括________、________、________。

5. ________是Excel中的最小单位，主要是由交叉的行与列组成，其名称是通过行号与列号来显示的。

6. Excel中，翻页操作可以通过按________和________快捷键的方式实现。

7. 快速隐藏行需要首先选择该行任意一个单元格，并按下________快捷键，快速隐藏列则需要按下________快捷键。

8. 在Excel中，想要设置工作簿的最终版本需要通过________功能来实现。

二、选择题

1．通常在单元格填充公式时，可使用“填充”命令中的（　　）选项。

A．“成组工作表”　　B．“向上”

C．“系列”　　D．“两端对齐”

2．在Excel 2016中选择相邻的工作表时可以使用（　　）键，选择不相邻的工作表可以使用（　　）键。

A．<Shift>　　B．<Alt>　　C．<Ctrl>　　D．<Enter>

3．工作表的视图方式主要包括普通、页面布局与（　　）三种视图模式。

A．分页预览　　B．全屏显示　　C．缩略图　　D．文档结构图

4．用户可以使用（　　）快捷键，快速打开“另存为”对话框。

A．<Alt+S>　　B．<Ctrl+S>　　C．<F12>　　D．<F4>

5．Excel中，日期格式与分数格式一致，所以在输入分数时通常需要提前输入（　　）。

A．“–”号　　B．“/”号　　C．0　　D．00

6．Excel中，时间默认为24小时制，因此在输入12小时制的日期和时间时，可以在时间后面添加一个（　　）并输入表示上午的AM与表示下午的PM的字符串。

A．表示时间的：　　B．表示分隔的“”

C．空格　　D．任意符号

三、思考题

1．在Excel中如何输入身份证号？

2．在Excel中如何隐藏工作表的行和列？

3．通过对Word的学习，谈谈根据本节内容如何学习Excel。

任务二　美化学生信息表
——表格的基本设置

学生信息表的美化主要包括字体格式的设置、对齐方式的设置、边框和底纹的设置，通过“开始”选项卡下“字体”以及“段落”选项组中的功能进行设置。设置后的表格不再是简单的表格与文本的叠加，表格内容会出现区分，外观更加美观。

◆ 明确任务

创建完学生信息表后，表格不够美观，请尝试美化学生信息表。

◆ 知识准备

一、设置文本格式

在“开始”选项卡下“字体”选项组中可设置字体格式，包括字体样式、字号、加粗、倾斜、下划线、边框、字体颜色等。

二、设置对齐方式

对齐方式在Word中属于一种段落格式，在Excel中则有一个独立的“对齐方式”选项组，可以设置垂直和水平方向的对齐方式，此外还有自动换行和合并单元格等功能。

三、选择表格数据

1. 选择单个单元格

鼠标左键单击任意一个单元格可以将其选中；选中单元格后或者编辑完单元格内容后按<Enter>键可以跳到下方单元格；使用键盘的方向键可以实现上下左右四个方向单元格的选择。

2. 选择连续的单元格区域

选中一个单元格后按住鼠标左键不放并拖动，可以选择一个相邻的单元格区域。或者先单击要选择连续区域的左上角单元格，然后按着<Shift>键，单击连续区域对角线右下角的单元格。

3. 选择不相邻的单元格区域

选中一个单元格区域后按住<Ctrl>键不放，鼠标左键可以继续选择其他不相邻单元格区域。

4. 选择页面无法显示全的数据

选择A1:J130区域。

选中单元格A1，按住<Shift>键不放，单击J130单元格，此时就选中了表中的数据区域，如图3-5所示。

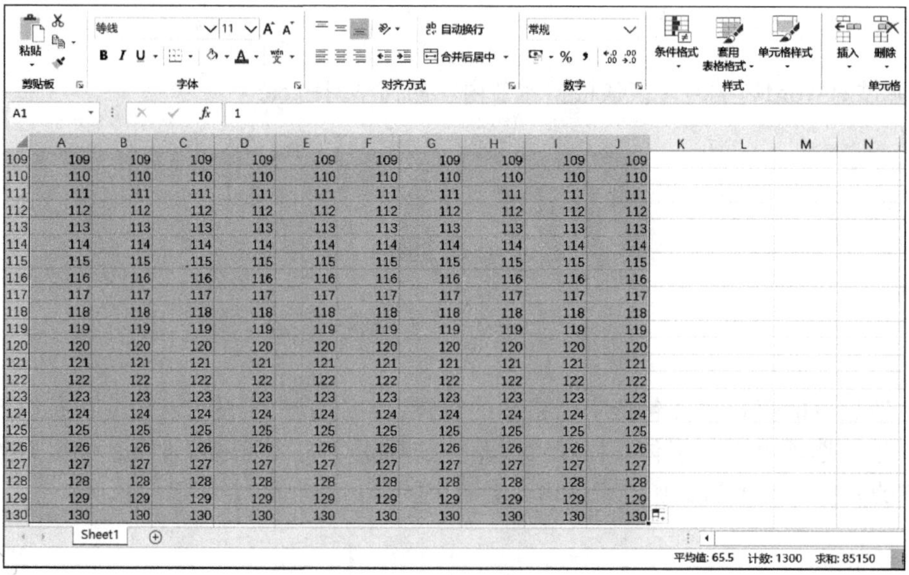

图3-5　选择A1:J130区域

任务实施

1. 设置字体格式

字体格式设置与Word基本一样，主要通过“开始”选项卡下“字体”选项组中的功能进行设置，包括字形、字号、加粗、倾斜、颜色等内容。

1）鼠标定位到学生信息表带数据的表格任意位置，使用<Ctrl+A>快捷键全选文本，在“字体”选项卡下设置字体效果为“宋体”，字号为“12号”，如图3-6所示。

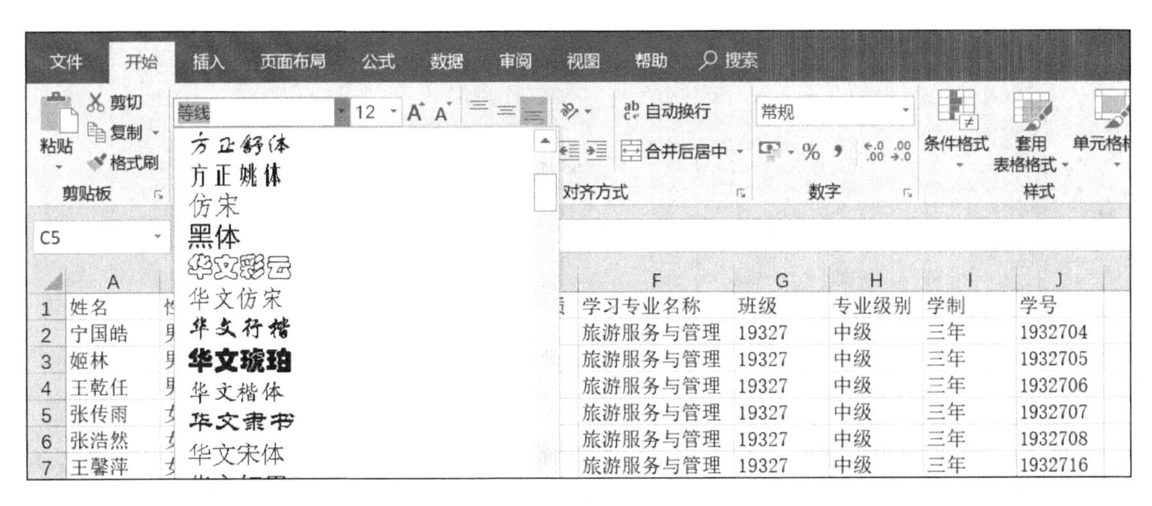

图3-6 设置字体

2）选择A1单元格，按住鼠标左键不放拖动至J1单元格，从而选中A1:J1单元格区域，设置其字号为“14号”并加粗，如图3-7所示。

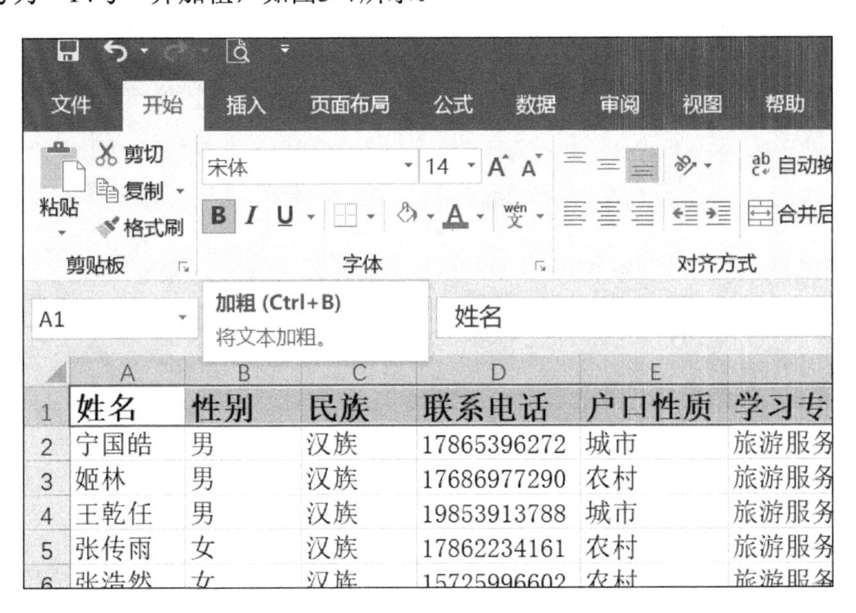

图3-7 选中待设置样式的文本

3）选择F2:F15单元格，在“字体”选项卡下将文字变为“倾斜”，如图3-8所示。

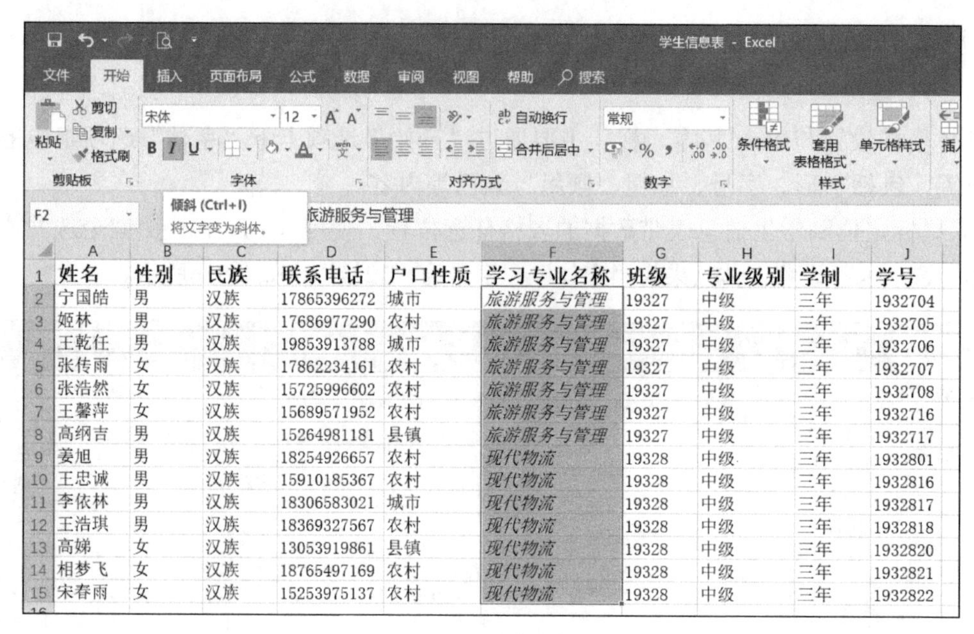

	A	B	C	D	E	F	G	H	I	J
1	姓名	性别	民族	联系电话	户口性质	学习专业名称	班级	专业级别	学制	学号
2	宁国皓	男	汉族	17865396272	城市	旅游服务与管理	19327	中级	三年	1932704
3	姬林	男	汉族	17686977290	农村	旅游服务与管理	19327	中级	三年	1932705
4	王乾任	男	汉族	19853913788	城市	旅游服务与管理	19327	中级	三年	1932706
5	张传雨	女	汉族	17862234161	农村	旅游服务与管理	19327	中级	三年	1932707
6	张浩然	女	汉族	15725996602	农村	旅游服务与管理	19327	中级	三年	1932708
7	王馨萍	女	汉族	15689571952	农村	旅游服务与管理	19327	中级	三年	1932716
8	高纲吉	男	汉族	15264981181	县镇	旅游服务与管理	19327	中级	三年	1932717
9	姜旭	男	汉族	18254926657	农村	现代物流	19328	中级	三年	1932801
10	王忠诚	男	汉族	15910185367	农村	现代物流	19328	中级	三年	1932816
11	李依林	男	汉族	18306583021	城市	现代物流	19328	中级	三年	1932817
12	王浩琪	男	汉族	18369327567	农村	现代物流	19328	中级	三年	1932818
13	高娣	女	汉族	13053919861	县镇	现代物流	19328	中级	三年	1932820
14	相梦飞	女	汉族	18765497169	农村	现代物流	19328	中级	三年	1932821
15	宋春雨	女	汉族	15253975137	农村	现代物流	19328	中级	三年	1932822

图3-8　设置倾斜样式

2. 设置对齐方式

设置Excel的对齐方式时，需要注意“自动换行”功能和“合并后居中”功能。“自动换行”功能用于多行显示超长文本，方便查看所有内容；“合并后居中”功能用于将多个单元格合并成一个较大的单元格，合并后的内容居中显示，多用于设置表格标题。

1）鼠标定位到工作表中任意文本，使用<Ctrl+A>快捷键全选文本，在“对齐方式”选项组中设置文本对齐方式为“垂直居中”和“居中”，如图3-9所示。

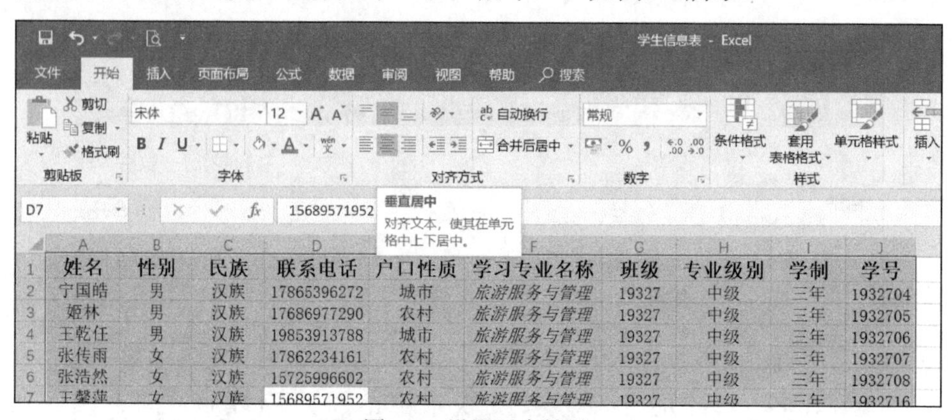

	A	B	C	D	E	F	G	H	I	J
1	姓名	性别	民族	联系电话	户口性质	学习专业名称	班级	专业级别	学制	学号
2	宁国皓	男	汉族	17865396272	城市	旅游服务与管理	19327	中级	三年	1932704
3	姬林	男	汉族	17686977290	农村	旅游服务与管理	19327	中级	三年	1932705
4	王乾任	男	汉族	19853913788	城市	旅游服务与管理	19327	中级	三年	1932706
5	张传雨	女	汉族	17862234161	农村	旅游服务与管理	19327	中级	三年	1932707
6	张浩然	女	汉族	15725996602	农村	旅游服务与管理	19327	中级	三年	1932708
7	王馨萍	女	汉族	15689571952	农村	旅游服务与管理	19327	中级	三年	1932716

图3-9　设置居中效果

2）选择E2:E15单元格，设置其对齐方式为“左对齐”。

3. 添加边框和底纹

Excel打开之后单元格的边框是虚线，打印后是不会显示出来的，因此需要给单元格加上边框。在“字体”选项组下也有“边框”功能可用于设置边框格式。

给单元格设置底纹主要起到突出强调的效果，底纹实质上是一种填充效果的设置，以单元格为单位进行填充。

1）鼠标定位到工作表中任意文本，使用<Ctrl+A>快捷键全选文本，在“字体”选项组下单击“边框”，在下拉菜单中选择“所有框线”，如图3-10所示。

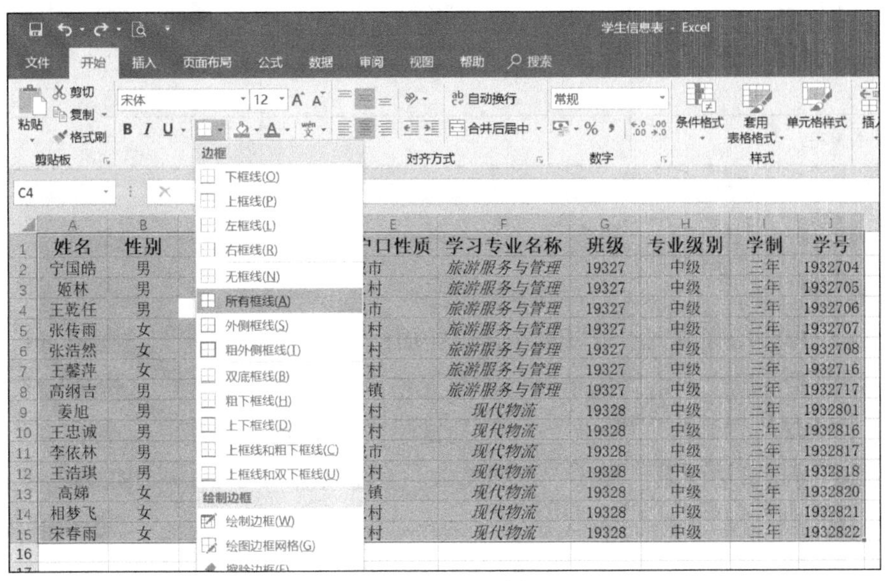

图3-10　设置边框

2）选择A1:J1单元格区域，在“字体”选项组下选择“填充颜色”，在打开的下拉列表中选择“绿色”，如图3-11所示。

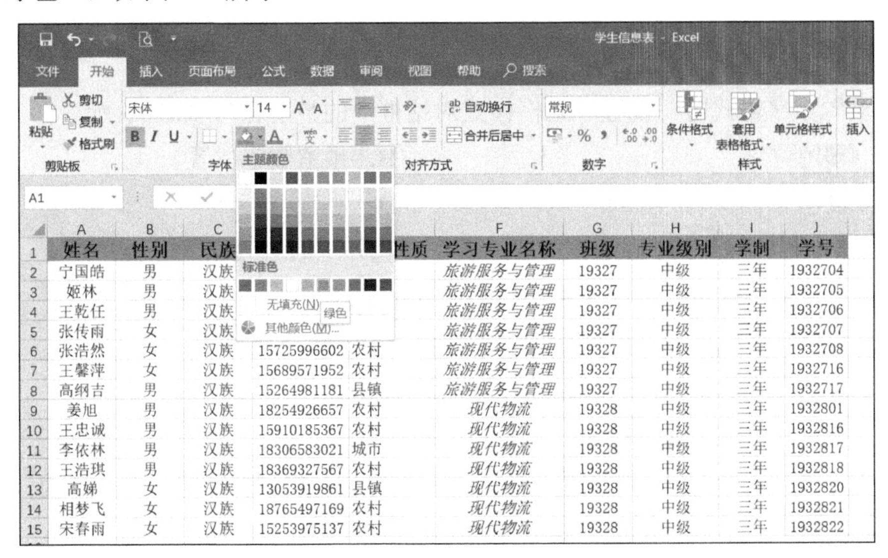

图3-11　设置填充颜色

提示

在操作的过程中时常单击窗口左上角的“保存”按钮，及时保存更新数据，防止软件崩溃造成数据丢失。

◆ 检查评价

评价项目	教师评价	自我评价
学生信息表文件内容是否完整，数据输入是否正确		
表格格式是否美观		

◆ 竞技擂台

一、填空题

1．在Excel中突出强调文本可以对字体进行加粗、________和________三种设置。

2．选择需要设置文本格式的单元格或单元格区域，按__________快捷键设置加粗，按________快捷键设置倾斜，按________快捷键添加下划线。

3．在颜色对话框中的颜色模式下拉列表中，主要包括________与HSL颜色模式。

4．通常情况下工作表中的文本对齐方式为左对齐，数字为________，逻辑值和错误值为________。

5．Excel为用户提供了浅色、________与________三种类型表格格式。

6．在设置文本格式时，按_________或_________可快速显示设置单元格格式对话框的“字体”选项。

二、选择题

1．在设置数字格式时，设置单元格格式对话框中的数字符号“0”表示（　　）。

A．预留位置　　B．预留数字位置

C．数字　　D．小数

2．Excel为用户提供了13种边框样式，其中“粗外框线”表示（　　）。

A．为单元格或单元格区域添加较粗的底部框线

B．为单元格或单元格区域添加上部框线和较粗的下框线

C．为单元格或单元格区域添加较粗的内部框线

D．为单元格或单元格区域添加较粗的外部框线

3．对于分类列表中所包含的数值、货币、日期等12种格式描述错误的一项为（　　）。

A．常规表示不包含特定的数字格式

B．分数表示以分数显示数值中的小数，而且还可以设置分母的位数

C．会计专用适用于货币符号、小数位数以及不可以指定负数的一般货币值的显示方式

D．数值适用于千位分隔符、小数位数以及不可以指定负数的一般数字的显示方式

4．文本控制主要包括自动换行、（　　）、缩小字体填充等内容。

A．自动换行　　B．字体加粗

C．扩大字体填充　　D．合并单元格

5. 在文本对齐方式各选项中，下列描述错误的一项为（　　）。

A. “两端对齐”选项只有当单元格中的内容是多行才起作用，其多行文本两端对齐

B. “填充”选项会自动填充数据

C. “填充”选项会自动将单元格填满

D. “分散对齐”选项是单元格中的内容以两端顶格方式与两边对齐

三、思考题

1. 如何在Excel中输入“001”格式的序号？

2. 简述Excel表格中的填充与Word文档中的填充的区别与联系。

3. Excel中提供了多种样式的表格格式模板，简述如何套用表格格式。

任务三　编辑与修改学生信息表
——工作表行、列的添加和删除

◆ 明确任务

开学后班级内出现学生转专业、调整班级等情况，需要对学生信息表的行和列进行调整，这个时候就需要对工作表的行和列进行添加或者删除，这个任务班主任交给了作为班委的你。

◆ 知识准备

单元格是Excel最基本的组成元素，因此编辑单元格是Excel最基本、最常用的操作之一。编辑单元格主要包括数量的调整、位置的调整、外观的调整等。

一、插入单元格

插入单元格包括插入单元格、插入行或列，在“开始”选项卡下，“单元格”选项组中单击“插入”可进行调整。此外选中单元格后单击鼠标右键，选择“插入”也可实现插入单元格。

二、调整单元格的大小

单元格行高默认为14.25，列宽默认为8.38。大多数情况下输入的数据与单元格的大小是不匹配的，这个时候就需要调整单元格的大小。在“开始”选项卡“单元格”选项组中选择“格式”选项可调整行高和列宽。

◆ 任务实施

1）插入行。将鼠标移至行号“13”的位置，单击鼠标右键，选择“插入”，会在13行上面插入新的一行，如图3-12所示。

高娣

剪切(T)
复制(C)
粘贴选项:
选择性粘贴(S)...
插入(I)
删除(D)
清除内容(N)
设置单元格格式(F)...
行高(R)...
隐藏(H)
取消隐藏(U)

C	D	E	F	G	H	I	J
民族	联系电话	户口性质	学习专业名称	班级	专业级别	学制	学号
汉族	17865396272	城市	旅游服务与管理	19327	中级	三年	1932704
汉族	17686977290	农村	旅游服务与管理	19327	中级	三年	1932705
汉族	19853913788	城市	旅游服务与管理	19327	中级	三年	1932706
汉族	17862234161	农村	旅游服务与管理	19327	中级	三年	1932707
汉族	15725996602	农村	旅游服务与管理	19327	中级	三年	1932708
汉族	15689571952	农村	旅游服务与管理	19327	中级	三年	1932716
汉族	15264981181	县镇	旅游服务与管理	19327	中级	三年	1932717
汉族	18254926657	农村	现代物流	19328	中级	三年	1932801
汉族	15910185367	农村	现代物流	19328	中级	三年	1932816
汉族	18306583021	城市	现代物流	19328	中级	三年	1932817
汉族	18369327567	农村	现代物流	19328	中级	三年	1932818
汉族	13053919861	县镇	现代物流	19328	中级	三年	1932820
	765497169	农村	现代物流	19328	中级	三年	1932821
	253975137	农村	现代物流	19328	中级	三年	1932822

图3-12　插入行

在A13:J13区域输入数据，如图3-13所示。

	A	B	C	D	E	F	G	H	I	J
10	王忠诚	男	汉族	15910185367	农村	现代物流	19328	中级	三年	1932816
11	李依林	男	汉族	18306583021	城市	现代物流	19328	中级	三年	1932817
12	王浩琪	男	汉族	18369327567	农村	现代物流	19328	中级	三年	1932818
13	朱彤	女	汉族	15562998260	农村	现代物流	19328	中级	三年	1932819
14	高娣	女	汉族	13053919861	县镇	现代物流	19328	中级	三年	1932820
15	相梦飞	女	汉族	18765497169	农村	现代物流	19328	中级	三年	1932821
16	宋春雨	女	汉族	15253975137	农村	现代物流	19328	中级	三年	1932822

图3-13　输入数据

2）插入列。鼠标右键单击列号“B”，选择“插入”，会在B列左侧插入新的一列。在新插入的单元格中输入文本内容，如图3-14所示。

	A	B	C	D	E	F	G	H	I	J	K
1	姓名	身份证号	性别	民族	联系电话	户口性质	学习专业名称	班级	专业级别	学制	学号
2	宁国皓		男	汉族	17865396272	城市	旅游服务与管理	19327	中级	三年	1932704
3	姬林		男	汉族	17686977290	农村	旅游服务与管理	19327	中级	三年	1932705
4	王乾任		男	汉族	19853913788	城市	旅游服务与管理	19327	中级	三年	1932706
5	张传雨		女	汉族	17862234161	农村	旅游服务与管理	19327	中级	三年	1932707
6	张浩然		女	汉族	15725996602	农村	旅游服务与管理	19327	中级	三年	1932708
7	王馨萍		女	汉族	15689571952	农村	旅游服务与管理	19327	中级	三年	1932716
8	高纲吉		男	汉族	15264981181	县镇	旅游服务与管理	19327	中级	三年	1932717
9	姜旭		男	汉族	18254926657	农村	现代物流	19328	中级	三年	1932801
10	王忠诚		男	汉族	15910185367	县镇	现代物流	19328	中级	三年	1932816
11	李依林		男	汉族	18306583021	城市	现代物流	19328	中级	三年	1932817
12	王浩琪		男	汉族	18369327567	农村	现代物流	19328	中级	三年	1932818
13	朱彤		女	汉族	15562998260	农村	现代物流	19328	中级	三年	1932819
14	高娣		女	汉族	13053919861	县镇	现代物流	19328	中级	三年	1932820
15	相梦飞		女	汉族	18765497169	农村	现代物流	19328	中级	三年	1932821
16	宋春雨		女	汉族	15253975137	农村	现代物流	19328	中级	三年	1932822

图3-14　插入列

在身份证号一列中输入任意18位身份证号，并将身份证号显示出来。

3）删除单元格。对于需要删除的个别单元格或单元格区域中的文本，直接鼠标左键选中单元格或单元格区域，按<Delete>键即可清除文本内容；如需要删除一行或一列单元格，可选中行号或列号单击右键，然后选择“删除”即可。

◆ 检查评价

评价项目	教师评价	自我评价
表格内容是否完整，数据格式是否正确		
表格格式是否美观		

任务四　设置学生信息表数据验证
——数据验证设置

数据验证是指在单元格中提供可选择的多个选项，单元格会显示当前选中的选项。例如，年终考核有优秀、合格、基本合格和不合格，直接输入会增加工作量，设置数据验证即规定了输入选项也减少了输入操作。

◆ 明确任务

创建的学生信息表中要输入新生的户口性质，由于依次输入非常麻烦，你决定用数据验证的方式提高工作效率。

◆ 知识准备

数据验证是指给单元格中输入的数据设置一个范围，当输入数据的时候可以在设置的选项中进行选择，从而避免重复输入、类型错误等情况。在“数据”选项卡的“数据工具”选项组中选择“数据验证”即可设置。

◆ 任务实施

1）新建工作表。用鼠标左键单击“Sheet1”右侧的“+”按钮，新建一个工作表“Sheet2”，如图3-15所示。

2）在Sheet2中，输入数据，如图3-16所示。

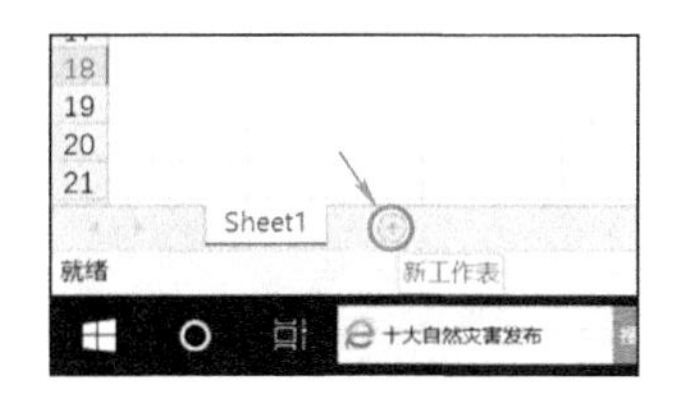

图3-15　新建工作表

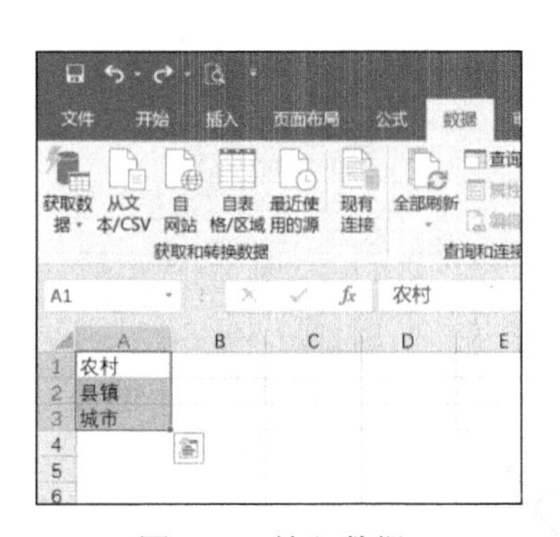

图3-16　输入数据

3）设置数据验证。在“Sheet1”中选择F2:F16区域，单击“数据”选项卡下的“数据工具”选项组中的“数据验证”，在下拉菜单中选择“数据验证”，如图3-17所示。

	A	B	C	D	E	F	G	H	I	J	K
1	姓名	身份证号	性别	民族	联系电话	户口性质	学习专业名称	班级	专业级别	学制	学号
2	宁国皓		男	汉族	17865396272	城市	旅游服务与管理	19327	中级	三年	1932704
3	姬林		男	汉族	17686977290	农村	旅游服务与管理	19327	中级	三年	1932705
4	王乾任		男	汉族	19853913788	城市	旅游服务与管理	19327	中级	三年	1932706
5	张传雨		女	汉族	17862234161	农村	旅游服务与管理	19327	中级	三年	1932707
6	张浩然		女	汉族	15725996602	农村	旅游服务与管理	19327	中级	三年	1932708
7	王馨萍		女	汉族	15689571952	农村	旅游服务与管理	19327	中级	三年	1932716
8	高纲吉		男	汉族	15264981181	县镇	旅游服务与管理	19327	中级	三年	1932717
9	姜旭		男	汉族	18254926657	农村	现代物流	19328	中级	三年	1932801
10	王忠诚		男	汉族	15910185367	县镇	现代物流	19328	中级	三年	1932816
11	李依林		男	汉族	18306583021	城市	现代物流	19328	中级	三年	1932817
12	王浩琪		男	汉族	18369327567	农村	现代物流	19328	中级	三年	1932818
13	朱彤		女	汉族	15562998260	农村	现代物流	19328	中级	三年	1932819
14	高娣		女	汉族	13053919861	县镇	现代物流	19328	中级	三年	1932820
15	相梦飞		女	汉族	18765497169	农村	现代物流	19328	中级	三年	1932821
16	宋春雨		女	汉族	15253975137	农村	现代物流	19328	中级	三年	1932822

图3-17　选择F2:F16区域

打开数据验证对话框，如图3-18所示。“验证条件”下的“允许”选择“序列”，如图3-19所示。

来源选择Sheet2工作表A1:A3区域，设置完成后单击“确定”按钮。

此时鼠标左键选中Sheet1工作表“户口性质”列下任意单元格，在右侧会出现下拉菜单按钮，如图3-20所示。

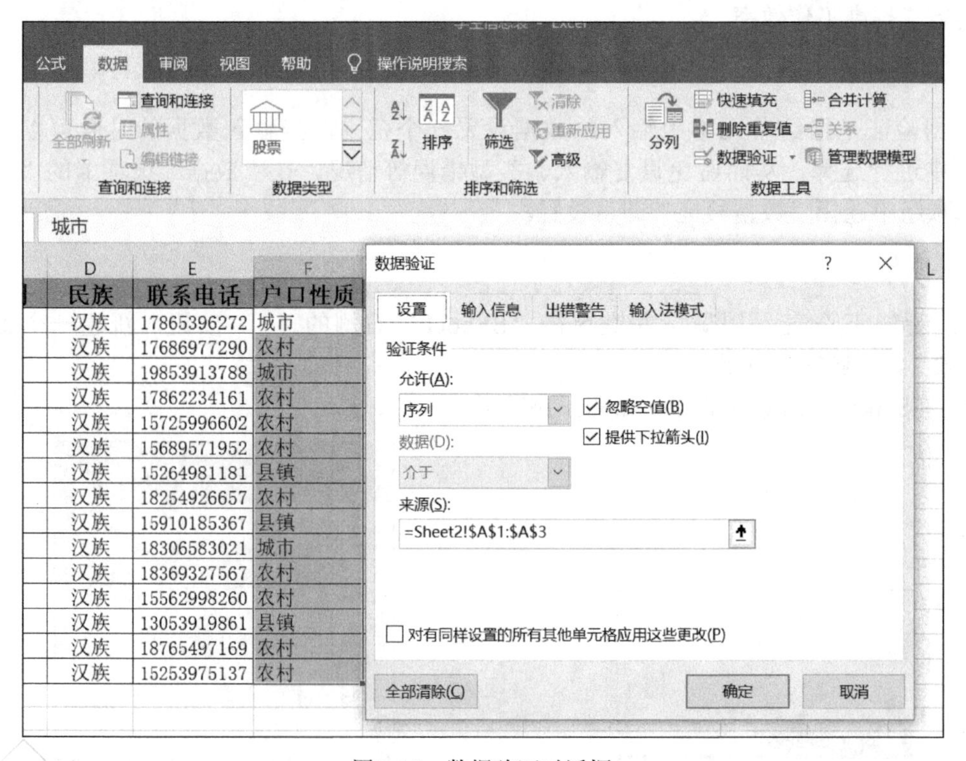

图3-18　数据验证对话框

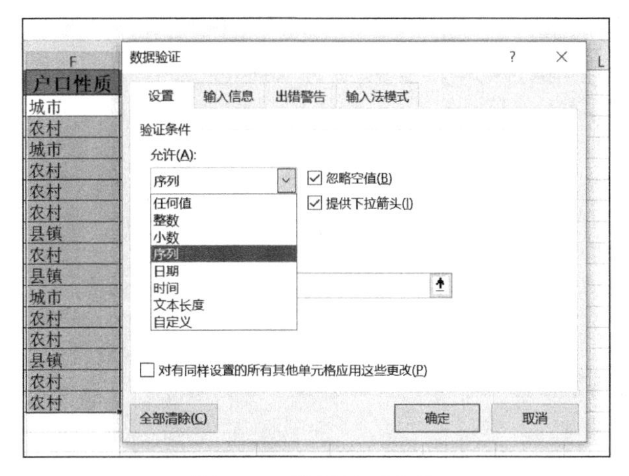

图3-19　设置验证条件

图3-20　修改户口性质

◆ 检查评价

评价项目	教师评价	自我评价
表格内容是否完整，数据类型是否正确		
表格格式是否美观		
数据验证是否设置合理		

任务五　制作学生期末成绩表并排名次
——公式、函数、自动填充、排序功能的运用

公式与函数是Excel处理数据的核心。与数学公式类似，Excel中的公式满足一定的标注规则，主要包含了运算符、常量、函数以及单元格引用等内容。其最主要的特点是以等号开始，以单元格名称为变量。例如，圆的面积公式如图3-21所示。

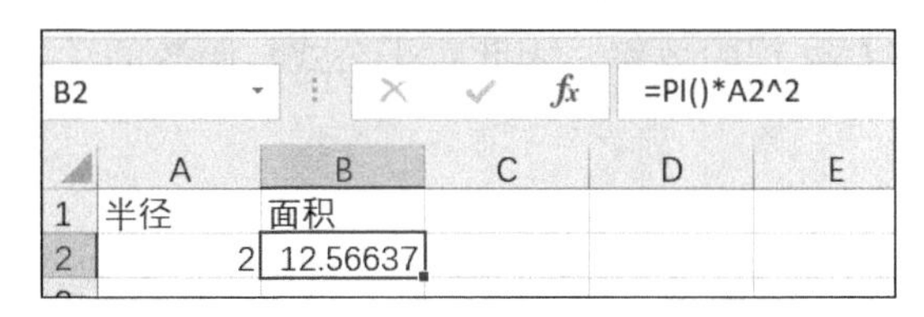

图3-21　圆的面积公式

在B2单元格中输入圆的面积公式“=PI()*A2^2”，其中“PI()”代表π，A2单元格为自变量半径。

实际上Excel中的公式与函数是相辅相成的，函数最终可以表示为一个公式，公式中可以包含多个函数。Excel中，函数种类和数量纷繁复杂，除了基本的加减乘除外，还包含财务函数、工程函数等，我们可以单击插入函数对话框下的“有关该函数的帮助”链接，到微软官网了解所有公式和函数的功能，如图3-22所示。

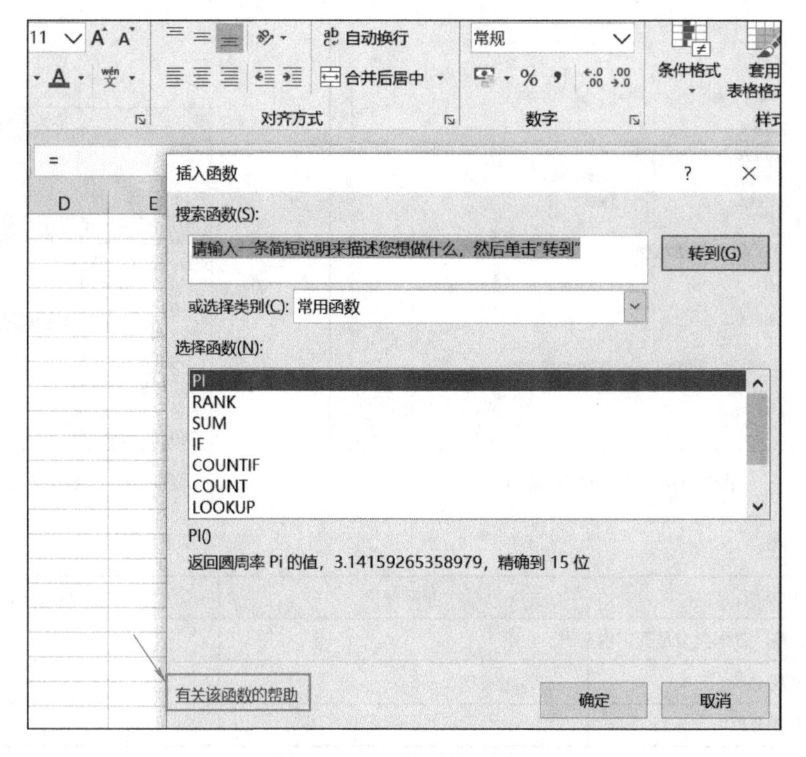

图3-22　函数帮助的位置

◆ 明确任务

期末成绩是学生评奖评优的一项重要参考，为此需要对同学们的期末成绩进行排名。作为班长，你在搜集到同学们的期末成绩后，决定用Excel公式和函数对期末成绩进行排名。

◆ 知识准备

Excel的一个突出特点是对数据、字符的处理，可以通过公式与函数建立的各种数学与逻辑关系极大地提高了数据处理的效率。因此对于公式与函数的学习是Excel的重点之一。

一、公式的概念

数学上，公式是包含了常量、运算符、变量等元素的方程式，与数学上的概念类似，Excel中的公式也包含了运算符、常量等元素，但它的变量通常以单元格引用的形式出现，同时所有公式都以“=”开始。

二、公式中的运算符

1. 算术运算符

算术运算符是指加、减、乘、除等常见的数学运算符。

2. 比较运算符

比较运算符用于比较两个数值，如“=”“>”“<”等。

3. 文本运算符

文本运算符中，连接符“&”，可以理解为与、和的意思，表示将数据连接到一起。

三、单元格引用

单元格引用实质上是指向单元格数据的标记，包括相对引用、绝对引用和混合引用。

1. 相对引用

相对引用是指引用对象随公式所在单元格位置变动而变动的一种引用方式，当公式复制或移动时，Excel会根据移动的位置自动调节公式中引用单元格的地址。相对引用的形式为“A1”“C2:F3”等。

2. 绝对引用

绝对引用是指引用对象为固定单元格，就算公式复制填充位置变动，引用单元格位置也不会发生变动。绝对引用是在相对引用的基础上，在引用单元格的行号和列号前同时添加“$”符号。绝对引用的形式为“$F$6”“$E$4:$G$6”等。

3. 混合引用

混合引用是指在公式中同时使用相对引用与绝对引用。

四、编辑公式

1. 复制公式

与复制普通文本一样，使用<Ctrl+C>快捷键和<Ctrl+V>快捷键即可。

2. 填充公式

与填充数据一样，选中包含公式和需要填充的单元格区域后，在“开始”选项卡“编辑”选项组下，选择填充方式即可。此外拖动填充柄也可实现公式填充。

五、函数

Excel中，函数实际上就是一些提前编辑好的公式，这些预制函数可辅助用户快速计算。Excel中预制了数百种函数，包括财务、日期与时间、统计等，初学者只需要掌握简单的常用函数及函数使用方式即可，在以后的工作中可自学所在领域使用的函数。下面列举几种常见函数见表3-2。

表3-2　常见函数

SUM	求和
AVERAGE	求平均数
MAX	求最大值
MIN	求最小值
IF	条件函数，判断指定条件真假，常以嵌套函数的形式出现
COUNT	计数
RANK	排序

六、插入函数

插入函数界面如图3-23所示。

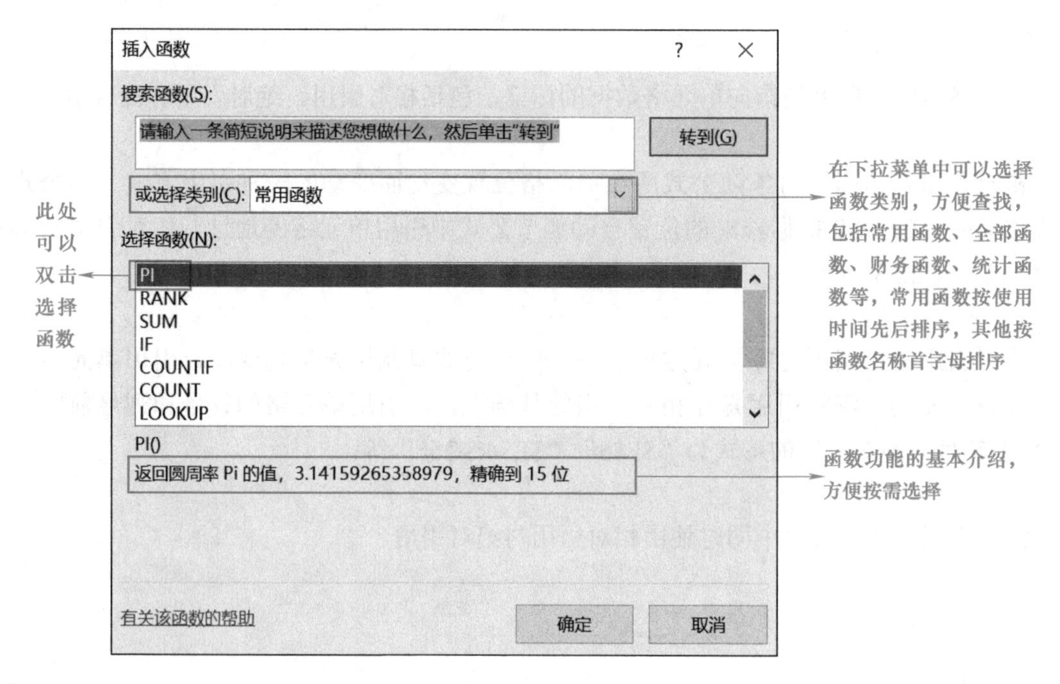

图3-23　插入函数界面

函数参数界面如图3-24所示。

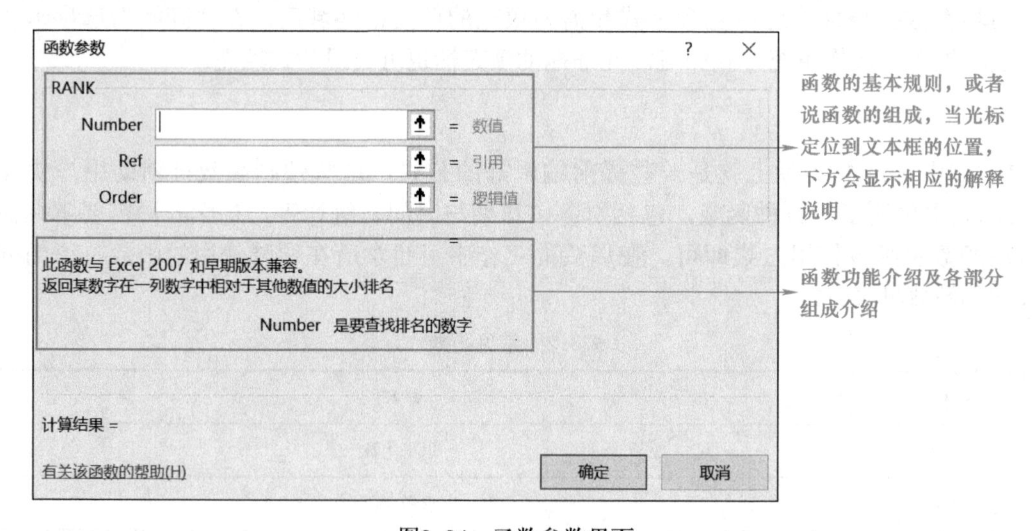

图3-24　函数参数界面

◆ 任务实施

1．工作表初步设置

1）在桌面新建Excel工作簿，命名为“学生期末成绩表”，并输入数据，如图3-25所示。

	安全	计算机基础	企业财务会计1	思想道德修养与法律基础	体育	物流基础	物流设施设备	语文上	总分	排名
姜旭	63.5	39	60.8	66.1	72.8	63.6	86.8	53		
尹梦林	86.4	90.1	97.9	87.8	75	90.4	90.5	95.9		
卞琳	85.7	85.2	94.6	93.8	71	81.8	85.7	79.4		
王文静	91.9	77.6	97.6	94.4	75.4	82.5	87.7	97.6		
杨祥瑞	75.5	75.2	82.2	93.8	78.4	83.5	86.6	85.1		
姜召德	59.6	60.2	37.3	66.9	80.4	64.7	74.7	38.9		
姜良浩	68.4	64.5	62.3	75.4	73.5	72.1	88	64		
栗煜	71	78	26.1	76	79.7	70.9	91.1	66		
张雅欣	64	70.7	68.5	57.5	70.6	38	70.5	50		
肖克	81.9	85.9	35.2	87.1	85	79.2	83.5	77.5		
钱胜云	84.6	74.9	91.7	87.8	70.9	76.5	75.1	82.7		
公臣	61.7	79.3	64.8	80.5	78.5	69.1	84	62.8		
刘帅	79.5	60.5	42	81.3	87.9	76.2	85.5	68		
王忠诚	66	79	24	49.5	88.7	74.5	97	26.6		
李依林	69	71.4	78.1	86	85.6	80.4	91.3	77.5		
王浩琪	77.4	66.9	45	88.2	80.9	68.9	93.3	67.5		
朱彤	84.5	88.8	93.4	88.9	68.5	76.8	72.5	87.3		
高娣	79.5	76.7	79.4	88.3	68.8	79.4	85.8	91.5		
相梦飞	77.3	86.2	87	89.8	69.7	72.8	87.2	63		
宋春雨	85	80.6	86.6	92.8	70	81.6	84.1	89.5		

图3-25　学生期末成绩表

2）设置表格样式。表头为宋体，14号，加粗；内容为宋体，12号；文本对齐方式全部为“垂直居中”“居中”；表头对齐方式再设置“自动换行”，如图3-26所示。

按<Ctrl+A>快捷键全选表格文本，设置边框格式为“所有框线”。

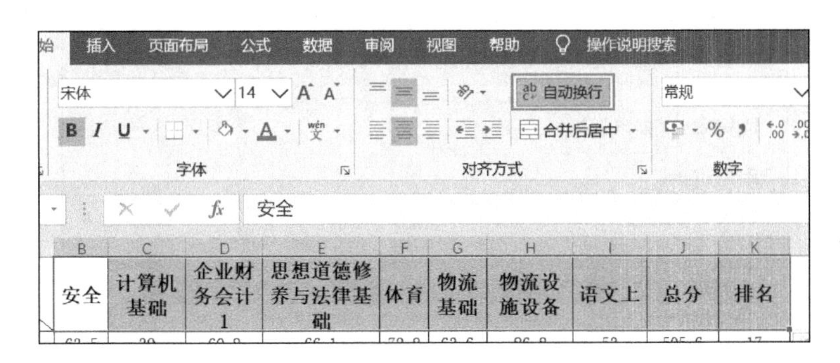

图3-26　设置自动换行

2. 制作斜线表头

在A1单元格中添加科目和姓名，并制作斜线表头如图3-27所示。

科目 姓名	安全	计算机基础	企业财
姜旭	63.5	39	60
尹梦林	86.4	90.1	97
卞琳	85.7	85.2	94
王文静	91.9	77.6	97

图3-27　添加科目和姓名

A1单元格的行高为35，列宽为10。

3. 使用SUM函数求每名学生的总成绩

SUM函数用于求解单元格区域中所有数值的和，通常用于求解一行或一列的和，也可用于求解不连续区域的和。

将鼠标定位到J2单元格，选择“插入函数”，如图3-28所示。

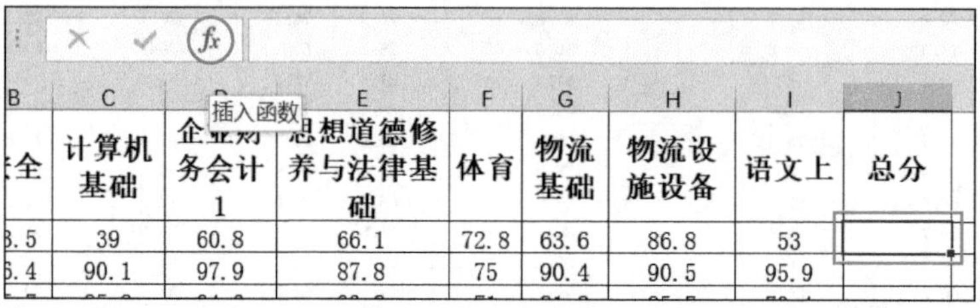

B	C	D	E	F	G	H	I	J
全	计算机基础	企业财务会计1	思想道德修养与法律基础	体育	物流基础	物流设施设备	语文上	总分
3.5	39	60.8	66.1	72.8	63.6	86.8	53	
6.4	90.1	97.9	87.8	75	90.4	90.5	95.9	

插入函数

图3-28　插入函数

在打开的插入函数对话框中，选择“SUM”函数，如图3-29所示。

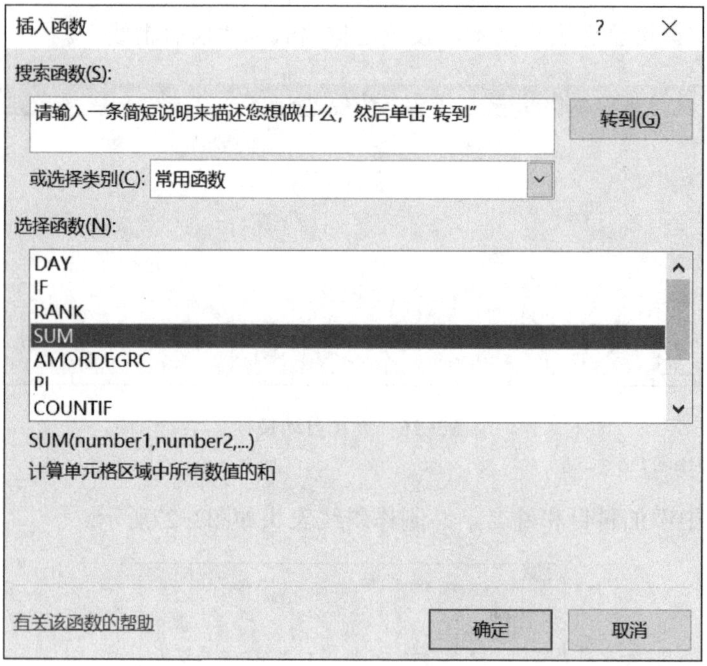

插入函数

搜索函数(S):

请输入一条简短说明来描述您想做什么，然后单击“转到”

转到(G)

或选择类别(C): 常用函数

选择函数(N):

DAY
IF
RANK
SUM
AMORDEGRC
PI
COUNTIF

SUM(number1,number2,...)

计算单元格区域中所有数值的和

有关该函数的帮助

确定　取消

图3-29　选择“SUM”函数

在“Number1”中输入“B2:I2”，单击“确定”，就可以求出第一位同学“姜旭”的总分，如图3-30所示。

将鼠标移至J2单元格右下角黑色填充柄位置，如图3-31所示。

按住鼠标左键不放向下拖动至J21单元格，即可完成其他学生总成绩的计算，这个操作被称为自动填充，如图3-32和图3-33所示。

函数参数

SUM

Number1　B2:I2　=｛63.5,39,60.8,66.1,72.8,63.6,86.8,53｝

Number2　　=　数值

= 505.6

计算单元格区域中所有数值的和

Number1: number1,number2,... 1 到 255 个待求和的数值。单元格中的逻辑值和文本将被忽略。但当作为参数键入时，逻辑值和文本有效

计算结果 = 505.6

有关该函数的帮助(H)　　确定　　取消

图3-30　设置SUM函数

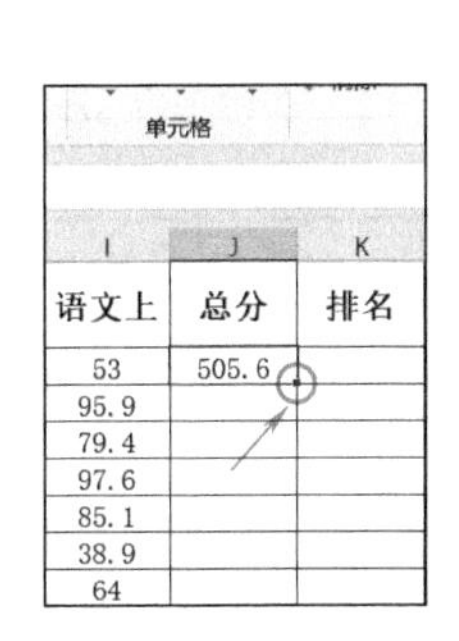

图3-31　黑色填充柄

I	J	K
53	505.6	
95.9		
79.4		
97.6		
85.1		
38.9		
64		
66		
50		
77.5		
82.7		
62.8		
68		
26.6		
77.5		
67.5		
87.3		
91.5		
63		
89.5		

图3-32　自动填充

I	J
53	505.6
95.9	714
79.4	677.2
97.6	704.7
85.1	660.3
38.9	482.7
64	568.2
66	558.8
50	489.8
77.5	615.3
82.7	644.2
62.8	580.7
68	580.9
26.6	505.3
77.5	639.3
67.5	588.1
87.3	660.7
91.5	649.4
63	633
89.5	670.2

图3-33　自动填充效果

4. 使用RANK函数计算班级学生成绩排名

RANK函数用于计算某一数字在一列数字中的大小排名，其衍生函数还有RANK.AVG和RANK.EQ。其中RANK.AVG适用于多个数值排名相同，返回平均值排名；RANK.EQ适用于多个数值排名相同，返回该组数值的最佳排名。

选中K2单元格，选择“插入函数”，选择“RANK”函数，在打开的函数参数对话框中设置“Number”为“J2”，设置“Ref”为“J2:J21”，单击“确定”即可求出“姜旭”的成绩排名，如图3-34所示。

选择K2单元格，将公式中的“J2:J21”改为“$J$2:$J$21”，并将K2单元格的公式向下填充，即可得到班级学生成绩排名，如图3-35所示。

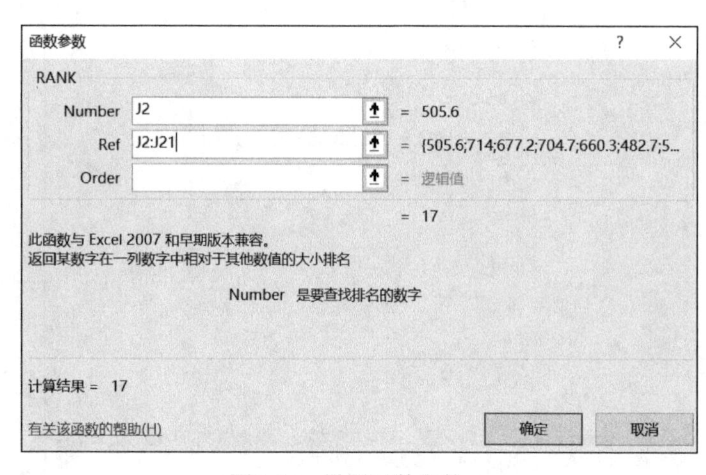

图3-34 设置函数参数

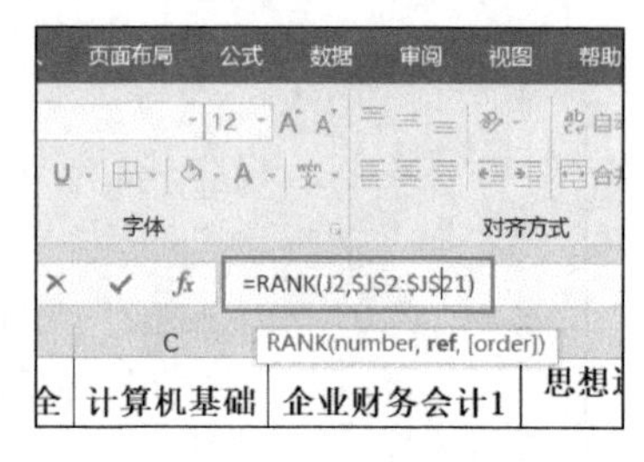

图3-35 RANK公式图

◆ 拓展练习

通过网络检索，学习单元格相对引用、绝对引用和混合引用的相关知识，写出任务实施中RANK函数使用了哪种引用方式。

◆ 检查评价

评价项目	教师评价	自我评价
检查公式输入是否正确		
表格内容是否完整		
函数运用是否准确		

◆ 竞技擂台

一、填空题

1．在Excel中输入公式时必须以________开始。

2．Excel中公式的运算符有很多种，主要包括__________运算符、__________运算符与________运算符。

3．在Excel中想改变公式的运算顺序需要________。

4．在Excel中快速显示或隐藏公式可以使用________组合键。

5．相对引用、绝对引用和混合引用是Excel中常见的单元格引用方式，其中绝对引用需要在相对引用的列号与行号前加一个________符号。

二、选择题

1．数组公式对一组或多组数值执行多重计算，在输入数组公式后按（　　）快捷键结束公式的输入。

A．<Alt+Shift+Enter>　　B．<Ctrl+Shift+Enter>

C．<Ctrl+Shift+Tab>　　D．<Ctrl+Alt+Enter>

2．在新建名称对话框中的“名称”文本框中输入名称时，第一个字符必须以（　　）

开头。

A．“=”号　　B．字母或下划线

C．数字　　D．{}

3．当含有公式的单元格中出现“#DIV/O！”时，表示（　　）。

A．无法识别　　B．使用错误的参数

C．公式被零（0）除　　D．单元格引用无效

4．文本运算符是使用（　　）将两个文本连接成一个文本。

A．连接符“+”　　B．连接符“八”

C．连接符“*”　　D．连接符“&”

5．公式的运算符计算顺序与数学上的运算符类似都具有优先级，所有运算符中级别最高的运算符是（　　）。

A．^（乘幂）　　B．，（逗号）

C．%（百分号）　　D．：（冒号）

6．单元格的引用是公式和函数的重要组成部分，在复制公式时，单元格引用根据引用类型而改变。但是在移动公式时，单元格的引用将（　　）。

A．根据数据改变　　B．根据单元格位置改变

C．根据引用类型改变　　D．保持不变

三、思考题

1．简述混合引用的概念。

2．Excel中如果公式需要使用文本，简述其格式。

3．简述使用嵌套函数的注意事项。

任务六　筛选学生期末成绩表
——自动筛选、高级筛选的运用

面对庞大的数据量，想从里面筛选出部分自己想要的内容是件非常复杂的事情。但对Excel来说这一切是如此的轻松和直观。只要我们将数据有规则地录入Excel中，配合Excel自带的排序筛选功能，就可以快速地整理和分析海量的数据。

◆ 明确任务

任课教师需要利用Excel将成绩表中满足一定条件的数据筛选出来，方便对全班成绩进行分析，应当如何操作？

◆ 知识准备

一、自动筛选

“筛选”功能在“数据”选项卡的“排序与筛选”选项组中，此外在“开始”选项卡“编辑”选项组下的“排序与筛选”也可调用。基本的筛选包括项目选择及简单条件，简单条件包括等于、大于、小于等。自动筛选主要包括列表值、格式和条件三种类型。当我们需要定义两个筛选条件时需要用到“与”和“或”，其中“与”表示同时满足条件，“或”表示满足条件之一。

二、高级筛选

如果需要同时定义多个筛选条件，可以使用高级筛选功能。高级筛选同样在“排序和筛选”选项组中，高级筛选的难点在于筛选选项的设置上，筛选选项解释见表3-3。

表3-3 筛选选项解释

在原有区域筛选结果	指筛选结果显示在当前位置，原数据被覆盖
将筛选结果复制到其他位置	指将筛选结果复制到其他单元格区域，包括其他工作表
列表区域	指要进行筛选的单元格区域
条件区域	指包含筛选条件的单元格区域，筛选条件要提前设置
复制到	指放置筛选结果的单元格区域
选择不重复记录	选中该项可取消筛选结果中的重复值

◆ 任务实施

1．筛选

选中B1:K1单元格，单击“数据”选项卡中“排序和筛选”选项组下的“筛选”按钮，会发现每个单元格右下角会出现一个下拉菜单按钮，如图3-36所示。

图3-36 “筛选”位置图

以计算机基础成绩为例，讲解筛选的基本知识。

单击计算机基础下拉菜单按钮，可以单独显示任意成绩，如只选择“60.5”，单击“确定”，Excel会只显示计算机基础成绩为60.5的学生的成绩，如图3-37和图3-38所示。

科目/姓名	安全	计算机基础	企业财务会计	思想道德修养与法律基础	体育	物流基础	物流设施设备	语文	总分	排名
				66.1	72.8	63.6	86.8	53	505.6	17
				87.8	75	90.4	90.5	95.9	714	1
				93.8	71	81.8	85.7	79.4	677.2	3
				94.4	75.4	82.5	87.7	97.6	704.7	2
				93.8	78.4	83.5	86.6	85.1	660.3	6
				66.9	80.4	64.7	74.7	38.9	482.7	20
				75.4	73.5	72.1	88	64	568.2	15
				76	79.7	70.9	91.1	66	558.8	16
				57.5	70.6	38	70.5	50	489.8	19
				87.1	85	79.2	83.5	77.5	615.3	11
				87.8	70.9	76.5	75.1	82.7	644.2	8
				80.5	78.5	69.1	84	62.8	580.7	14
				81.3	87.9	76.2	85.5	68	580.9	13
				49.5	88.7	74.5	97	26.6	505.3	18
				86	85.6	80.4	91.3	77.5	639.3	9
				88.2	80.9	68.9	93.3	67.5	588.1	12
				88.9	68.5	76.8	72.5	87.3	660.7	5
				88.3	68.8	79.4	85.8	91.5	649.4	7
				89.8	69.7	72.8	87.2	63	633	10
				92.8	70	81.6	84.1	89.5	670.2	4

图3-37　设置筛选条件

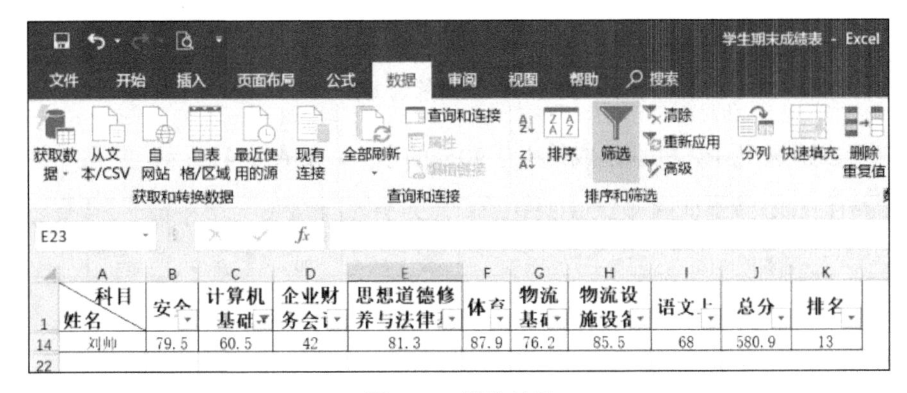

图3-38　筛选结果

也可在下拉菜单中通过“数字筛选”，选择符合一定条件的学生成绩，如图3-39所示。

图3-39　数字筛选

例如，要查找计算机基础成绩在90分以上的学生，可在“数字筛选”中选择“大于”，输入值为“90”，单击“确定”即可，如图3-40所示。

图3-40　设置筛选条件

这样就可以筛选出计算机基础成绩大于90分的学生，如图3-41所示。

科目 姓名	安全	计算机基础	企业财务会	思想道德修养与法律	体育	物流基	物流设施设	语文上	总分	排名
尹梦林	86.4	90.1	97.9	87.8	75	90.4	90.5	95.9	714	1

图3-41　数字筛选结果

2. 高级筛选

如果想在班级中筛选出各科成绩都在70分以上的学生，应当如何进行筛选呢？这就涉及高级筛选的操作。

1）将表头复制到A27:K27单元格，如图3-42所示。

20	相梦飞	77.3	86.2	87	89.8	69.7	72.8	87.2	63	633	10
21	宋春雨	85	80.6	86.6	92.8	70	81.6	84.1	89.5	670.2	4
22											
23											
24											
25											
26											
27	科目 姓名	安全	计算机基础	企业财务会计1	思想道德修养与法律基础	体育	物流基础	物流设施设备	语文上	总分	排名
28											
29											
30											

图3-42 复制表头

2）新建Sheet2工作表，输入数据，如图3-43所示。

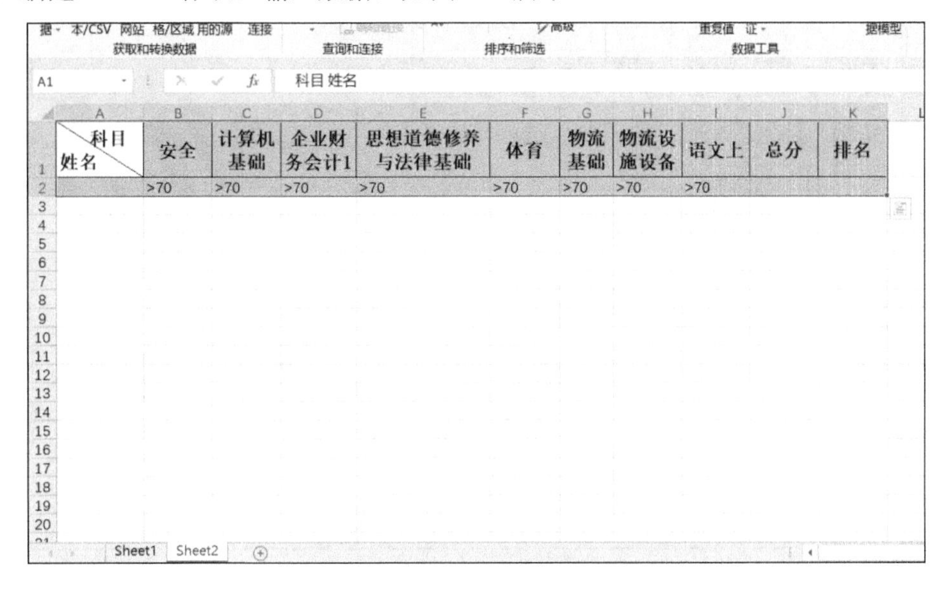

	A	B	C	D	E	F	G	H	I	J	K
1	科目 姓名	安全	计算机基础	企业财务会计1	思想道德修养与法律基础	体育	物流基础	物流设施设备	语文上	总分	排名
2		>70	>70	>70	>70	>70	>70	>70	>70		

图3-43 输入数据

3）在Sheet1工作表中选择“排序和筛选”选项组下的“高级”按钮，如图3-44所示。

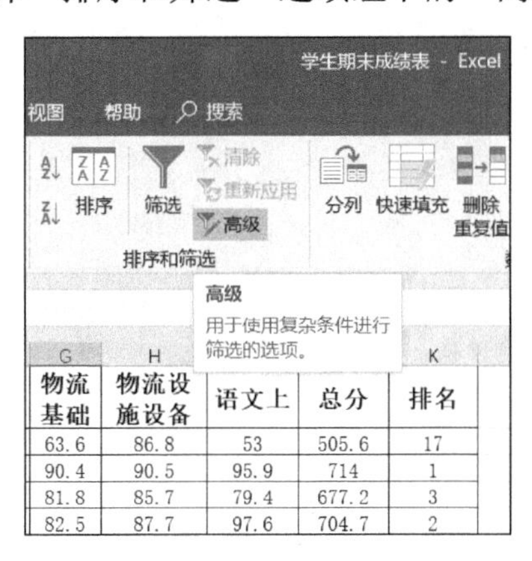

G	H	I	J	K
物流基础	物流设施设备	语文上	总分	排名
63.6	86.8	53	505.6	17
90.4	90.5	95.9	714	1
81.8	85.7	79.4	677.2	3
82.5	87.7	97.6	704.7	2

图3-44 高级筛选图

4）在高级筛选对话框中，选择“列表区域”为“Sheet1!$A$1:$K$21”，如图3-45所示。

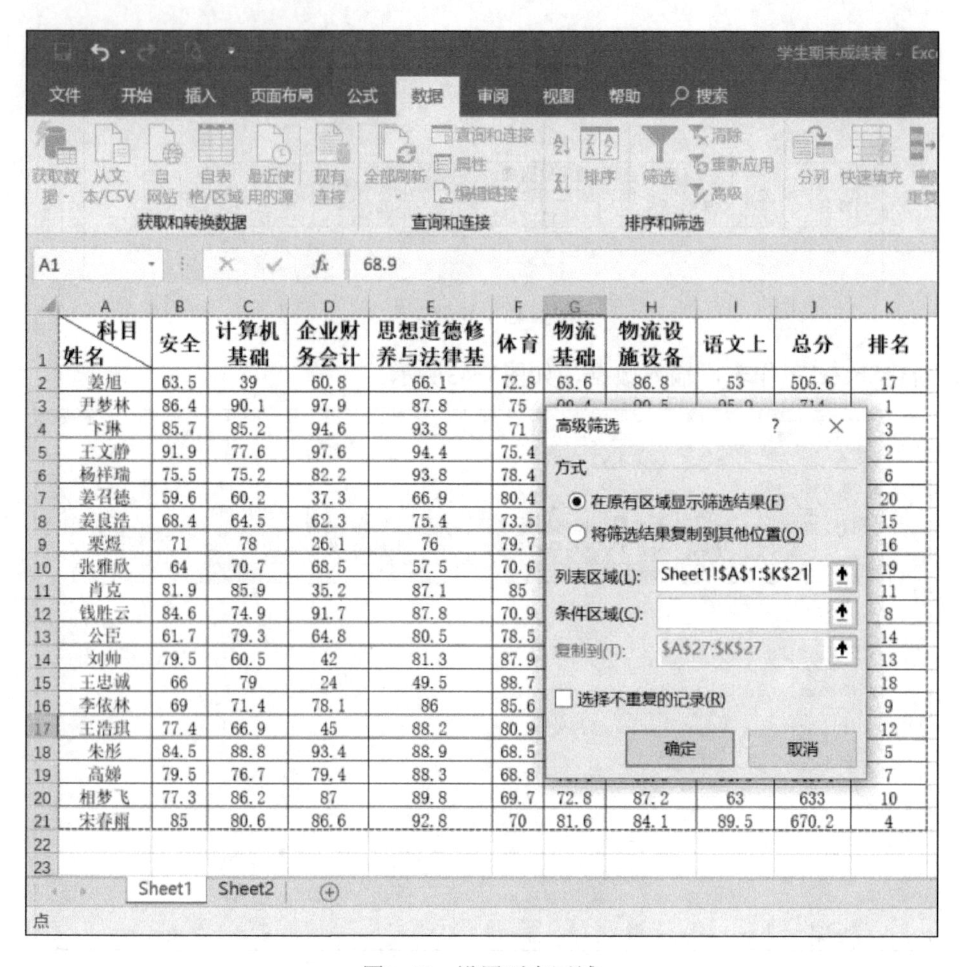

图3-45　设置列表区域

条件区域为Sheet2工作表的A1:K2区域，如图3-46所示。

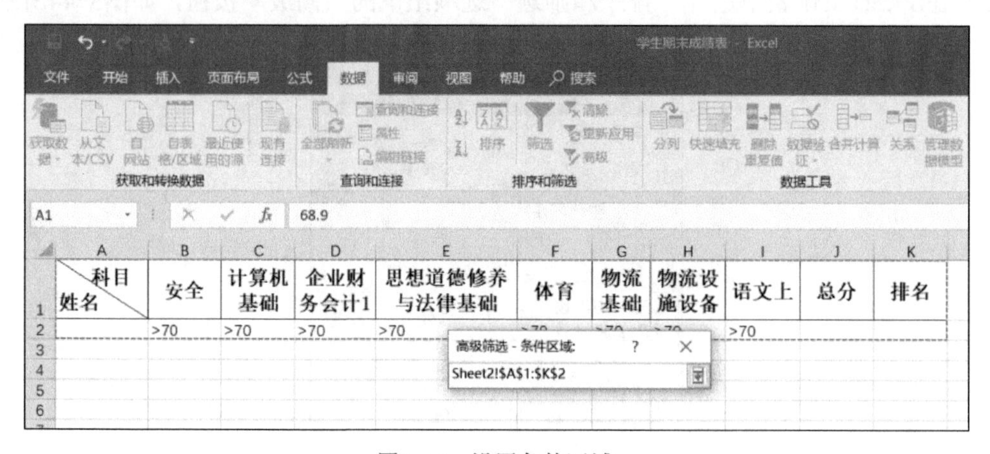

图3-46　设置条件区域

选择“将筛选结果复制到其他位置”，“复制到”设置为Sheet1工作表的A27:K27区域，单击“确定”按钮，即可筛选出各科成绩70分以上的同学，如图3-47和图3-48所示。

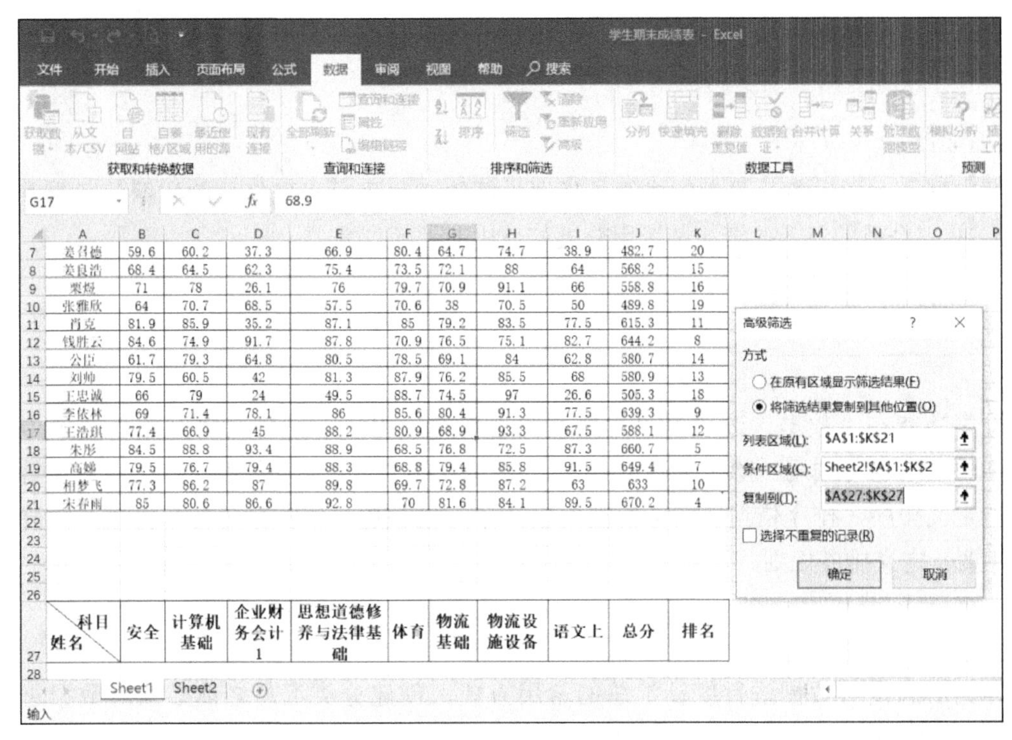

	A	B	C	D	E	F	G	H	I	J	K
7	姜召德	59.6	60.2	37.3	66.9	80.4	64.7	74.7	38.9	482.7	20
8	姜良浩	68.4	64.5	62.3	75.4	73.5	72.1	88	64	568.2	15
9	栗煜	71	78	26.1	76	79.7	70.9	91.1	66	558.8	16
10	张雅欣	64	70.7	68.5	57.5	70.6	38	70.5	50	489.8	19
11	肖克	81.9	85.9	35.2	87.1	85	79.2	83.5	77.5	615.3	11
12	钱胜云	84.6	74.9	91.7	87.8	70.9	76.5	75.1	82.7	644.2	8
13	公臣	61.7	79.3	64.8	80.5	78.5	69.1	84	62.8	580.7	14
14	刘帅	79.5	60.5	42	81.3	87.9	76.2	85.5	68	580.9	13
15	王忠诚	66	79	24	49.5	88.7	74.5	97	26.6	505.3	18
16	李依林	69	71.4	78.1	86	85.6	80.4	91.3	77.5	639.3	9
17	王浩琪	77.4	66.9	45	88.2	80.9	68.9	93.3	67.5	588.1	12
18	朱彤	84.5	88.8	93.4	88.9	68.5	76.8	72.5	87.3	660.7	5
19	高娜	79.5	76.7	79.4	88.3	68.8	79.4	85.8	91.5	649.4	7
20	相梦飞	77.3	86.2	87	89.8	69.7	72.8	87.2	63	633	10
21	宋春雨	85	80.6	86.6	92.8	70	81.6	84.1	89.5	670.2	4

27	科目 姓名	安全	计算机基础	企业财务会计1	思想道德修养与法律基础	体育	物流基础	物流设施设备	语文上	总分	排名

图3-47 选择复制目标位置

科目 姓名	安全	计算机基础	企业财务会计1	思想道德修养与法律基础	体育	物流基础	物流设施设备	语文上	总分	排名
尹梦林	86.4	90.1	97.9	87.8	75	90.4	90.5	95.9	714	1
卞琳	85.7	85.2	94.6	93.8	71	81.8	85.7	79.4	677.2	3
王文静	91.9	77.6	97.6	94.4	75.4	82.5	87.7	97.6	704.7	2
杨祥瑞	75.5	75.2	82.2	93.8	78.4	83.5	86.6	85.1	660.3	6
钱胜云	84.6	74.9	91.7	87.8	70.9	76.5	75.1	82.7	644.2	8

图3-48 筛选结果

◆ 检查评价

评价项目	教师评价	自我评价
筛选操作步骤是否正确		
筛选结果是否符合要求		

任务七 汇总分析学生月考成绩表
——分类汇总的运用

分类汇总是数据处理的重要工具，对于数据中具有相同标题的内容，可以通过分类汇总的方式统计汇总到一起，但要注意，在进行分类汇总前需要对数据进行排序，方便程序识别。

◆ 明确任务

期末到了，学生各月月考的成绩是任课教师给学生平时表现打分的依据，现有某班级9、10、11三个月的月考成绩，请运用分类汇总协助教师打分。

◆ 知识准备

一、排序

排序功能在“数据”选项卡“排序与筛选”选项组中，此外在“开始”选项卡“编辑”选项组中也可调用。除了简单的升序、降序排列外，对于多条件、多排序依据等需要使用自定义排序。排序依据以实际情况而定，单元格颜色、字体颜色都可排序，此外也可根据需要自定义排序规则。

二、分类汇总

分类汇总是对数据进行统计汇总的常用方式，创建分类汇总之前必须对数据进行排序，从而实现数据分类，在此基础上再对数据进行汇总。

◆ 任务实施

1. 排序

1）新建Excel工作表，录入数据，如图3-49所示。

	A	B	C	D	E	F	G	H	I
1	姓名	安全	计算机基础	企业财务会计	思想道德修养与法律基础	体育	物流基础	物流设施设备	语文上
2	姜旭	63.5	39	60.8	66.1	72.8	63.6	86.8	53
3	尹梦林	86.4	90.1	97.9	87.8	75	90.4	90.5	95.9
4	卞琳	85.7	85.2	94.6	93.8	71	81.8	85.7	79.4
5	王文静	91.9	77.6	97.6	94.4	75.4	82.5	87.7	97.6
6	杨祥瑞	75.5	75.2	82.2	93.8	78.4	83.5	86.6	85.1
7	姜旭	59.6	60.2	37.3	66.9	80.4	64.7	74.7	38.9
8	尹梦林	68.4	64.5	62.3	75.4	73.5	72.1	88	64
9	卞琳	71	78	26.1	76	79.7	70.9	91.1	66
10	王文静	64	70.7	68.5	57.5	70.6	38	70.5	50
11	杨祥瑞	81.9	85.9	35.2	87.1	85	79.2	83.5	77.5
12	姜旭	84.6	74.9	91.7	87.8	70.9	76.5	75.1	82.7
13	尹梦林	61.7	79.3	64.8	80.5	78.5	69.1	84	62.8
14	卞琳	79.5	60.5	42	81.3	87.9	76.2	85.5	68
15	王文静	66	79	24	49.5	88.7	74.5	97	26.6
16	杨祥瑞	69	71.4	78.1	86	85.6	80.4	91.3	77.5
17									
18									

图3-49　录入数据

2）选中A2:I16单元格区域，单击“数据”→“排序和筛选”→“排序”按钮，如图3-50所示。

3）在打开的排序对话框中，设置“主要关键字”为“姓名”，单击“确定”按钮，如图3-51所示。

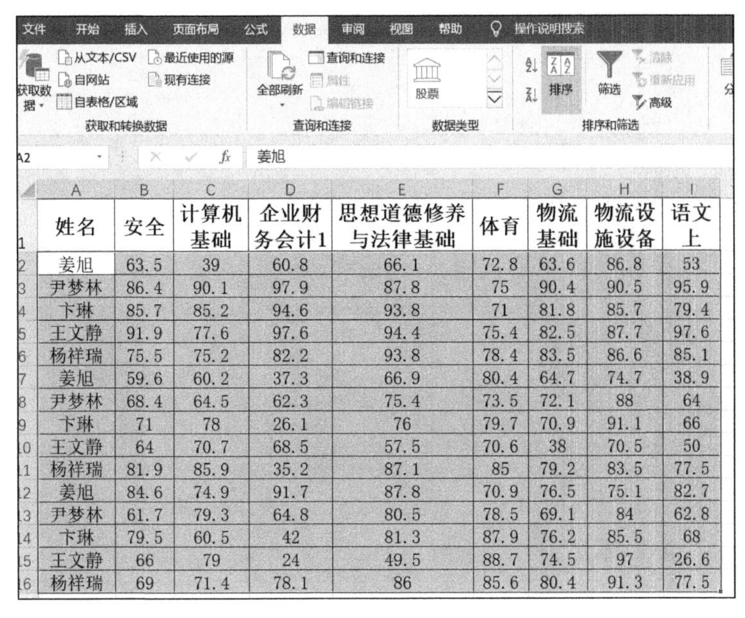

姓名	安全	计算机基础	企业财务会计1	思想道德修养与法律基础	体育	物流基础	物流设施设备	语文上
姜旭	63.5	39	60.8	66.1	72.8	63.6	86.8	53
尹梦林	86.4	90.1	97.9	87.8	75	90.4	90.5	95.9
卞琳	85.7	85.2	94.6	93.8	71	81.8	85.7	79.4
王文静	91.9	77.6	97.6	94.4	75.4	82.5	87.7	97.6
杨祥瑞	75.5	75.2	82.2	93.8	78.4	83.5	86.6	85.1
姜旭	59.6	60.2	37.3	66.9	80.4	64.7	74.7	38.9
尹梦林	68.4	64.5	62.3	75.4	73.5	72.1	88	64
卞琳	71	78	26.1	76	79.7	70.9	91.1	66
王文静	64	70.7	68.5	57.5	70.6	38	70.5	50
杨祥瑞	81.9	85.9	35.2	87.1	85	79.2	83.5	77.5
姜旭	84.6	74.9	91.7	87.8	70.9	76.5	75.1	82.7
尹梦林	61.7	79.3	64.8	80.5	78.5	69.1	84	62.8
卞琳	79.5	60.5	42	81.3	87.9	76.2	85.5	68
王文静	66	79	24	49.5	88.7	74.5	97	26.6
杨祥瑞	69	71.4	78.1	86	85.6	80.4	91.3	77.5

图3-50 排序

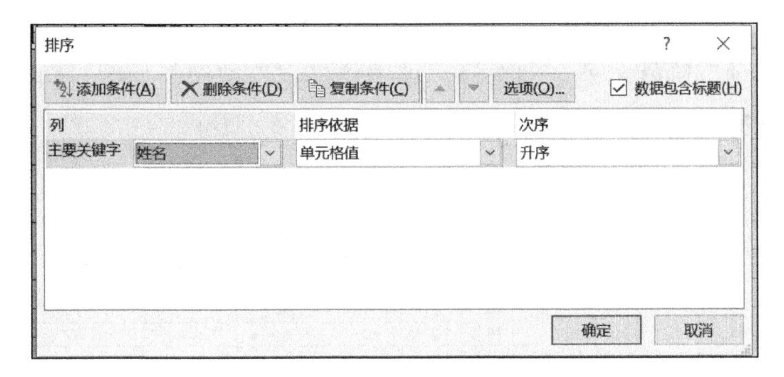

图3-51 排序界面

排序结果，如图3-52所示。

姓名	安全	计算机基础	企业财务会计	思想道德修养与法律基础	体育	物流基础	物流设施设备	语文上
卞琳	85.7	85.2	94.6	93.8	71	81.8	85.7	79.4
卞琳	71	78	26.1	76	79.7	70.9	91.1	66
卞琳	79.5	60.5	42	81.3	87.9	76.2	85.5	68
姜旭	63.5	39	60.8	66.1	72.8	63.6	86.8	53
姜旭	59.6	60.2	37.3	66.9	80.4	64.7	74.7	38.9
姜旭	84.6	74.9	91.7	87.8	70.9	76.5	75.1	82.7
王文静	91.9	77.6	97.6	94.4	75.4	82.5	87.7	97.6
王文静	64	70.7	68.5	57.5	70.6	38	70.5	50
王文静	66	79	24	49.5	88.7	74.5	97	26.6
杨祥瑞	75.5	75.2	82.2	93.8	78.4	83.5	86.6	85.1
杨祥瑞	81.9	85.9	35.2	87.1	85	79.2	83.5	77.5
杨祥瑞	69	71.4	78.1	86	85.6	80.4	91.3	77.5
尹梦林	86.4	90.1	97.9	87.8	75	90.4	90.5	95.9
尹梦林	68.4	64.5	62.3	75.4	73.5	72.1	88	64
尹梦林	61.7	79.3	64.8	80.5	78.5	69.1	84	62.8

图3-52 排序结果

2. 分类汇总

1）选择A1:I16区域，单击“数据”→“分级显示”→“分类汇总”按钮，如图3-53所示。

姓名	安全	计算机基础	企业财务会计1	思想道德修养与法律基础	体育	物流基础	物流设施设备	语文上
卞琳	85.7	85.2	94.6	93.8	71	81.8	85.7	79.4
卞琳	71	78	26.1	76	79.7	70.9	91.1	66
卞琳	79.5	60.5	42	81.3	87.9	76.2	85.5	68
姜旭	63.5	39	60.8	66.1	72.8	63.6	86.8	53
姜旭	59.6	60.2	37.3	66.9	80.4	64.7	74.7	38.9
姜旭	84.6	74.9	91.7	87.8	70.9	76.5	75.1	82.7
王文静	91.9	77.6	97.6	94.4	75.4	82.5	87.7	97.6
王文静	64	70.7	68.5	57.5	70.6	38	70.5	50
王文静	66	79	24	49.5	88.7	74.5	97	26.6
杨祥瑞	75.5	75.2	82.2	93.8	78.4	83.5	86.6	85.1
杨祥瑞	81.9	85.9	35.2	87.1	85	79.2	83.5	77.5
杨祥瑞	69	71.4	78.1	86	85.6	80.4	91.3	77.5
尹梦林	86.4	90.1	97.9	87.8	75	90.4	90.5	95.9
尹梦林	68.4	64.5	62.3	75.4	73.5	72.1	88	64
尹梦林	61.7	79.3	64.8	80.5	78.5	69.1	84	62.8

图3-53 分类汇总

2）在弹出的分类汇总对话框中，设置“分类字段”为“姓名”，“汇总方式”为“求和”，“选定汇总项”除姓名外全部选择，单击“确定”按钮，如图3-54所示。

汇总结果如图3-55所示。

分类汇总
分类字段(A):
姓名
汇总方式(U):
求和
选定汇总项(D):
企业财务会计1
思想道德修养与法律基础
体育
物流基础
物流设施设备
语文上
替换当前分类汇总(C)
每组数据分页(P)
汇总结果显示在数据下方(S)
全部删除(R) 确定 取消

图3-54 分类汇总界面

姓名	安全	计算机基础	企业财务会计	思想道德修养与法律基	体育	物流基础	物流设施设备	语文上
卞琳	85.7	85.2	94.6	93.8	71	81.8	85.7	79.4
卞琳	71	78	26.1	76	79.7	70.9	91.1	66
卞琳	79.5	60.5	42	81.3	87.9	76.2	85.5	68
卞琳 汇总	236.2	223.7	162.7	251.1	238.6	228.9	262.3	213.4
姜旭	63.5	39	60.8	66.1	72.8	63.6	86.8	53
姜旭	59.6	60.2	37.3	66.9	80.4	64.7	74.7	38.9
姜旭	84.6	74.9	91.7	87.8	70.9	76.5	75.1	82.7
姜旭 汇总	207.7	174.1	189.8	220.8	224.1	204.8	236.6	174.6
王文静	91.9	77.6	97.6	94.4	75.4	82.5	87.7	97.6
王文静	64	70.7	68.5	57.5	70.6	38	70.5	50
王文静	66	79	24	49.5	88.7	74.5	97	26.6
王文静 汇总	221.9	227.3	190.1	201.4	234.7	195	255.2	174.2
杨祥瑞	75.5	75.2	82.2	93.8	78.4	83.5	86.6	85.1
杨祥瑞	81.9	85.9	35.2	87.1	85	79.2	83.5	77.5
杨祥瑞	69	71.4	78.1	86	85.6	80.4	91.3	77.5
杨祥瑞 汇总	226.4	232.5	195.5	266.9	249	243.1	261.4	240.1
尹梦林	86.4	90.1	97.9	87.8	75	90.4	90.5	95.9
尹梦林	68.4	64.5	62.3	75.4	73.5	72.1	88	64
尹梦林	61.7	79.3	64.8	80.5	78.5	69.1	84	62.8
尹梦林 汇总	216.5	233.9	225	243.7	227	231.6	262.5	222.7
总计	1109	1091.5	963.1	1183.9	1173	1103	1278	1025

图3-55 汇总结果

检查评价

评价项目	教师评价	自我评价
分类汇总操作步骤是否正确		
分类汇总结果是否符合要求		

任务八 汇总分析学生月考成绩表
——合并计算的运用

合并计算指的是将相似的数据合并到一起的一个功能，适合处理多个表格的相似数据。合并计算的功能通过使用函数可以实现，但是函数公式会非常复杂。请使用函数对下面的例子进行解答，巩固函数的学习。

如果数据分散在多个表格中，我们想把相同的数据合并起来又应该怎么操作呢？

明确任务

三个月月考的成绩分别分布在三个工作表中，要想把他们汇总到一个工作表中就需要使用合并计算。任务图如图3-56所示。

	A	B	C	D	E	F	G	H	I
1	姓名	安全	计算机基础	企业财务会计1	思想道德修养与法律基	体育	物流基础	物流设施设备	语文上
2	卞琳	85.7	85.2	94.6	93.8	71	81.8	85.7	79.4
3	王文静	91.9	77.6	97.6	94.4	75.4	82.5	87.7	97.6
4	杨祥瑞	75.5	75.2	82.2	93.8	78.4	83.5	86.6	85.1
5	姜召德	59.6	60.2	37.3	66.9	80.4	64.7	74.7	38.9
6	姜良浩	68.4	64.5	62.3	75.4	73.5	72.1	88	64
7	栗煜	71	78	26.1	76	79.7	70.9	91.1	66
8	张雅欣	64	70.7	68.5	57.5	70.6	38	70.5	50
9	肖克	81.9	85.9	35.2	87.1	85	79.2	83.5	77.5
10	钱胜云	84.6	74.9	91.7	87.8	70.9	76.5	75.1	82.7
11	公臣	61.7	79.3	64.8	80.5	78.5	69.1	84	62.8
12	刘帅	79.5	60.5	42	81.3	87.9	76.2	85.5	68
13	王忠诚	66	79	24	49.5	88.7	74.5	97	26.6
14	李依林	69	71.4	78.1	86	85.6	80.4	91.3	77.5
15	王浩琪	77.4	66.9	45	88.2	80.9	68.9	93.3	67.5
16	朱彤	84.5	88.8	93.4	88.9	68.5	76.8	72.5	87.3
17	高娣	79.5	76.7	79.4	88.3	68.8	79.4	85.8	91.5
18	相梦飞	77.3	86.2	87	89.8	69.7	72.8	87.2	63
19	宋春雨	85	80.6	86.6	92.8	70	81.6	84.1	89.5
20									

1月月考 | 2月月考 | 3月月考 | 月考总成绩

图3-56 任务图

知识准备

“合并计算”位于“数据”选项卡“数据工具”选项组中，是指将相互独立的数据合并到一起计算。主要包括按位置进行合并计算和按类别进行合并计算。按位置合并需要注意数据在源区域中具有相同的顺序，并使用相同的标签。按类别进行合并计算则用于源区域中的数据不以相同的顺序排列但使用相同的标签的情况。

任务实施

1）选择“月考总成绩”工作表A1单元格，单击“数据”→“数据工具”→“合并计算”按钮，如图3-57所示。

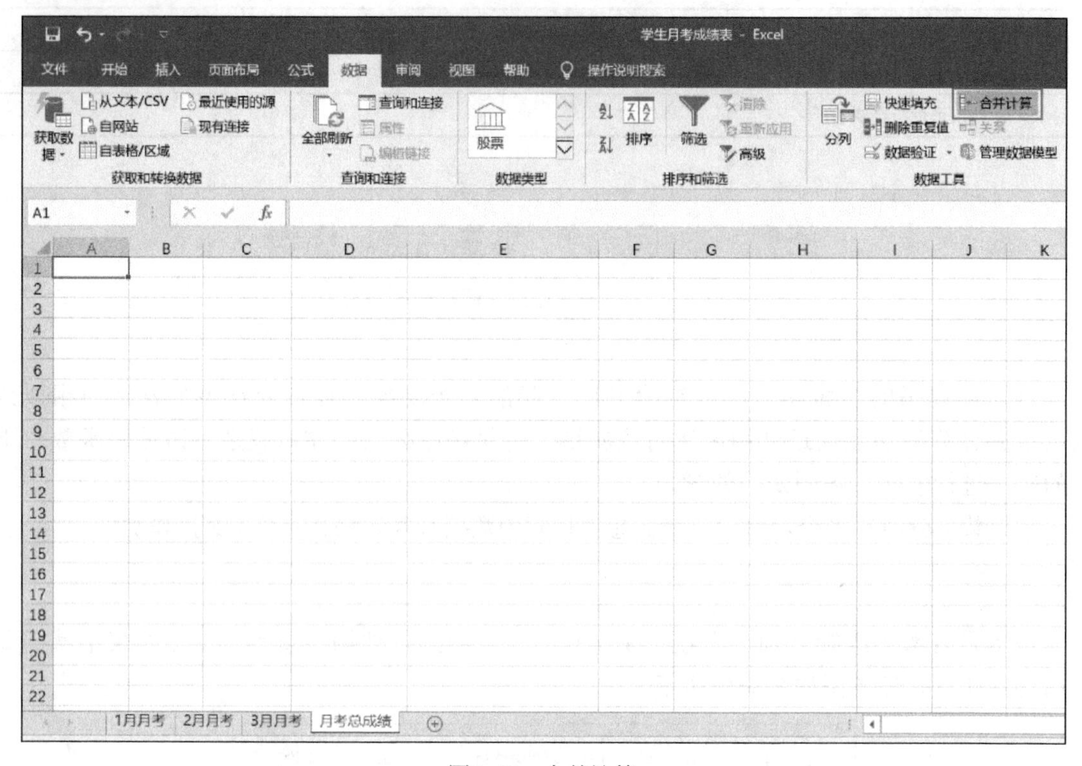

图3-57　合并计算

2）在打开的合并计算对话框中，“函数”选择“求和”，如图3-58所示。

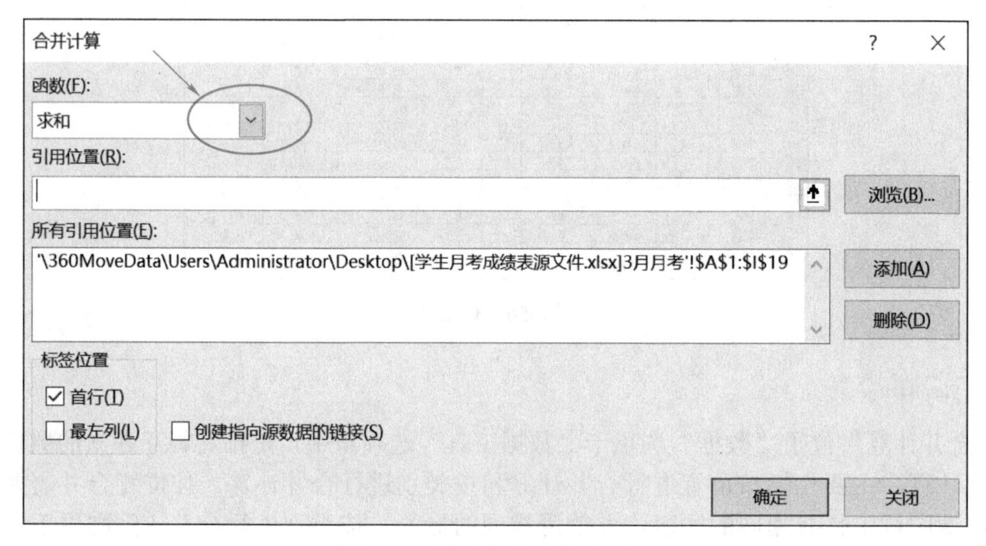

图3-58　设置合并计算对话框

3）单击“引用位置”右侧蓝边框箭头，鼠标左键单击“3月月考”工作表，并按<Ctrl+A>快捷键选中整个工作表，如图3-59所示。

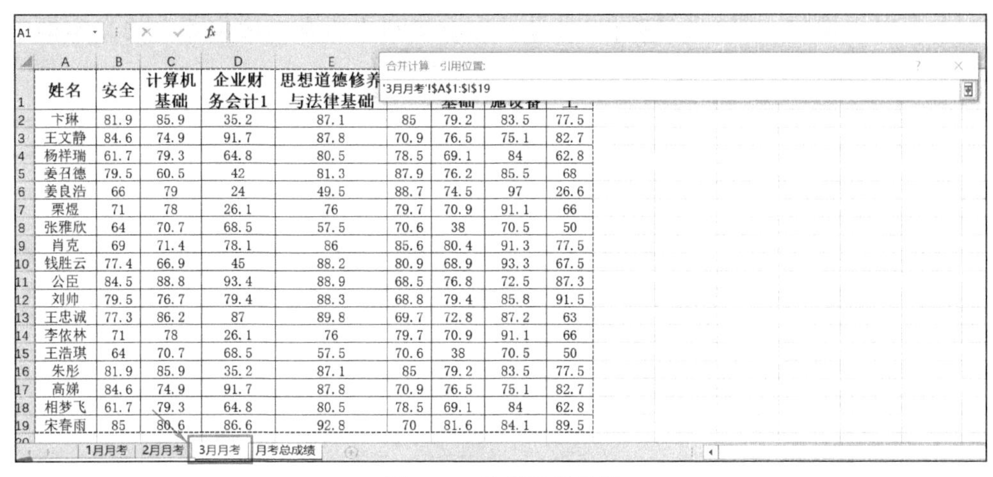

姓名	安全	计算机基础	企业财务会计1	思想道德修养与法律基础				
卞琳	81.9	85.9	35.2	87.1	85	79.2	83.5	77.5
王文静	84.6	74.9	91.7	87.8	70.9	76.5	75.1	82.7
杨祥瑞	61.7	79.3	64.8	80.5	78.5	69.1	84	62.8
姜召德	79.5	60.5	42	81.3	87.9	76.2	85.5	68
姜良浩	66	79	24	49.5	88.7	74.5	97	26.6
栗煜	71	78	26.1	76	79.7	70.9	91.1	66
张雅欣	64	70.7	68.5	57.5	70.6	38	70.5	50
肖克	69	71.4	78.1	86	85.6	80.4	91.3	77.5
钱胜云	77.4	66.9	45	88.2	80.9	68.9	93.3	67.5
公臣	84.5	88.8	93.4	88.9	68.5	76.8	72.5	87.3
刘帅	79.5	76.7	79.4	88.3	68.8	79.4	85.8	91.5
王忠诚	77.3	86.2	87	89.8	69.7	72.8	87.2	63
李依林	71	78	26.1	76	79.7	70.9	91.1	66
王浩琪	64	70.7	68.5	57.5	70.6	38	70.5	50
朱彤	81.9	85.9	35.2	87.1	85	79.2	83.5	77.5
高娣	84.6	74.9	91.7	87.8	70.9	76.5	75.1	82.7
相梦飞	61.7	79.3	64.8	80.5	78.5	69.1	84	62.8
宋春雨	85	80.6	86.6	92.8	70	81.6	84.1	89.5

图3-59　选择引用位置

4）单击合并计算-引用位置对话框右侧蓝色箭头，选中第一个引用位置，如图3-60所示。

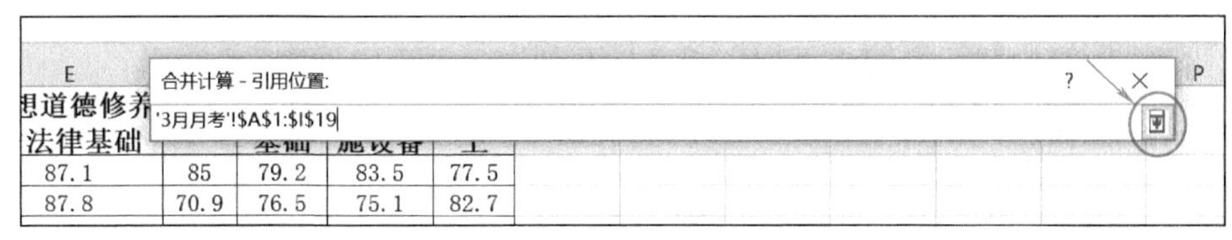

图3-60　引用位置

5）单击“添加”按钮，将3月月考添加到“所有引用位置”的文本框中，如图3-61所示。

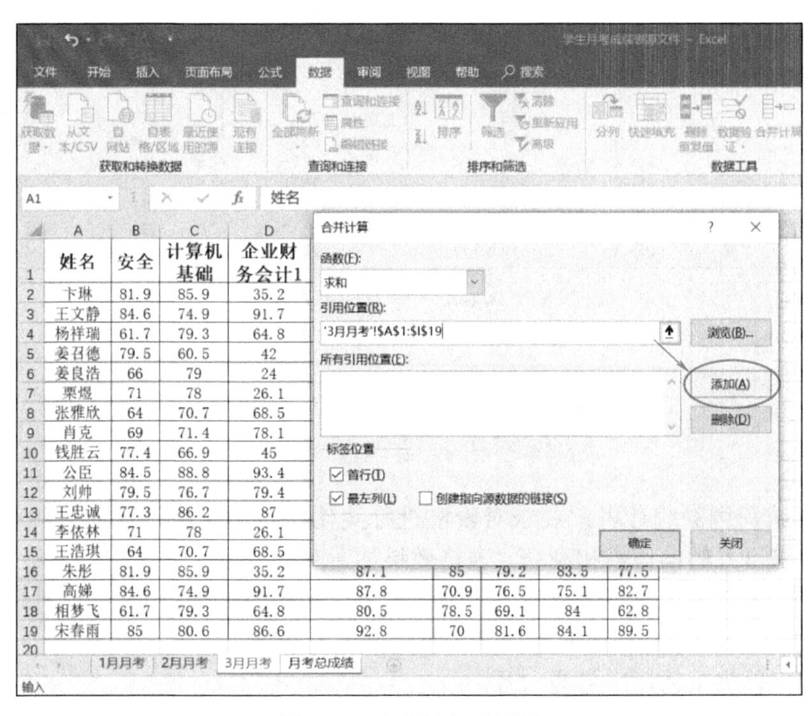

图3-61　合并计算对话框

6）重复以上操作，将1月月考和2月月考也添加到“所有引用位置”的文本框中，如图3-62、图3-63所示。

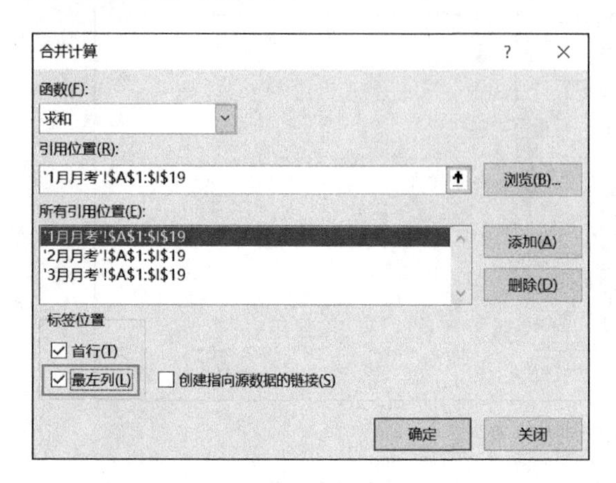

图3-62　添加1月月考引用位置

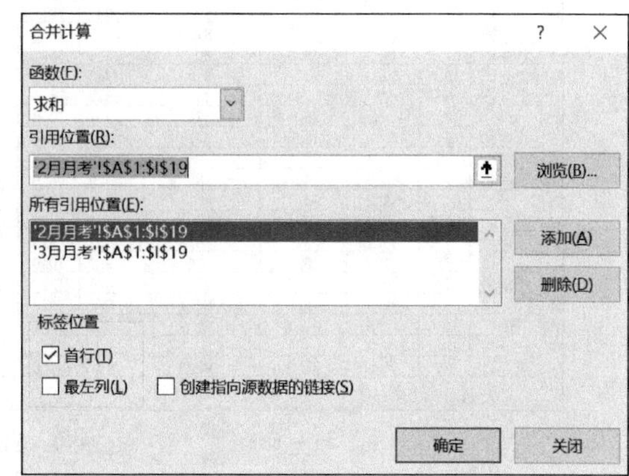

图3-63　添加2月月考引用位置

7）勾选“标签位置”下的“首行”和“最左列”，单击“确定”。

汇总结果如图3-64所示。

	A	B	C	D	E	F	G	H	I
1	姓名	安全	计算机基础	企业财务会计1	思想道德修养与法律基础	体育	物流基础	物流设施设备	语文上
2	卞琳	249.5	257	165	268	241	240.2	252.7	234.4
3	王文静	261.1	227.4	281	270	217.2	235.5	237.9	263
4	杨祥瑞	198.9	233.8	211.8	254.8	235.4	221.7	254.6	210.7
5	姜召德	223.6	209.5	172.7	237.1	236.8	217.7	232.7	194.2
6	姜良浩	202.8	208	148.6	200.3	235.7	218.7	273	154.6
7	栗煜	213	234	78.3	228	239.1	212.7	273.3	198
8	张雅欣	192	212.1	205.5	172.5	211.8	114	211.5	150
9	肖克	216.9	236.3	137.3	222.6	259.3	234.1	271.8	181.6
10	钱胜云	231	213.2	214.8	262	237.4	225.8	259.7	227.7
11	公臣	223.6	235	203.2	257.6	227.9	214.8	249.8	217.6
12	刘帅	243.5	226	214.8	258.5	225.2	232.4	243.8	246.8
13	王忠诚	222.8	241.9	190.4	227.6	227.2	226.7	270	181.1
14	李依林	217.3	235.6	191.2	251.8	235	224.1	269.6	206.5
15	王浩琪	226.4	218.2	200.1	238.5	221.5	188.5	247.9	207
16	朱彤	252.1	259.9	223.2	269.8	224.5	237.8	241.7	244.2
17	高娣	256	229.2	268.7	270.5	215.1	238.4	248.6	271.8
18	相梦飞	214.5	240.7	234	264.1	226.6	225.4	257.8	210.9
19	宋春雨	229.6	221.4	210.5	252.5	220.4	227.9	242.9	217.9

图3-64　汇总结果

◆ 拓展练习

制作家具城销售额统计表

制作家具城销售额统计表，要求对表格进行美化、使用函数计算销售额和利润，并使用合并计算求出每人的销售额和利润。表格效果如图3-65所示。

其中标题“家具城销售额统计表”字体为黑体，字号为20号。

A2:G2区域字体为宋体，字号为14号，填充颜色为浅绿。

内容文本字体为宋体，字号为12号。

使用公式或函数计算总销售额和利润。

分类汇总以“业务员”为分类字段，以求和为汇总方式，以“总销售额”和“利润”为选定汇总项。

家具城销售额统计表

业务员	产品名称	单价（元）	成本	销售数量（瓶）	总销售额（元）	利润
蔡成功	黑色板木电视柜	2300	1300	2	4600	2000
蔡成功 汇总					4600	2000
陈小春	儿童房家具套餐	6800	4000	1	6800	2800
陈小春	1.8米皮艺双人床	1900	1000	3	5700	2700
陈小春	沙发床	4900	2800	2	9800	4200
陈小春 汇总					22300	9700
黄晓明	1.8米实木双人床	4900	3000	2	9800	3800
黄晓明	1.8米实木双人床	4900	3000	1	4900	1900
黄晓明	儿童房家具套餐	6800	4000	1	6800	2800
黄晓明	1.8米实木双人床	4900	3000	1	4900	1900
黄晓明	儿童房家具套餐	6800	4000	2	13600	5600
黄晓明	黑色板木电视柜	2300	1300	2	4600	2000
黄晓明 汇总					44600	18000
黎明	橡木电视柜	2500	1500	2	5000	2000
黎明	沙发床	4900	2800	2	9800	4200
黎明	1.8米皮艺双人床	1900	1000	2	3800	1800
黎明	橡木电视柜	2500	1500	3	7500	3000
黎明 汇总					26100	11000
李荣浩	白色板木茶几	2400	1300	1	2400	1100
李荣浩	沙发床	4900	2800	3	14700	6300
李荣浩 汇总					17100	7400
刘德华	1.8米皮艺双人床	1900	1000	1	1900	900
刘德华	白色板木茶几	2400	1800	2	4800	1200
刘德华	儿童房家具套餐	6800	4000	1	6800	2800
刘德华	1.8米实木双人床	4900	3000	2	9800	3800

家具城销售统计表

图3-65 家具城销售额统计表

◆ 检查评价

评价项目	教师评价	自我评价
合并计算操作步骤是否正确		
合并计算结果是否准确		

◆ 竞技擂台

一、填空题

1. Excel中数字存在________格式会使排序出现错误。

2. Excel中进行分类汇总之前要对数据进行________设置。

3. Excel中自动筛选分为按列表值、________和________三种筛选类型。

4. _________是一种具有创造性与交互性的报表，其强大的功能主要体现在可以使杂乱无章、数据庞大的数据表快速有序地显示出来。

5. 条件格式可以起到突出显示单元格规则的效果，此外数据条、___________和________还可以起到区别显示数据范围的作用。

二、选择题

1. 数据验证可以避免数据输入中的重复、类型错误、小数位数过多等情况，是向单元格中输入数据的（　　）。

A. 条件格式　　B. 运算规则

C．数据范围　　D．权限范围

2．规划求解属于可用加载宏，也可以称为（　　），是一组命令的组成部分。

A．数据分析　　B．预测工具

C．预测数据　　D．假设分析

3．下列各选项中，对分类汇总描述错误的是（　　）。

A．分类汇总结果必须与原数据位于同一个工作表中

B．不能隐藏分类汇总数据

C．分类汇总之前需要排序数据

D．汇总方式主要包括求和、最大值、最小值等方式

4．在数据表对话框中，“输入引用行的单元格”选项表示（　　）。

A．在数据表为行方向时，输入引用单元格地址

B．在数据表中，输入单元格地址

C．在数据表中，输入数值

D．在数据表为列方向时，输入引用单元格地址

5．在进行单变量求解时，用户需要注意必须在（　　）单元格中含有公式。

A．数据单元格　　B．可变单元格　　C．目标单元格　　D．数据单元格

三、思考题

1．简述数据透视表与数据透视图的使用方法。

2．简述Excel中公式使用双变量的方法。

3．简述使用高级筛选功能筛选数据的方法。

任务九　创建图表分析学生期末成绩表
——图表的创建、编辑

Excel中，图表是一种形象生动的表现数据的方式，以单元格中的数据为基础，通过插入图表的形式体现数据之间的对应关系与变化趋势，使表格数据更加美观，条理清晰。

Excel的图表与Word类似，包括柱形图、折线图、饼图等图表。在Excel中插入图表有两种方式，一种是选中数据，直接在“插入”选项卡的“图表”选项组中选择“图表类型”，另一种是先插入图表再选择数据。

◆ 明确任务

比较每个学生各科成绩的时候，会发现单纯以表格的形式展示数据并不直观，这个时候我们可以使用图表来分析学生的各科成绩。

◆ 知识准备

在Excel中插入图表的方式有两种，一种是先选择数据后插入图表，另一种是选择图表样式再选择相应数据。图表类型多种多样，在“插入”选项卡“图表”选项组中可选择插入图表的类型。

一、推荐的图表

Excel可根据用户选中的数据智能推荐图表，在不知道该用哪种图表样式的时候可选择该选项。

二、组合图表

组合图表是指多种图表样式的叠加，包括簇状柱形图-折线图、簇状柱形图-次坐标轴上的折线图、堆积面积图-簇状柱形图三种基本形式，此外也可根据实际需求选择合适的组合图表。

三、图表数据编辑

图表数据编辑主要包括对现有数据的编辑和添加数据。当插入图表后，使用鼠标左键选中图表，在“图表工具”下“设计”选项卡的“数据”选项组中可进行数据设置。这里需要注意图例和水平轴标签的设置。

四、设置图表布局

图表布局在“图表工具”下“设计”选项卡的“图表布局”选项组中进行设置，除了快速布局中提供的八种预设布局样式外，通常使用“添加图表元素”功能来设置图表布局，坐标轴、图表标题、数据标签、误差线、图例和趋势线等元素都可进行设置。

五、设置图表样式

图表样式在“图表工具”下“设计”选项卡的“图表样式”选项组中进行设置，Excel提供了多种预设样式供用户选择，此外可通过“更改颜色”功能改变图表颜色。

◆ 任务实施

1．图表创建与简单编辑

1）双击打开学生期末成绩表的Excel文件。

2）选中A1:F7单元格区域，选择“插入”→“图表”，单击插入柱形图，如图3-66所示。

3）在下拉菜单中选择“三维柱形图”→“三维簇状柱形图”，如图3-67所示。

4）将图表拖动到适当位置，修改图表标题为“期末成绩”，如图3-68所示。

5）双击鼠标左键选中“安全”对应柱子，如图3-69所示。

6）选择“图表工具”→“设计”→“添加图表元素”→“数据标签”→“数据标

注”，将姜旭的安全成绩标注到图表中，如图3-70所示。同理，可选中一类柱子进行标注。

姓名	安全	计算机基础	企业财务会计1	思想道德修养与法律基础	体育
姜旭	63.5	39	60.8	66.1	72.8
尹梦林	86.4	90.1	97.9	87.8	75
卞琳	85.7	85.2	94.6	93.8	71
王文静	91.9	77.6	97.6	94.4	75.4
杨祥瑞	75.5	75.2	82.2	93.8	78.4
姜召德	59.6	60.2	37.3	66.9	80.4

图3-66　插入图表

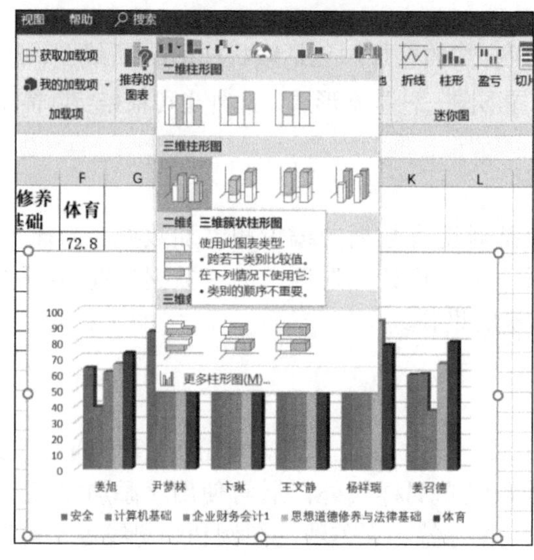

图3-67　选择三维簇状柱形图

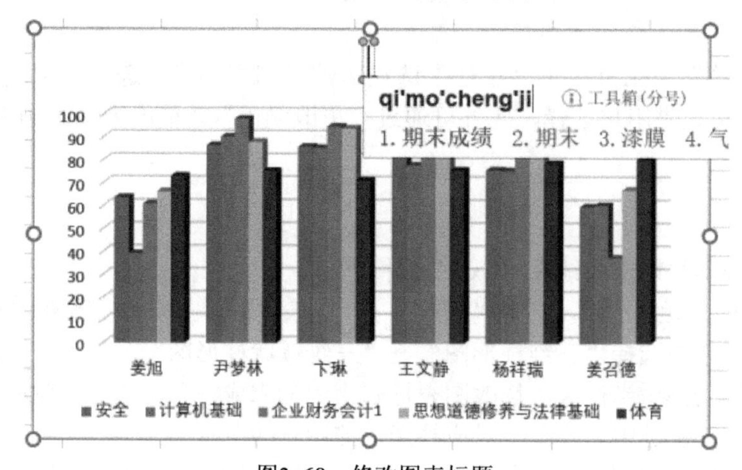

图3-68　修改图表标题

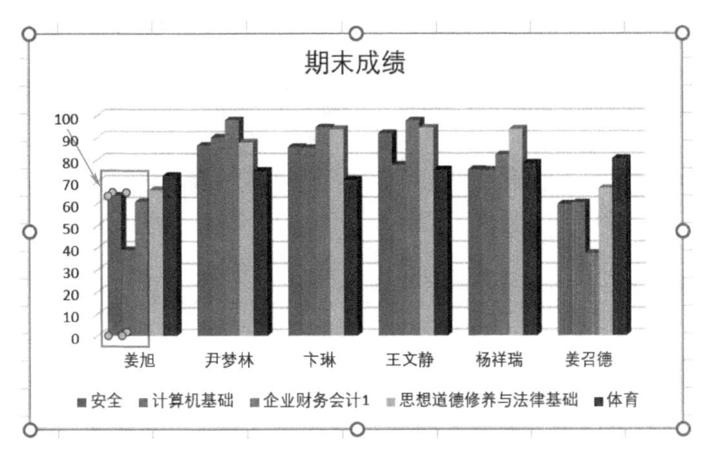

图3-69　选中某柱子

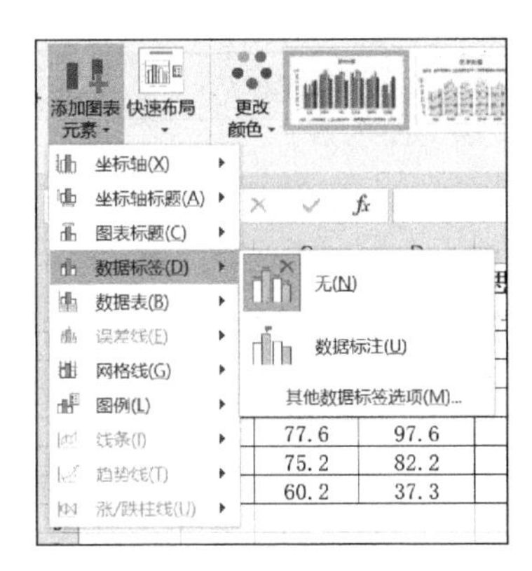

图3-70　数据标签

2. 图表的美化

图表实质上是由形状和文本框组合而成的，因此与设置形状和文本框类似，我们可以通过设置图表的样式起到美化的效果，甚至创造出富有艺术特色的外观形式。

对于创建完的图表，我们可以通过设置图表样式使其更加美观。

1）选择“图表工具”→“设计”→“图表样式”→“更改颜色”→“彩色调色板4”，如图3-71所示。

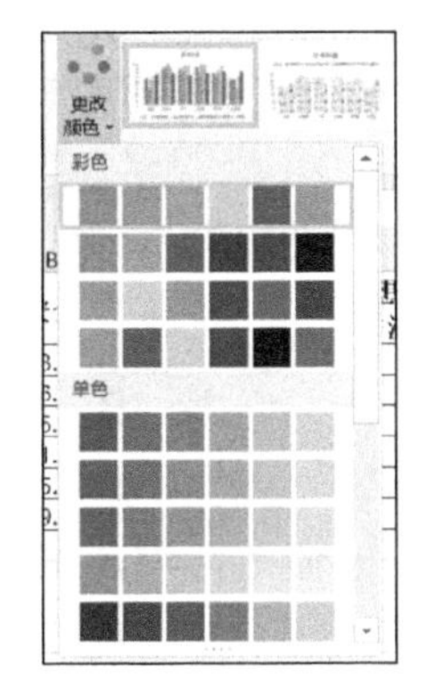

图3-71　更改图表颜色

2）选择“图表样式”下拉菜单中的“样式9”，如图3-72所示。

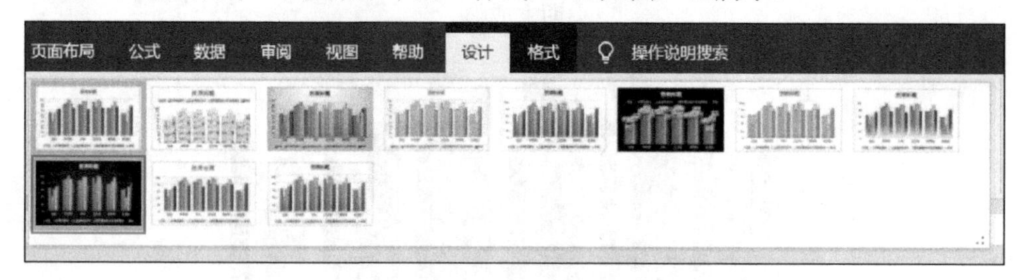

图3-72　选择图表样式

Excel中除了插入的以上类型的图表外，还可以插入组合图表和迷你图等，分别适应不同的应用情景，同学们可以尝试用组合图表和迷你图显示上面的数据，看看有什么变化。

◆　检查评价

评价项目	教师评价	自我评价
图表制作步骤是否正确		
图表类型选择是否合理		
图表格式是否美观		

◆　竞技擂台

一、填空题

1．Excel中除了常见的柱形图、条形图的格式外，还有一种迷你图图表格式，每个迷你图代表所选内容中的________或________数据。

2．与Word删除数据的方法不同，Excel中需要删除的数据区域，在选中后需要按______键删除。

3．在Excel中设置图表区格式主要包括设置图表区填充颜色、_________、_________、________与旋转等内容。

4．误差线是Excel图表元素之一，主要用来显示________，每个数据点可以显示______个误差线。

5．Excel中图表类型多种多样，其中________是具有两个以上数据系列的折线图中的条形柱，其作用是指明初始数据系列和终止数据系列中数据点之间的差别。

二、选择题

1．在Excel中，除了可以创建一般的单一图表之外，还可以创建（　　）和迷你图图表。

A．柱形图图表　　　　B．雷达图图表

C．组合图表　　　　D．饼图图表

2．在Excel中可以通过执行（　　）命令，添加图例、网格线、误差线等图表元素。

A．“快速样式”　　　　B．“图表布局”

C．“添加图表元素”　　　　D．“形状样式”

3．趋势线主要用来显示各系列中数据的发展趋势，对趋势线可显示信息描述错误的项为（　　）。

A．对齐方式　　B．线型　　C．三维格式　　D．数字

4．下列描述中，错误的一项为（　　）。

A．线性趋势线可为选择的图表数据系列添加线性趋势线

B．移动平均趋势线可为选择的图表数据系列添加双周期移动平均趋势线

C．线性预测趋势线可为选择的图表数据系列添加2个周期预测的线性趋势线

D．指数趋势线可为选择的图表数据系列添加线性趋势线

三、思考题

1．简述建立图表的方法。

2．简述图表中元素的设置方法。

3．列举雷达图的运用实例。

项目四　PowerPoint 2016的应用

PowerPoint 2016（图标如图4-1所示，以下简称PPT）是一款用于进行演示文稿设计与制作的软件，用户可以在PPT中进行文本、图像、动画、音频和视频等的编辑，并将自己的信息图文并茂地展示出来。PPT目前在演示、解说、培训等领域应用非常广泛，用户只要有一定文字和图片素材，都可以使用PPT制作出精美的演示效果，其相对于Excel更易理解，但操作重复性强，需要学生具有一定的耐心。

图4-1　PowerPoint 2016图标

学习目标

1）学会创建PPT文件。
2）能够设置幻灯片页面。
3）学会插入图片、形状、表格与图表。
4）学会设置动画效果与切换效果。

PowerPoint 2016工作界面

- 幻灯片窗口　幻灯片是以页为单位进行编辑的，每一页幻灯片都在幻灯片窗口中显示。
- 选项卡　显示PowerPoint 2016主要功能选项。
- 幻灯片放映　用于从当前页开始放映幻灯片，除此之外在快速访问工具栏中默认第四个按钮为从头开始放映，在“幻灯片放映选项卡”中也有四种放映方式，常用从头放映和从当前页放映。PowerPoint 2016工作界面如图4-2所示。

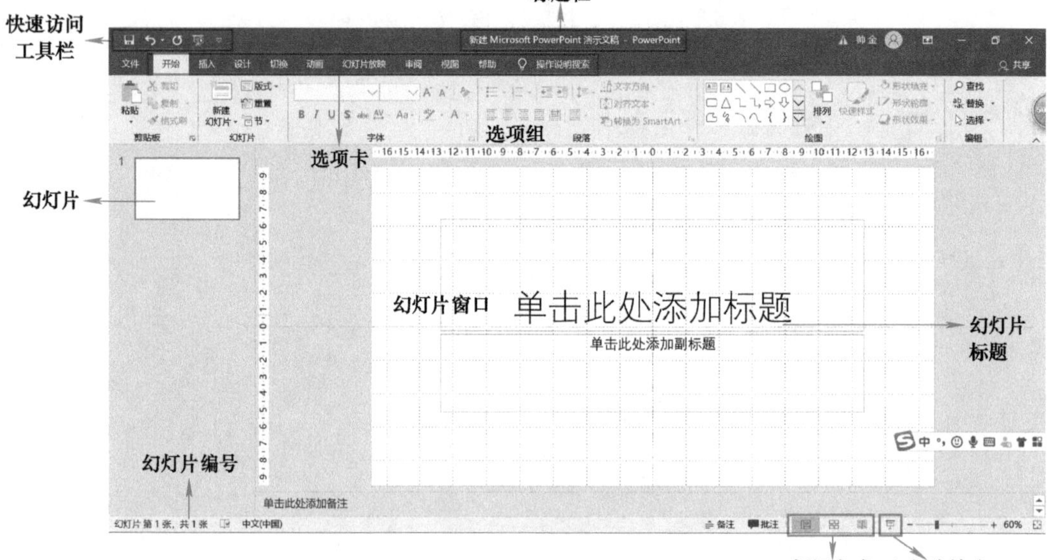

图4-2　PowerPoint 2016工作界面

任务一　PPT初识——农产品推介演示文稿的创建

◆ 明确任务

村子里今年农产品大丰收，但令人头疼的是，村民们不知道怎么把农产品销售出去。作为村子里有志青年的小姜决定想办法帮大家解决这个困难，为此他联系了多家农产品加工销售企业，想把村里的农产品销售出去。为了让企业负责人充分了解村里的农产品，小姜想制作一个农产品推介演示文稿给负责人看。苦于技术不到家，小姜找到你这个好朋友帮忙，下面我们就来帮小姜制作一份精美的农产品推介演示文稿。

◆ 知识准备

一、PPT文件的创建

打开PPT后，同Word、Excel一样，通过“文件”→“新建”命令，可创建空白演示文稿和模板演示文稿。在制作PPT的时候通过网络寻找合适的模板，可大大提高工作效率。

二、幻灯片页面的设置

在“设计”选项卡“自定义”选项组中可设置幻灯片的大小，除了预设的标准和宽屏样式外，可通过自定义幻灯片大小来进行页面设置。

三、幻灯片中插入图片

PPT与Word、Excel类似，在“插入”选项卡“图像”选项组中可插入图片，包括插入本地图片、联机图片、屏幕截图等，其中插入屏幕截图截取的是切换到PPT界面之前应用的窗口界面。美化图片的操作与Word和Excel中的操作基本类似，这里不再赘述。

四、幻灯片中插入形状

PPT在“插入”选项卡“插图”选项组中可插入形状，对于插入的多个形状需要组合的我们通常提前组合到一起，方便后期设置动画。美化形状的操作与Word和Excel中的操作基本类似，这里不再赘述。

五、幻灯片中使用表格

同Word类似，在“插入”选项卡“表格”选项组中可插入表格，不同之处在于为方便演示，PPT中插入的表格自带样式，展示效果较强。美化表格的操作与Word基本类似，这里不再赘述。

◆ 任务实施

1. 新建PPT

右键单击桌面空白处，选择“新建”→“Microsoft PowerPoint演示文稿”，命名为“农产品推介”，如图4-3所示。

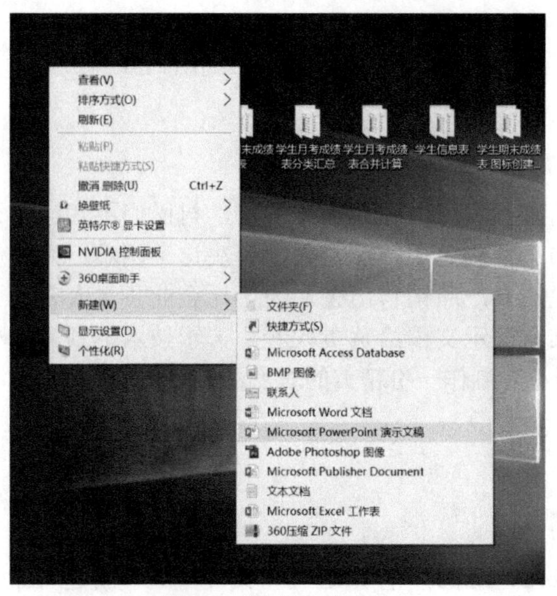

图4-3　新建演示文稿

提示

与新建工作簿类似，双击桌面或单击桌面的PPT图标也可以新建一个PPT文档。

2. 制作第一页幻灯片

（1）添加幻灯片

幻灯片在播放的时候是一页一页进行放映的，文本的添加、效果的添加都是在每一页幻灯片上完成的。

1）打开新建的演示文稿，选择第一页幻灯片，单击鼠标右键，选择“删除幻灯片”，如图4-4所示。

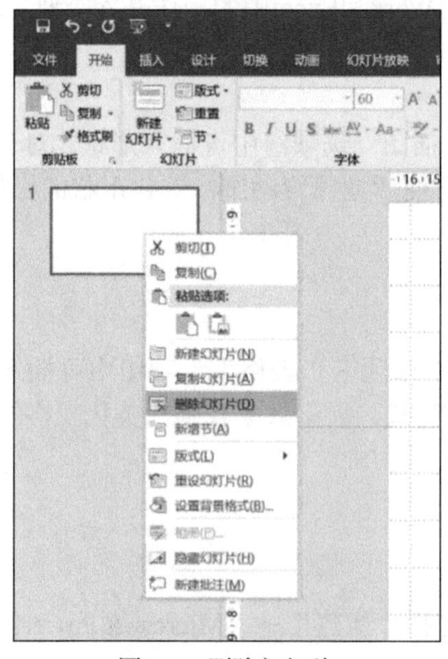

图4-4　删除幻灯片

2）选择“开始”→“幻灯片”→“新建幻灯片”→“空白”，如图4-5所示。

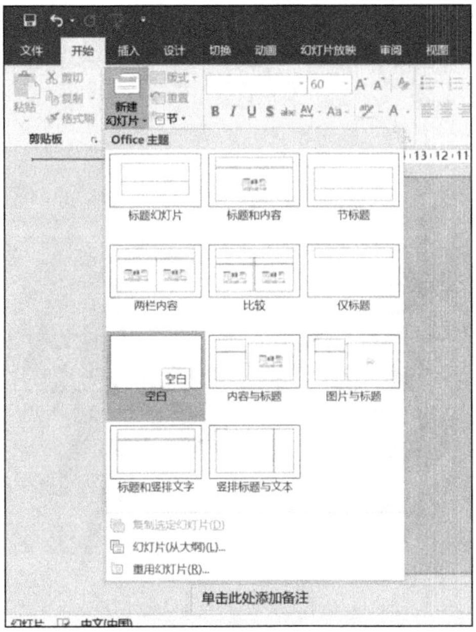

图4-5 添加空白幻灯片

在幻灯片中，系统自带11个幻灯片版式。

（2）插入图片

与Word和Excel类似，PPT中也可以插入图片，而且由于PPT的演示特性，图片在PPT中应用非常广泛。插入方式为从“插入”选项卡的“图像”选项组中选择图像种类，插入图片的编辑方法与Word、Excel类似。

选中第一页幻灯片，单击“插入”→“图片”，选择“第一页大背景”，如图4-6所示。

图4-6 选择背景图片

背景效果如图4-7所示。

图4-7　背景效果

（3）插入形状

同样在PPT中也可以插入形状，插入的形状通常用于点缀PPT，其编辑方式与Word、Excel类似。

1）选择“插入”→“形状”→“矩形”，在PPT上绘制一个矩形，如图4-8所示。

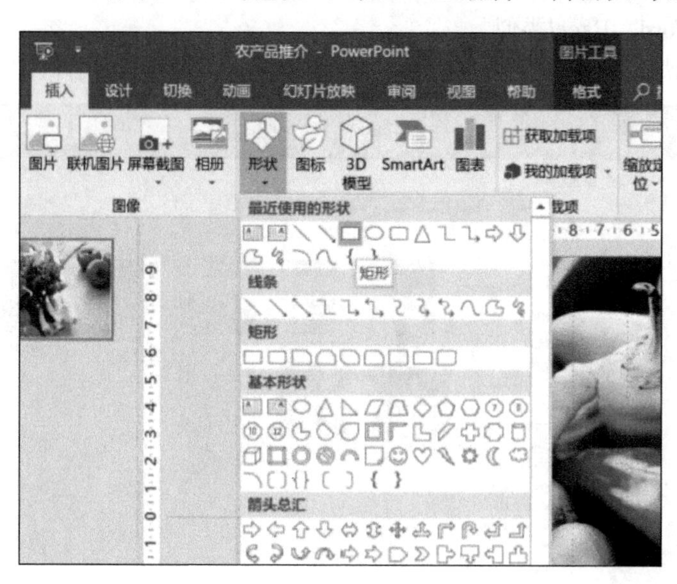

图4-8　插入形状

2）选中矩形，在“绘图工具”下的“格式”选项卡中，“形状填充”为“绿色”，“形状轮廓”为“绿色”，如图4-9所示。

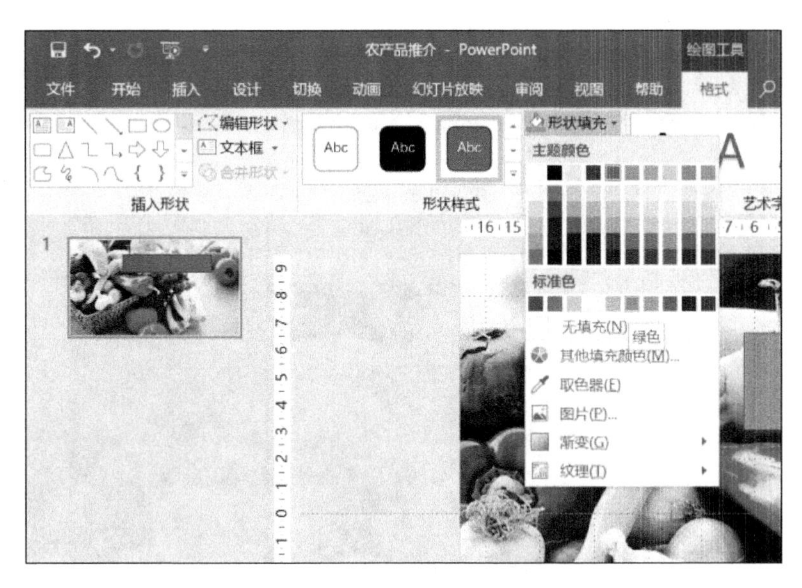

图4-9　设置形状填充

3）设置矩形大小为8厘米×33.87厘米，并将其移动到适当位置，如图4-10所示。

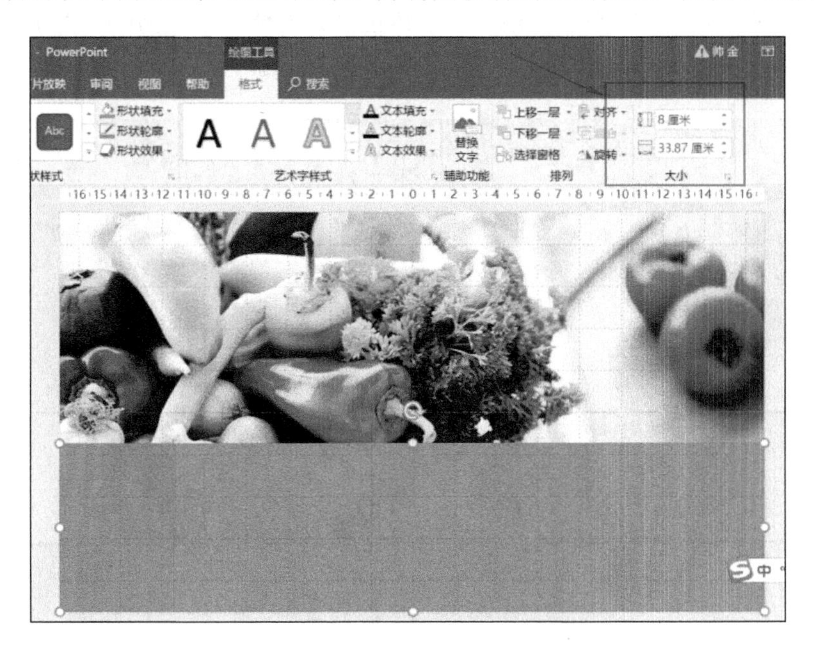

图4-10　设置矩形大小和位置

（4）插入文本框

与Word、Excel不同，PPT中是无法直接输入文字的。要想在PPT中输入文字首先要添加文本框或者选中插入的形状，单击鼠标右键，选择“编辑文字”。此外文本框可以随意拖动位置，这也为PPT的排版提供了便利。

1）选择“插入”→“文本”→“文本框”→“绘制横排文本框”，绘制文本框，如

图4-11所示。

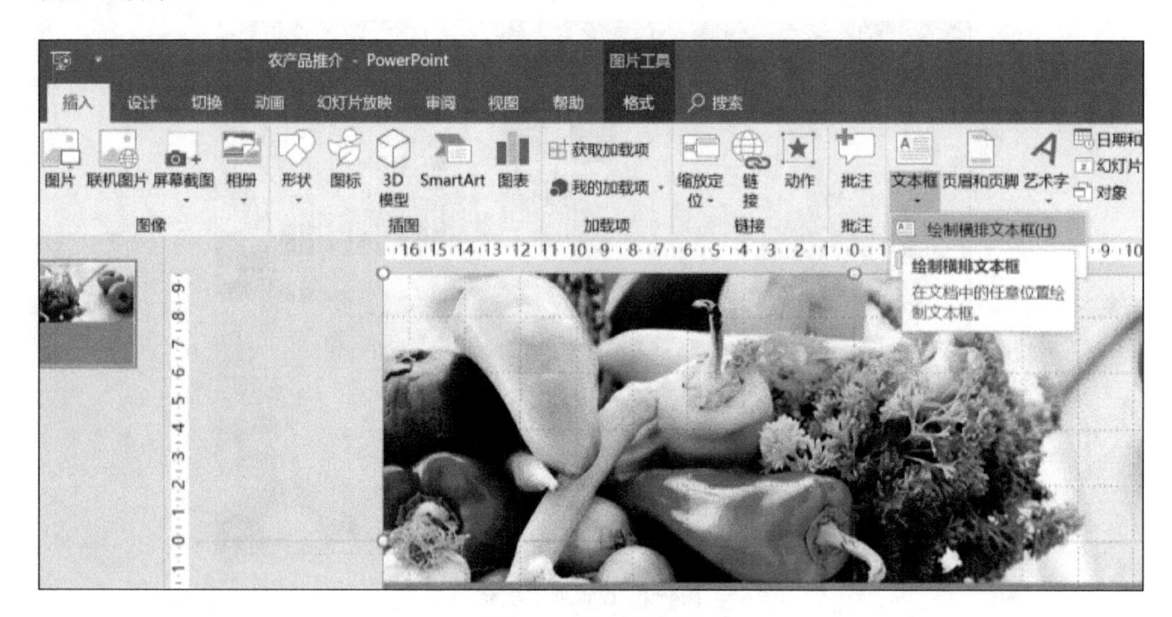

图4-11 绘制文本框

2）在文本框中输入“农产品介绍”，字体设置为黑体，字号为60，并加粗，字体颜色设置为白色，并将文本框移动到适当位置，如图4-12所示。

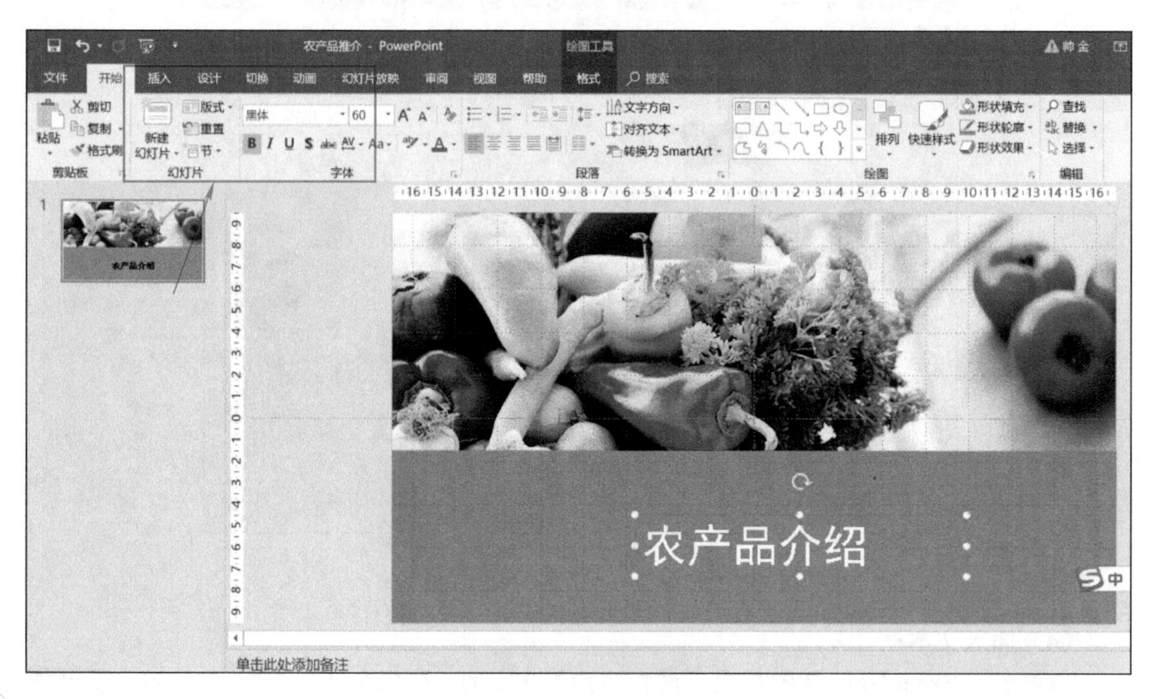

图4-12 设置文字样式

3）选中绿色矩形，在设置格式形状窗口中，设置“透明度”为“15%”，如图4-13所示。这样第一页幻灯片就制作完成了。

图4-13　设置透明度

3. 制作第二页幻灯片

1）新建空白幻灯片，在幻灯片上插入一个2厘米×1.5厘米的矩形和一个2厘米×0.5厘米的矩形，两者保持适当距离，按住<Ctrl>键单击鼠标左键，同时选中两个形状，在任意形状上单击右键将两个形状组合起来，如图4-14所示。

组合是一种常见的文本框、形状、图片编辑方式，特别是已经建立的复杂的文本框、形状、图片，最好将它们组合到一起，这样有利于页面排版。

2）左键双击2厘米×1.5厘米的矩形，设置“形状填充”为“橙色”，“形状轮廓”为“橙色”。设置2厘米×0.5厘米的矩形为绿色，如图4-15所示。

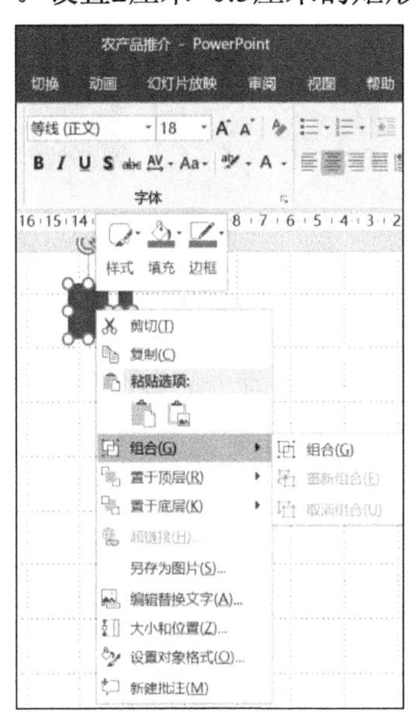

图4-14　组合形状

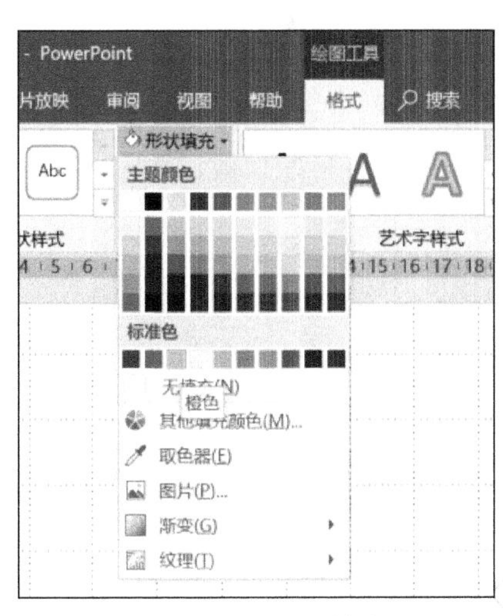

图4-15　设置形状填充

3）插入文本框，输入文本为“农产品种类”，字体为黑体，字号为32，加粗，移动到图中位置，将其与两个矩形组合起来，如图4-16所示。

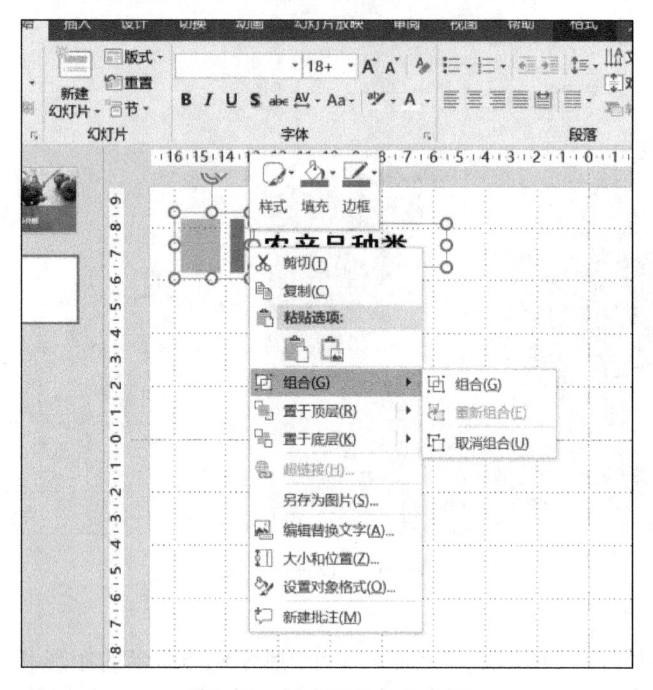

图4-16　组合形状与文本框

4）将农产品1～6六张图片插入到幻灯片中，如图4-17所示。

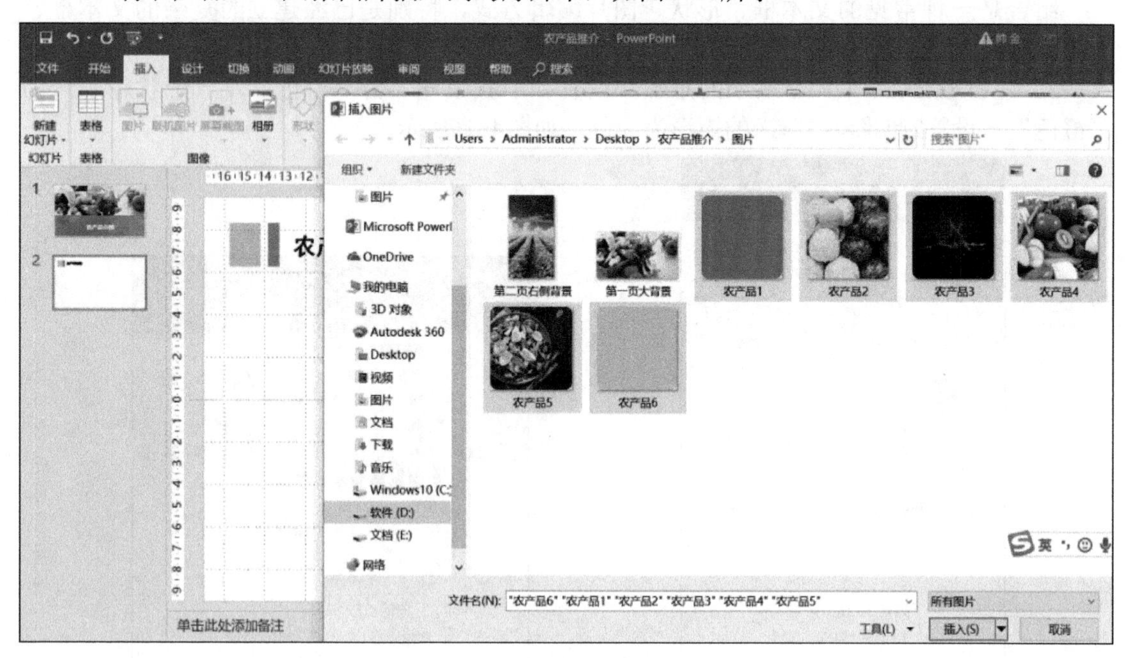

图4-17　插入图片

5）选中单张图片依次进行摆放，如图4-18所示。

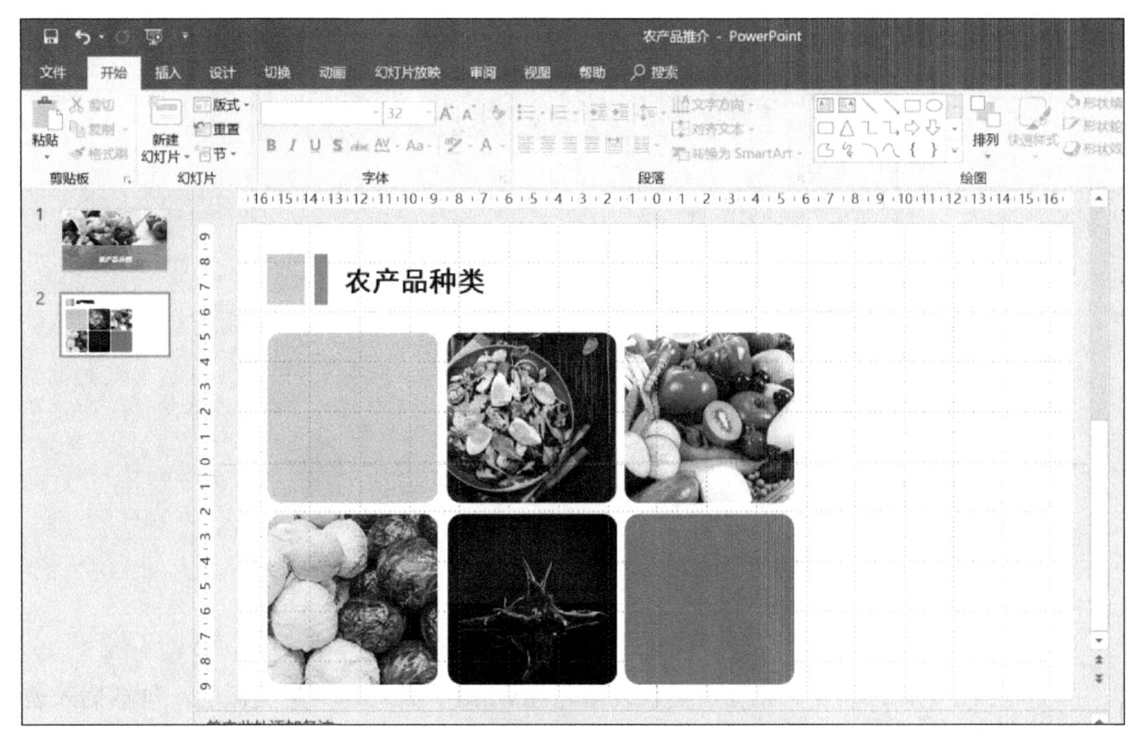

图4-18　摆放图片

6）在右侧插入第二页右侧背景，如图4-19所示。

图4-19　插入右侧背景

这样第二页幻灯片就制作完成了。

4. 制作第三页幻灯片

1）新建空白幻灯片，将第二页幻灯片的标题复制到第三页中，将文本修改为“农产品价格”，如图4-20所示。

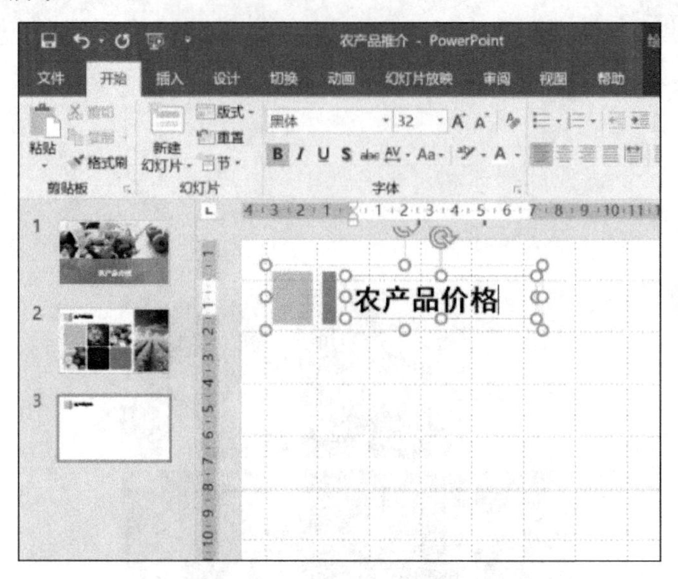

图4-20　设置幻灯片标题

2）在PPT中插入表格。PPT中插入表格与在Word中插入表格是类似的，包括插入表格、绘制表格和插入Excel电子表格三种方式。与Word不同的是，PPT中插入的表格不再是黑白的，而是蓝白相间的，这也体现了PPT以突出显示样式为主的一面。

在PPT中插入一个6×3的表格，如图4-21所示。

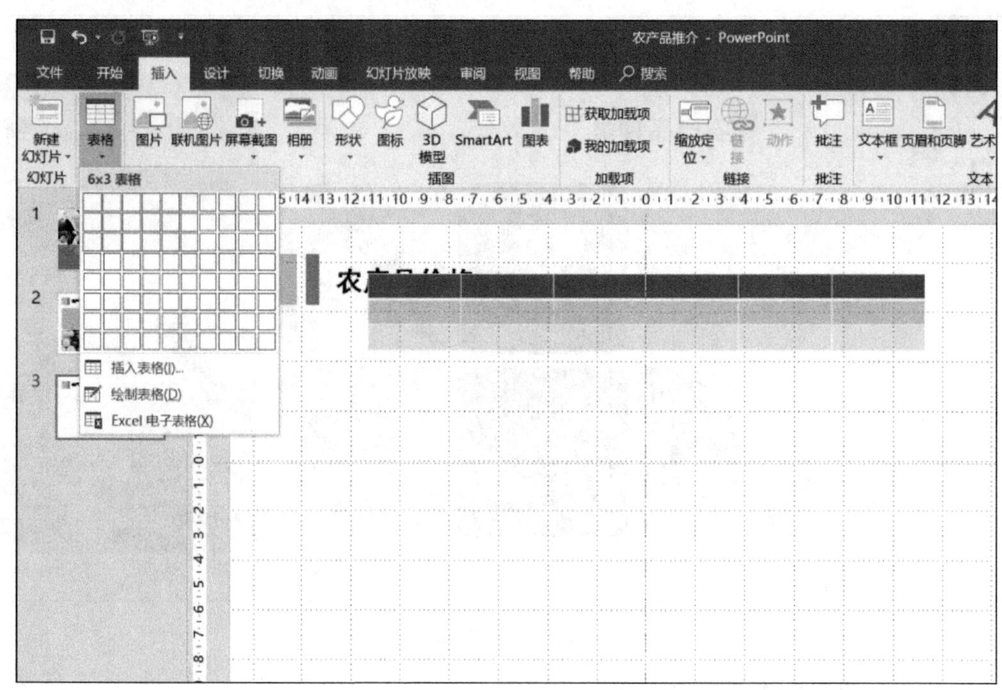

图4-21　插入表格

3）输入文本内容，字体为黑体，字号为28，居中对齐。表格效果图如图4-22所示。

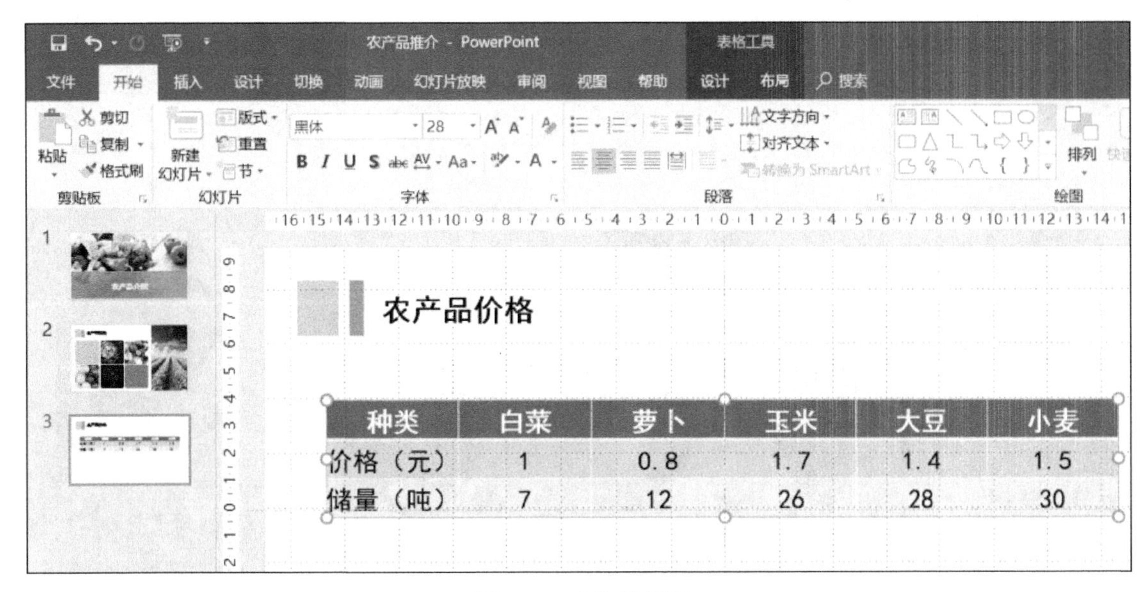

图4-22 表格效果图

5. 制作第四页幻灯片

1）复制第一页幻灯片，将复制的幻灯片拖动至最后一页，如图4-23所示。

图4-23 复制幻灯片

2）将文本内容修改为“谢谢观看”，如图4-24所示。

图4-24　第四页幻灯片效果

◆ 检查评价

评价项目	教师评价	自我评价
PPT内容是否完整		
PPT排版是否美观		

◆ 竞技擂台

一、填空题

1．幻灯片母版需要在＿＿＿＿＿＿视图中进行设置，当用户更改母版格式时，也会改变＿＿＿＿＿的格式。

2．写出四种幻灯片的常见版式：＿＿＿＿＿、＿＿＿＿＿、＿＿＿＿＿、＿＿＿＿＿。

3．幻灯片主题在＿＿＿＿＿＿选项组中进行设置，包括＿＿＿＿＿＿、＿＿＿＿＿＿和＿＿＿＿＿三大类。

4．在默认状态下，幻灯片编号从＿＿＿＿＿＿开始，起始的幻灯片编号在＿＿＿＿＿＿和＿＿＿＿＿两个输入文本域中设置。

5．用户可以通过＿＿＿＿＿＿快捷键剪切幻灯片，通过＿＿＿＿＿＿快捷键复制幻灯片，通过＿＿＿＿＿快捷键粘贴幻灯片，通过＿＿＿＿＿来调整幻灯片顺序。

二、选择题

1．插入新的母版与版式之后，为了区分个版式与母版的用途与内容，可以设置母版与版式的名称，即（　　）幻灯片母版与版式。

A．新建　　B．编辑　　C．插入　　D．重命名

2．PowerPoint为用户提供了文本、图表、图片、表格、媒体、SmartArt等（　　）种占位符，用户可根据具体需求在幻灯片中插入新的占位符。

A．8　　B．12　　C．10　　D．24

3．创建演示文稿之后，所有新创建的幻灯片的版式在默认情况下都是（　　）版式。

A．两栏内容　　B．图片与标题

C．内容与标题　　D．标题幻灯片

4．在母版视图下，给模板中的幻灯片设置页眉和标题时，（　　）幻灯片将不会被更改。

A．最后一页　　B．第一页　　C．第二页　　D．第三页

5．PowerPoint为用户提供了（　　）样式，该样式会随着主题的更改而自动更换。

A．主题　　B．切换　　C．变体　　D．颜色

三、思考题

1．简述设置幻灯片母版的方法。

2．简述保存与保护演示文稿的方法。

3．简述自定义主题颜色的方法。

任务二　美化PPT——农产品推介演示文稿的效果添加

PPT的外观效果相对于Word、Excel来说更加重要，因为PPT是用来给别人演示的，新手和老手制作的PPT只要一播放就能体现出差距。那么如何让我们制作的PPT更加美观、更加出众？PPT内容制作完成以后，可以通过添加动画、设置切换格式、添加音频等方式使PPT更加美观。

◆ 明确任务

完成PPT内容的制作后，小姜需要对PPT进行美化，添加一些播放效果，从而更好地展示村里的农产品。

◆ 知识准备

一、应用动画

PPT包括进入、强调、退出、动作路径四种动画样式。其中，进入表示对象自无到有的动画过程；强调指给对象设置一种突出强调效果的动画过程；退出指对象消失的动画过程；动作路径指用户自定义一种动画路径，对象按自定义动画路径运动的动画过程。应用动画在“动画”选项卡“动画”选项组中设置。

二、设置动画选项

动画选项主要包括路径方向、路径系列、计时方式、延迟和持续时间的设置。其中路径方向和路径系列在“动画”选项卡的“动画”选项组的“效果选项”中设置；计时方式在“动画”选项卡的“计时”选项组中设置，包括单击时、与上一动画同时和上一动画之后三种计时方式；延迟和持续时间同样在“动画”选项卡的“计时”选项组中设置，用于调整动画的播放时间和动画的播放延迟。

三、设置动画效果

执行“动画”→“高级动画”命令可设置动画效果，包括添加多个动画、调整播放顺序、触发等，通常我们会打开“高级动画”选项组中的“动画窗格”，此时该页幻灯片所有的动画会按播放顺序在右侧动画窗格中显示，选中相应动画即可设置其动画效果。

四、设置音频

在“插入”选项卡“媒体”选项组中可设置音频，通常可选择PC上的音频或联机搜索音频。插入的音频以小喇叭的样式显示在该页幻灯片中，选中小喇叭可设置其格式和播放形式。

五、设置切换效果

为增强幻灯片之间的过渡效果，PPT专门提供了切换功能，在“切换”选项卡下可设置多种切换效果，同时在“计时”选项组中可设置切换持续时间和换片方式。如果PPT急需在短时间内制作完成，那么舍弃动画效果而只设置切换效果会是最佳选择。

◆ 任务实施

1. 添加动画

给PPT添加动画效果是PPT的重点内容，也是难点内容，动画效果会让PPT展现效果更加酷炫。从实用性角度出发，PPT动画效果应该追求一种舒适的动态视觉。

PPT添加动画主要通过“动画”选项卡进行，分为进入、强调、退出、动作路径四种动画样式，也可以将这些动画样式任意组合，此外我们通常在“高级动画”选项组中调出动画窗格窗口，在动画窗格窗口中会显示添加的每一个动画及其播放顺序，选中任意动画可以进行设置。

1）在第一页幻灯片中，选中绿色矩形，单击“动画”选项卡，设置其动画为“劈裂”，如图4-25所示。

图4-25　设置“劈裂”动画

2）选中“农产品介绍”文本框，在“更多进入效果”中，设置其动画为“挥鞭式”，如图4-26和图4-27所示。

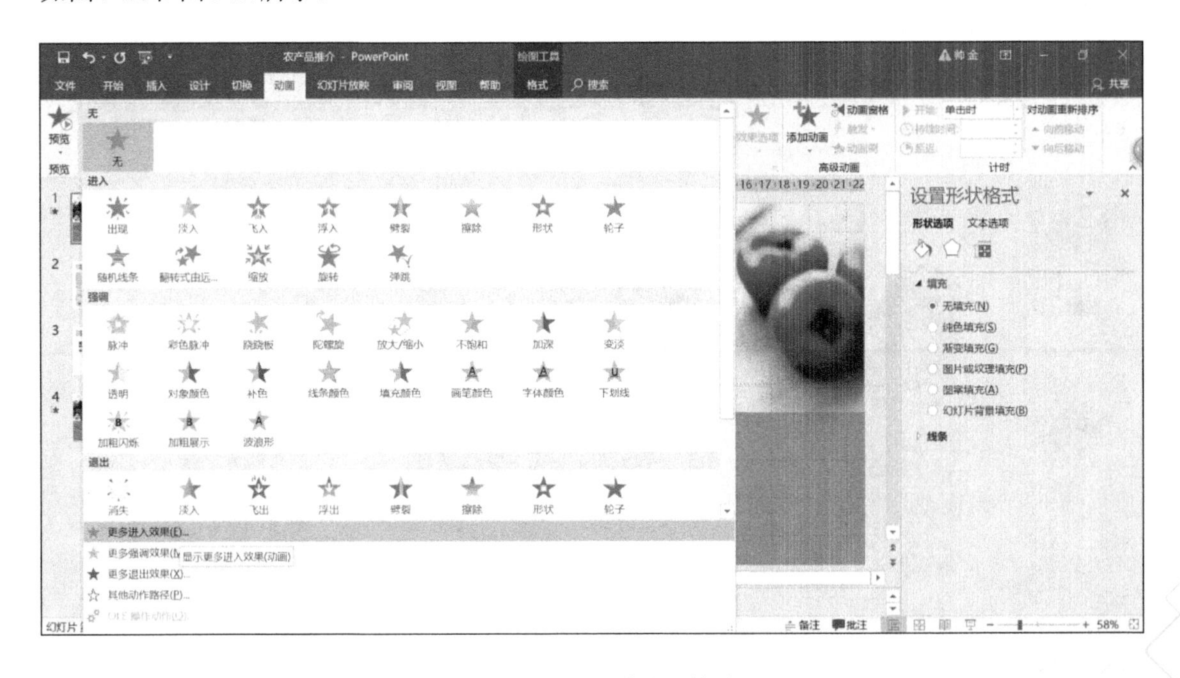

图4-26　设置更多进入效果

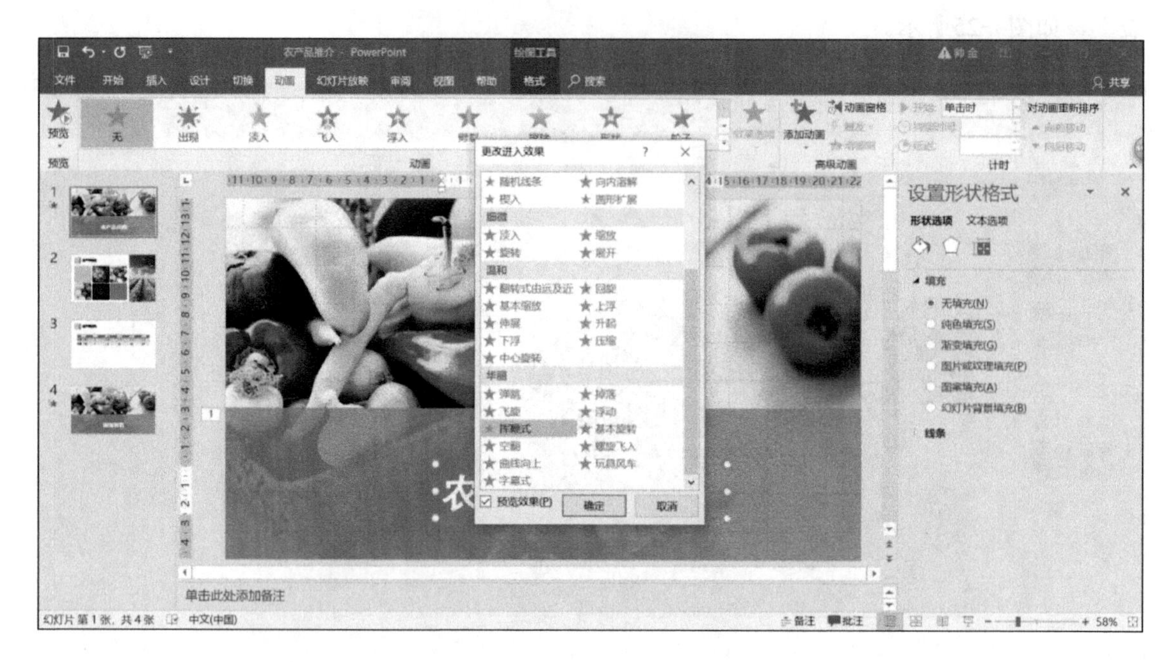

图4-27　设置“挥鞭式”动画

3）选中“农产品介绍”文本框，选择“添加动画”→“更多强调效果”→“脉冲”，如图4-28和图4-29所示。

图4-28　设置更多强调效果

图4-29　设置“脉冲”动画

4）选择第二页幻灯片右侧背景图片，设置动画效果为“擦除”，如图4-30所示。

图4-30　设置“擦除”动画

5）在第二页幻灯片中，另外六张图片动画效果依次设置为“螺旋飞入”，如图4-31所示。

图4-31　设置“螺旋飞入”动画

6）选中第三页幻灯片中的表格，设置其动画效果为“形状”，如图4-32所示。

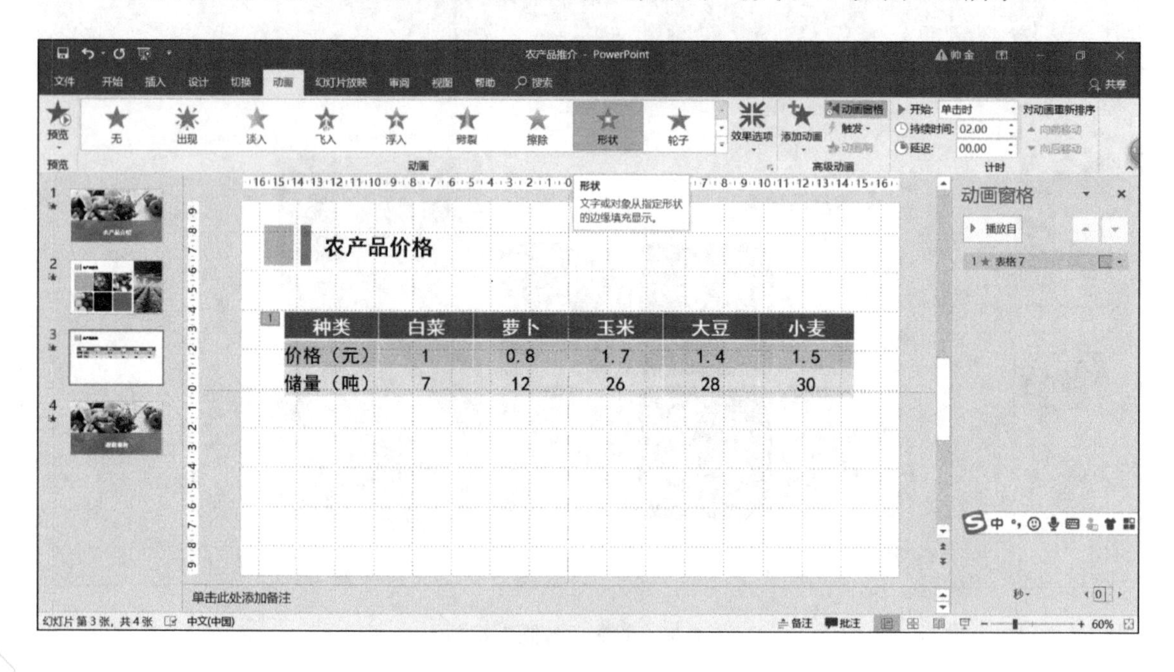

图4-32　设置“形状”动画

7）选中第四页幻灯片的背景，选择“动画”→“飞入”，如图4-33所示。

图4-33 添加动画

将“效果选项”设置为“自底部”，如图4-34所示。

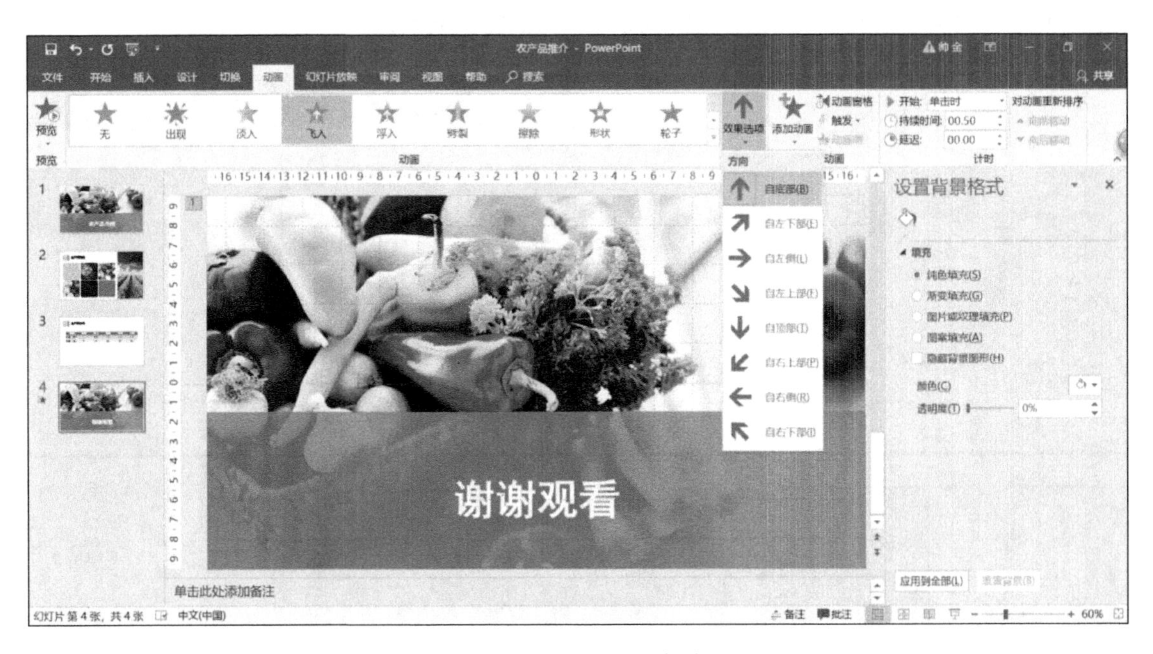

图4-34 设置“效果选项”

2. 添加音频

添加音频和视频是美化PPT的一种形式，音频可以带动氛围，视频会让PPT更具说服力，但不代表每一个PPT都适合添加音频和视频。

1）在第一页幻灯片中，选择“插入”→“媒体”→“音频”→“PC上的音频”，如图4-35所示。

图4-35　插入音频

2）选中“背景音乐”素材，单击“插入”，如图4-36所示。

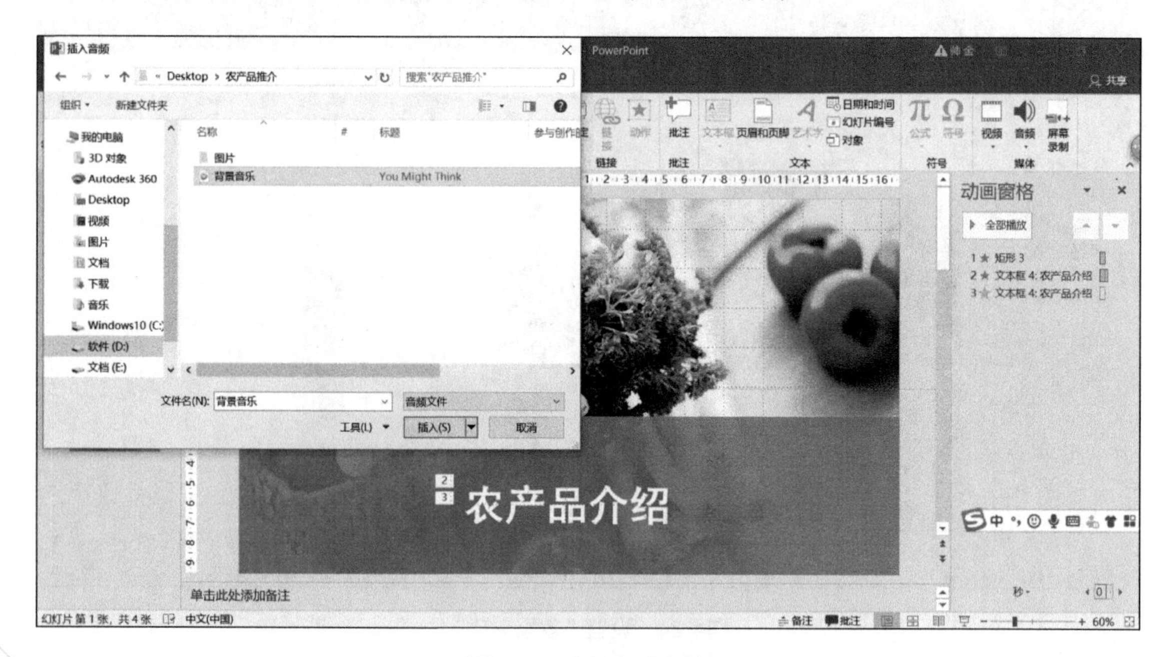

图4-36　选择音乐素材

3）选择“音频工具”→“播放”，将“开始”设置为“自动”，勾选“跨幻灯片播放”“循环播放，直到停止”“放映时隐藏”“播放完毕返回开头”，如图4-37所示。

图4-37 设置播放属性

4）将动画窗格窗口中的背景音乐拖动至最开始的位置，如图4-38所示。

图4-38 动画窗格窗口

3. 设置切换效果

初学者通常会将切换效果和动画效果混淆，因为切换效果与动画效果一样，都有绚丽的外表。实际上切换效果是PPT幻灯片之间切换的时候使用的一种过渡样式，而动画效果是对每一页幻灯片内的文本框、形状、图片等元素设置的效果。设置切换效果可以使PPT幻灯片之间的切换不再显得那么突兀，也可以给演示者提供过渡时间。

PowerPoint 2016的切换效果有很多，因此可以设置“随机”切换，这样每次打开幻灯片都有不一样的切换效果。

1）选中第一张幻灯片，选择“切换”→“随机”，如图4-39所示。

图4-39 切换幻灯片

2）在“切换”选项卡的“计时”选项组中，勾选“设置自动换片时间”，并将其设置为1秒，最后再单击“应用到全部”，如图4-40所示。

图4-40 设置自动换片时间

这样，一个简单的PPT就制作完成了。接下来我们就可以单击“从头开始”按钮进行播放了，如图4-41所示。

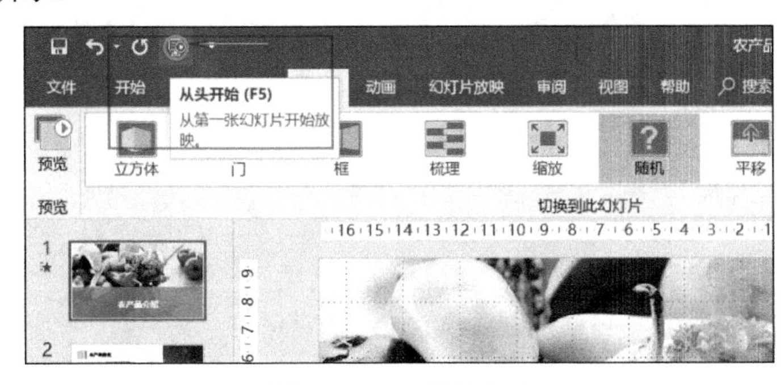

图4-41 PPT播放方法

拓展练习

制作感恩父母主题班会演示文稿

为唤醒同学们的感恩意识，增强同学们对父母、家庭的认同感和归属感，班级决定开展一次以“感恩父母”为主题的班会，小雨同学作为班长要主持此次班会，为此她制作了一份感恩父母主题班会演示文稿，制作过程如下。

1. 搜集资料

我们在制作PPT的时候一般都有一个搜集或制作资料的过程。小雨在网上搜集到许多资料，包括文本、图片、音频等，她将这些资料放到了PPT练习文件夹里面。

2. 制作PPT文档

1）在桌面新建PPT文档，命名为“感恩父母”。

2）打开幻灯片母版视图，选中第二页幻灯片，将幻灯片上的文本框删除，如图4-42和图4-43所示。

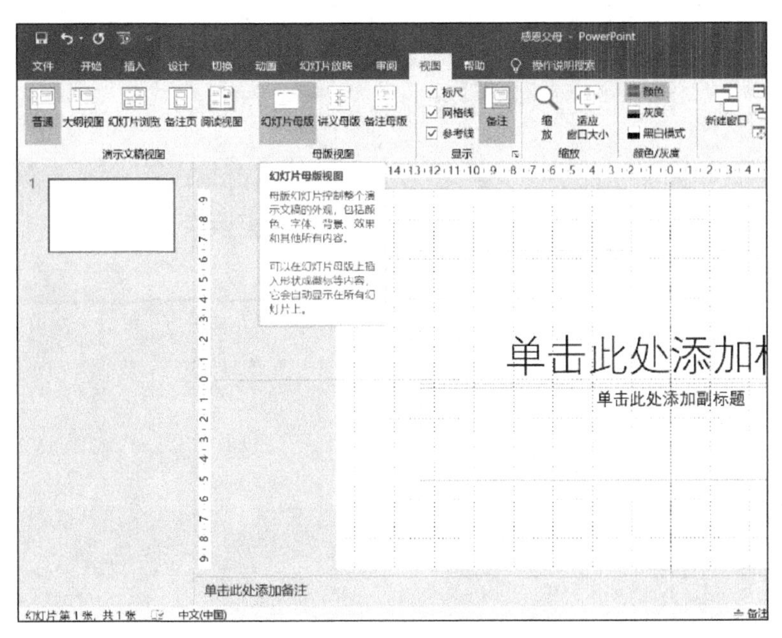

图4-42 打开幻灯片母版视图

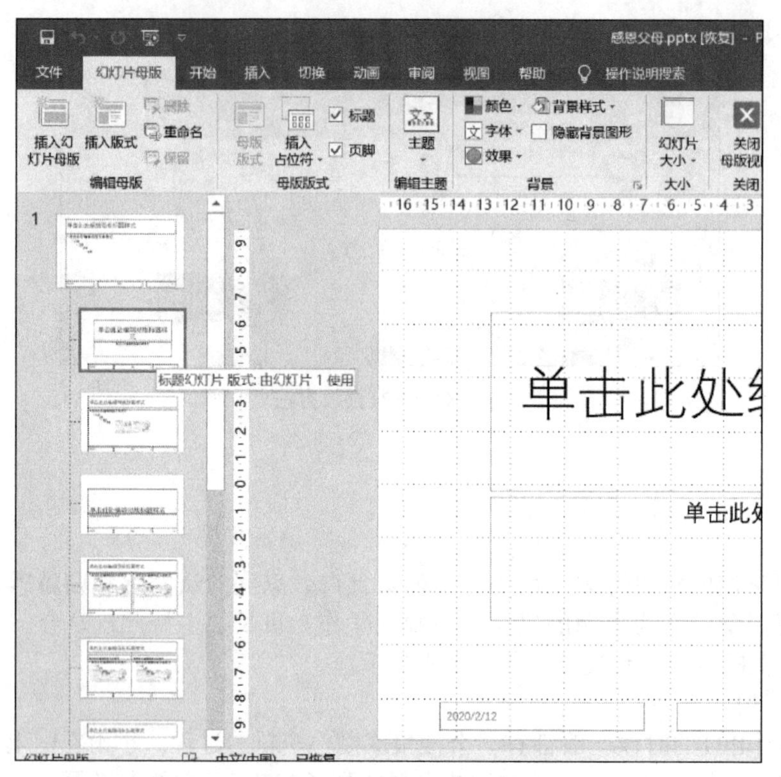

图4-43　选中第二页幻灯片

3）在第二页幻灯片上插入素材中的图片，拖动至页面左上角和右上角，在图片中间插入文本框，输入内容为“感恩父母”，字体为微软雅黑，字号为24号，字体颜色为蓝色，完成后单击“关闭母版视图”，如图4-44所示。

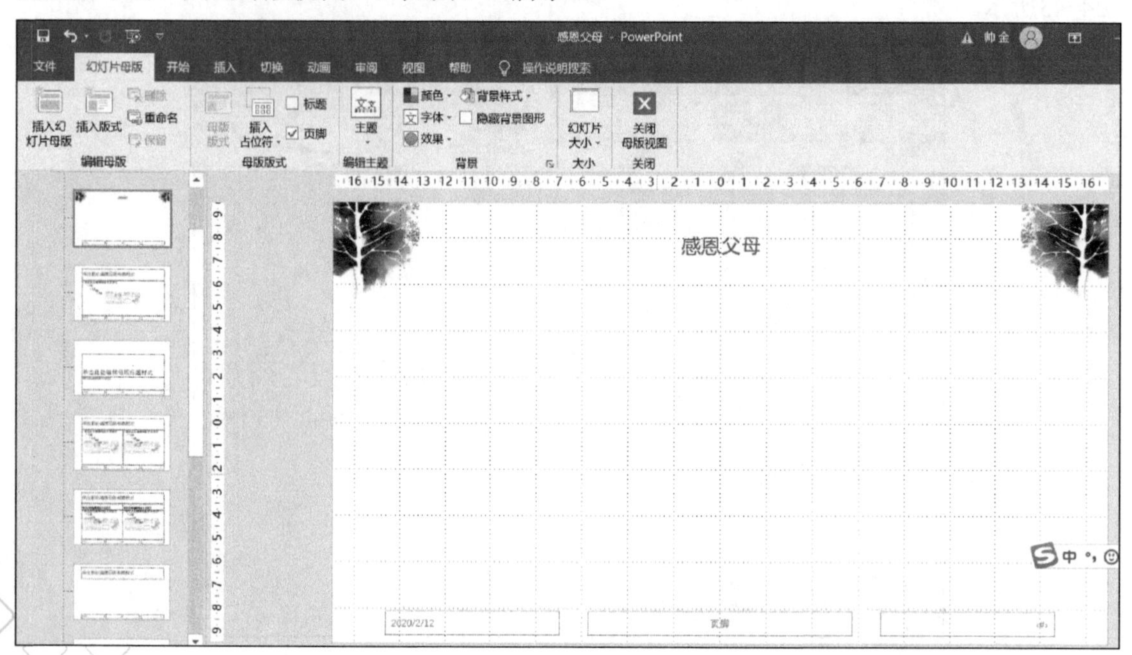

图4-44　编辑幻灯片母版

4）新建空白幻灯片，将其拖动至首页，将图片插入到首页，并拖动至适当位置，如图4-45和图4-46所示。

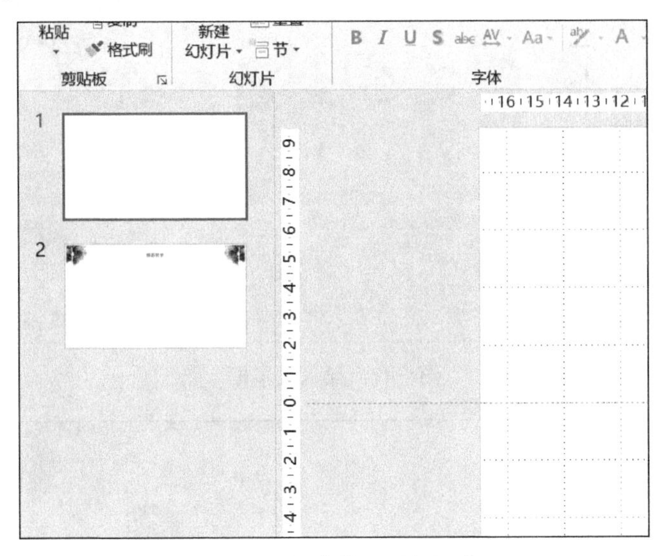

图4-45　新建第一页幻灯片

图4-46　编辑第一页幻灯片

5）继续在第一页幻灯片中插入横排文本框，输入内容为“感恩父母主题班会”，字体为方正舒体，字号为88号，颜色为蓝色，如图4-47所示。

6）在第二页幻灯片中插入图片并拖动至适当位置，同时插入矩形，设置其大小为6厘米×12厘米，“形状填充”为“无”，“形状轮廓”为“蓝色”，并拖动至适当位置，如图4-48所示。

7）继续插入矩形，设置其大小为1.6厘米×4.5厘米，“形状填充”为“蓝色”，“形状轮廓”为“白色”，背景1，深色50%”，“轮廓粗细”为“4.5磅”，同时在矩形中输入文字“游子吟”，字体为黑体，字号为24号，如图4-49所示。

图4-47 插入文本框

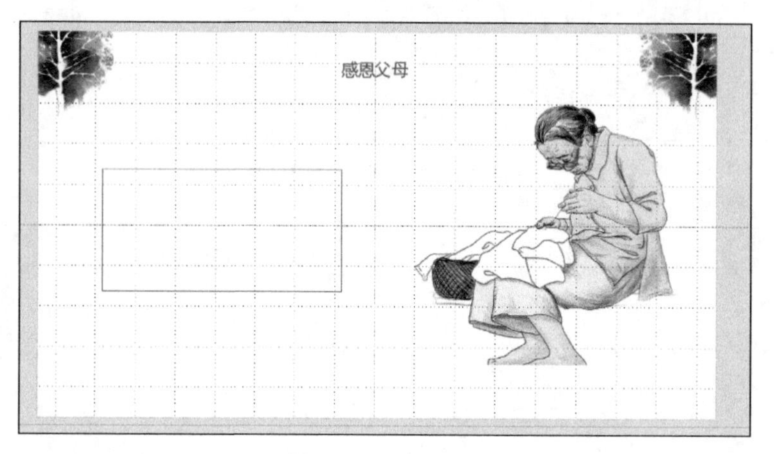

图4-48 插入矩形

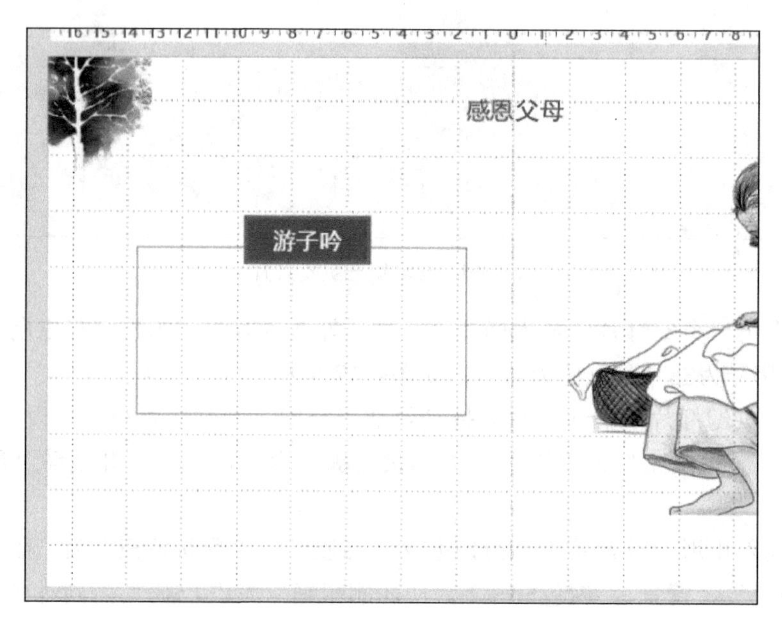

图4-49 插入矩形

8）插入文本框，将素材文本复制到文本框中，并调整位置，如图4-50所示。

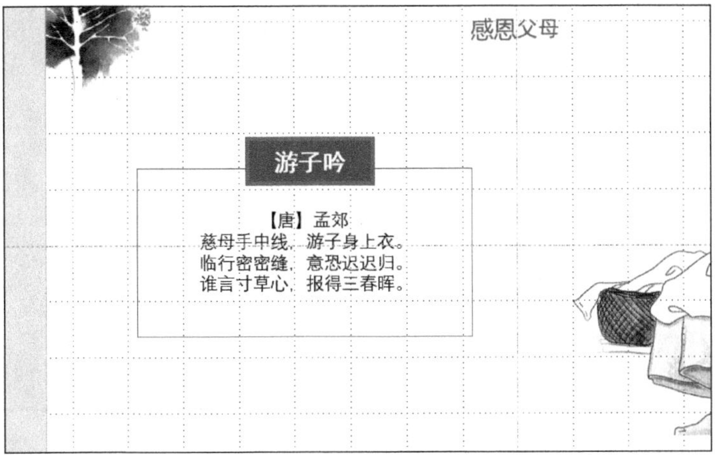

感恩父母

游子吟

【唐】孟郊
慈母手中线，游子身上衣。
临行密密缝，意恐迟迟归。
谁言寸草心，报得三春晖。

图4-50 插入文本框

9）新建空白幻灯片，按上述方法制作第三至六页幻灯片，各元素格式可自行调整，看看哪位同学做得最好看，效果如图4-51、图4-52、图4-53、图4-54所示。

图4-51 第三页幻灯片效果图

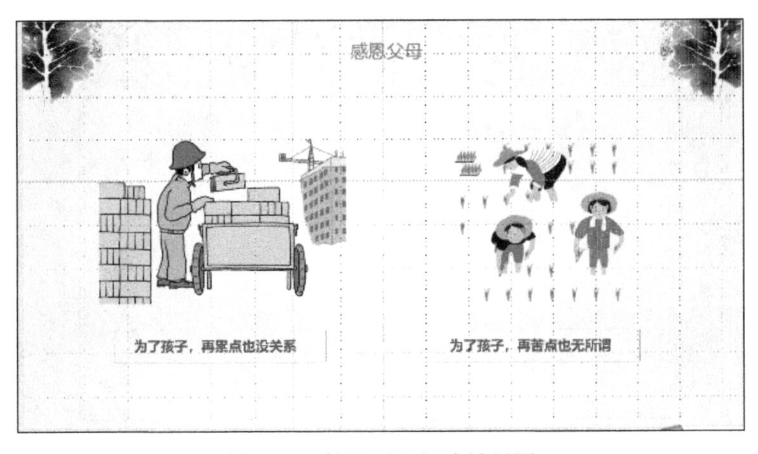

图4-52 第四页幻灯片效果图

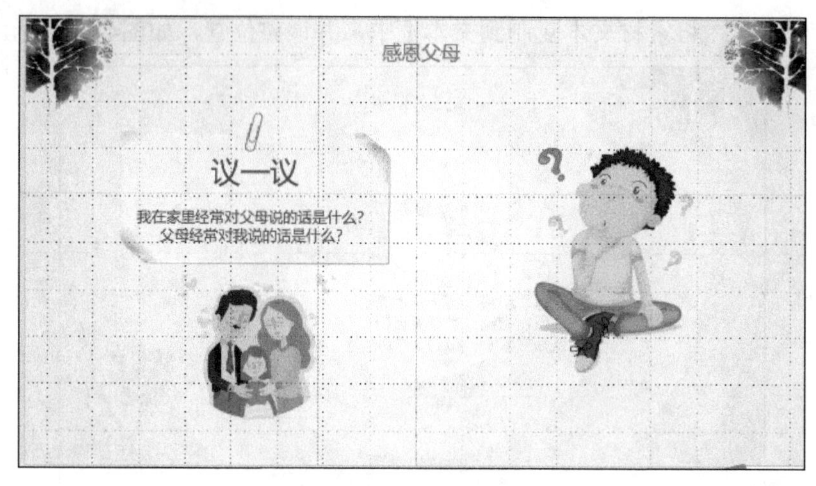

图4-53　第五页幻灯片效果图

图4-54　第六页幻灯片效果图

10）插入音频。在第一页幻灯片中插入音频素材，将“音频选项”的“开始”设置为“自动”，勾选“跨幻灯片播放”“循环播放，直到停止”，如图4-55所示。

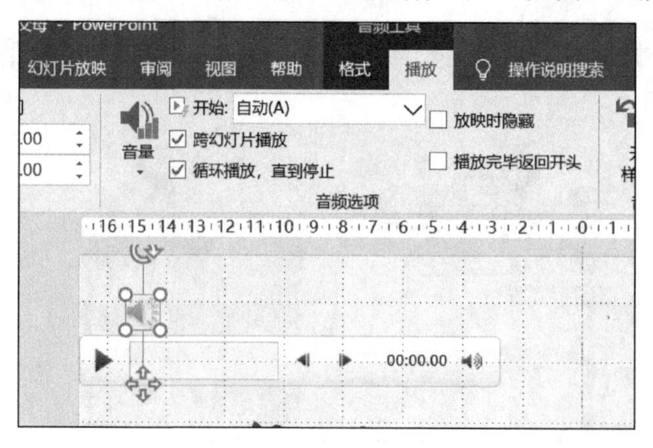

图4-55　插入音频

11）设置动画。

第一页幻灯片右上方树图片设置动画效果为“劈裂”，“开始”设置为“上一动画之后”；人物图片设置为“浮入”，上一动画之后开始；文本框设置组合动画效果，进入动画设置为“擦除”，上一动画之后开始，强调动画为“波浪形”，与上一动画同时，如图4-56、图4-57、图4-58、图4-59所示。

图4-56　设置“劈裂”动画

图4-57　设置“浮入”动画

图4-58　设置“擦除”动画

图4-59　设置“波浪形”动画

下面设置第二页幻灯片的动画，母亲图片的动画为从底部浮入，“开始”为“上一动画之后”。无填充矩形的动画设置为从左至右擦除，从上一动画之后开始；“游子吟”矩形设置为“随机线条”，从上一动画之后开始；古诗文本框设置为从上至下擦除，从上一动画之后开始，如图4-60、图4-61、图4-62、图4-63所示。

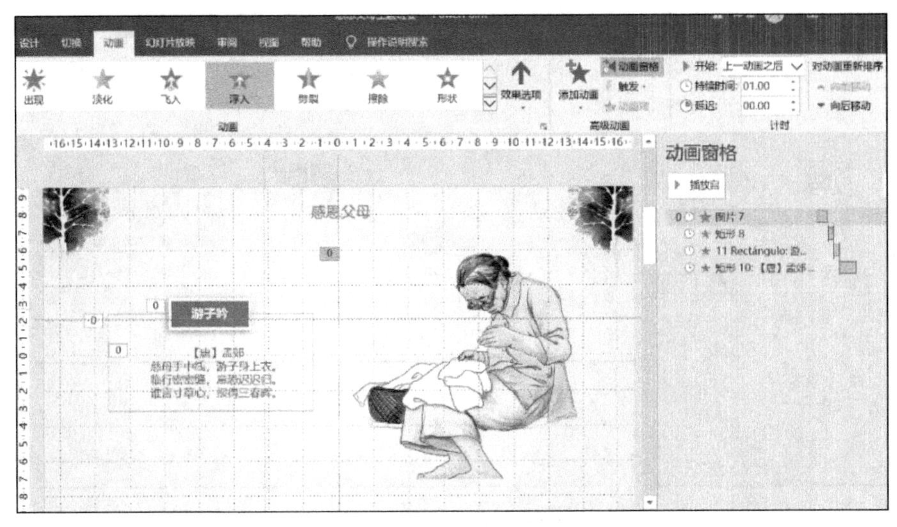

图4-60　设置“浮入”动画

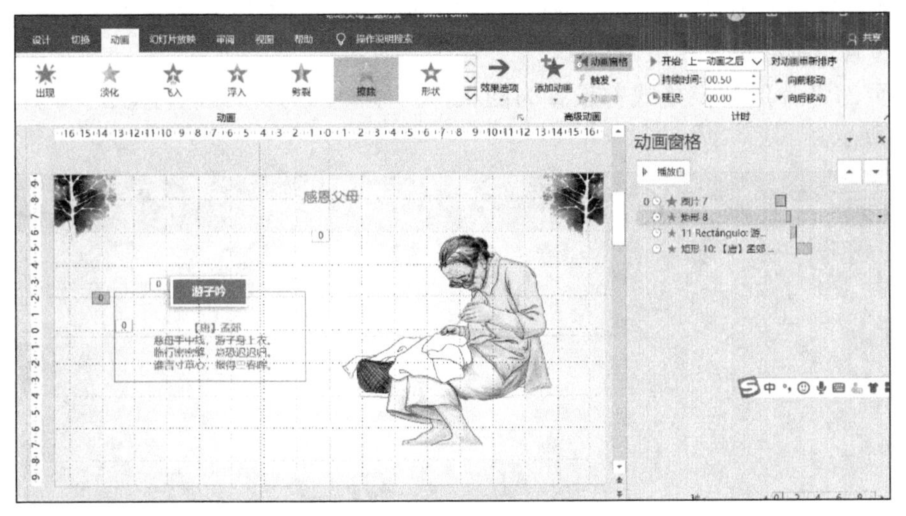

图4-61　设置“擦除”动画

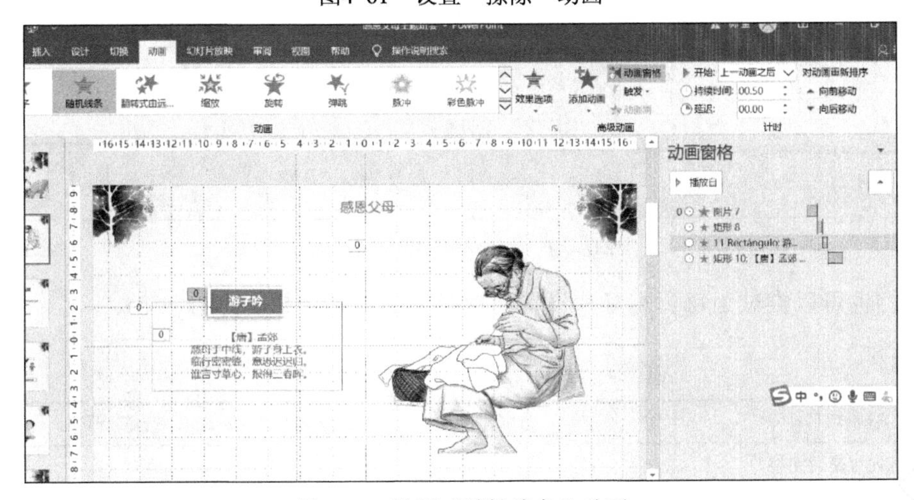

图4-62　设置“随机线条”动画

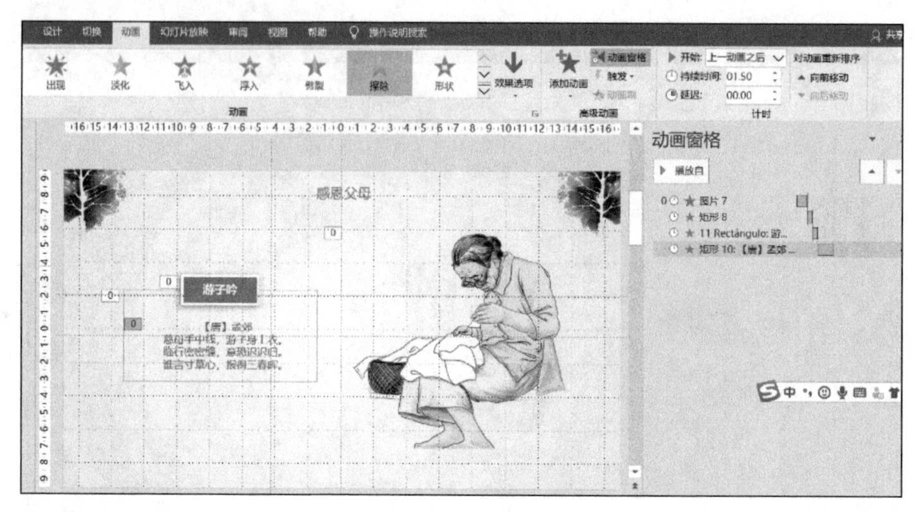

图4-63 设置“擦除”动画

接下来由同学们为第三至六页幻灯片设置动画效果，看看谁设置得又快又好。

12）设置切换效果。

每一页幻灯片的切换格式都设置为随机，持续时间为1.5秒，自动换片时间为3秒，如图4-64所示。

图4-64 设置幻灯片切换效果

同学们也可以尝试为每页幻灯片设置其他类型的切换效果。

◆ 检查评价

评价项目	教师评价	自我评价
PPT内容是否完整		
PPT格式是否美观		

◆ 竞技擂台

一、填空题

1．PowerPoint中，动画样式包括________、________、________和动作路径四类。

2．PowerPoint中为图表添加动画效果时，系统会自动显示 _____选项，辅助用户调整图表数据的进入效果。

3．PowerPoint中动画开始效果主要包括________、________和________三种类型。

4．在PowerPoint中，需要通过__________选项来给一张图片或一个文本框设置多个动画效果。

5．PowerPoint从2013版本开始，以“__________”功能替代了“剪贴画音频”功能，从而为用户查找音频提供便利。

6．写出四个常见的PPT中的动画路径样式________、________、________、________。

二、选择题

1．在为图表或文本框设置效果选项之后，在图表或文本框的左上角将显示（　　）表示动画播放的先后顺序。

A．动画序号　　B．动画状态

C．动画时间　　D．动画方式

2．PowerPoint为用户提供了单击时、与上一动画同时和（　　）三种计时方式。

A．上一动画之前　　B．与下一动画同时

C．触发时　　D．上一动画之后

3．为幻灯片添加声音可以丰富幻灯片效果，添加声音时，一般情况下不可添加（　　）中的声音。

A．联机　　B．文件　　C．录制声音　　D．计时旁白

4．用户在设置幻灯片的持续放映效果时，可通过下列（　　）方法进行。

A．在动画窗格中，单击“动画效果”下拉按钮，执行“计时”命令。在图形扩展对话框中，设置“延迟”选项

B．在动画窗格中，单击“动画效果”下拉按钮，执行“计时”命令。在图形扩展对话框中，设置“期间”选项

C．在动画窗格中，单击“动画效果”下拉按钮，执行“计时”命令。在图形扩展对话框中，设置“重复”选项

D．在动画窗格中，单击“动画效果”下拉按钮，执行“计时”命令。在图形扩展对话框中，设置“开始”选项

5．在PowerPoint中，用户可通过（　　）方法，来设置自定义动画效果的动作路径。

A．编辑路径顶点　　B．设置进入效果

C．反转路径方向　　D．重新绘制路径

三、思考题

1．简述PPT中对动画进行重新排序的方法。

2．简述如何同时为所有幻灯片添加切换效果。

3．参考为PPT添加与设置音频的方法，简述在PPT中添加与设置视频的方法。

参考文献

[1] 赵源源．新编电脑选购、组装、维护与故障处理从入门到精通[M]．北京：人民邮电出版社，2016．

[2] 王海宾，樊明，张洪东．计算机组装与维修技术[M]．北京：人民邮电出版社，2013．

[3] 陈磊．时光流逝　这些老科学家的精神永不消逝[N]．科技日报，2019-12-11（1）．

[4] 赵翩翩．AI时代，我们该培养什么样的人[N]．现代教育报，2019-12-12．

[5] 艾华，傅伟．Office 2010办公应用立体化教程[M]．北京：人民邮电出版社，2017．

[6] 刘惠民，简超，严欣荣．Word、Excel、PPT 2013从入门到精通完全教程[M]．北京：人民邮电出版社，2018．

[7] 王菁，谢华，等．Office办公软件应用标准教程（2015-2018版）[M]．北京：清华大学出版社，2015．